# 多品种原油同管道输送技术

闵希华　张劲军　等编著
严大凡　主　审

石油工業出版社

## 内 容 提 要

本书详细总结阐述了多品种原油同管道输送技术的研究成果，包括多品种多批次原油加剂改性长距离顺序输送技术、同沟敷设管道热力影响数值模拟技术、长距离管道冷热油交替输送技术、西部原油管道含蜡原油间歇输送技术等核心技术，内容丰富，有较强的针对性，对于原油管道输送领域和油气储运行业具有重要的指导意义。

本书可供从事油品管道输送工作的技术人员、管理人员等参考，也可作为石油院校相关专业师生的参考教材。

**图书在版编目(CIP)数据**

多品种原油同管道输送技术 / 闵希华等编著. —北京：石油工业出版社，2020.5
ISBN 978-7-5183-3933-4

Ⅰ.①多… Ⅱ.①闵… Ⅲ.①原油管道—油气输送 Ⅳ.①TE832

中国版本图书馆 CIP 数据核字(2020)第 052223 号

---

出版发行：石油工业出版社
（北京安定门外安华里 2 区 1 号　100011）
网　址：www. petropub. com
编辑部：(010)64523757　图书营销中心：(010)64523633
经　　销：全国新华书店
印　　刷：北京中石油彩色印刷有限责任公司

---

2020 年 5 月第 1 版　2020 年 5 月第 1 次印刷
787×1092 毫米　开本：1/16　印张：13. 25
字数：330 千字

---

定价：120. 00 元
（如出现印装质量问题，我社图书营销中心负责调换）
**版权所有，翻印必究**

# 《多品种原油同管道输送技术》编写组


组　长：闵希华　张劲军

成　员：邱姝娟　李鸿英　伍　奕　宇　波　张　宏

主　审：严大凡

# 序

西部原油管道是我国西部能源战略通道的重要组成部分，也是连接中国石油在西北地区各主要油田和炼厂的生命线。在该管道的设计、投产、运行过程中，遇到了一系列严峻的技术挑战，包括炼厂要求不同品质原油“分储分输”而须对多种物性差异大的原油实行顺序输送、玉门全分输吐哈原油致使下游792km管道常态化间歇输送、2008年底到2009年春季受国际金融危机影响时鄯兰干线全线1541km管道不得不间歇输送、为深挖节能潜力而对物性差异大的原油实行冷热油交替输送以及原油与成品油管道同沟敷设而产生的管道间复杂热力影响等。这些难题在同一条管道中集中出现，在我国甚至是世界原油管道史上都前所未有。

针对这些难题，中国石油西部管道公司与中国石油大学(北京)紧密合作，通过持续研究，攻克了一个个核心技术难关。管道投产10多年来的运行实践表明，这些研究成果不仅有效保障了该管道按时顺利投产、满足了炼厂对原油品质的要求，而且经受住了多种复杂输送工况的考验，为管道安全、高效、灵活运行提供了有力支撑。在此过程中所形成的多品种原油降凝剂改性顺序输送、含蜡原油长输管道间歇输送、多品种原油冷热油交替输送等新一代的易凝高黏原油输送技术，显著提高了我国原油管道应对多种复杂输送任务的能力，进一步巩固了我国在易凝高黏原油管道输送技术领域的国际领先地位。同时，这些技术的研发与应用，也是校企合作瞄准国家重大需求、破解核心技术难题并有效转化为生产力的成功范例。

黄维和

# 前　言

西部原油管道包括鄯善—兰州干线、乌鲁木齐—鄯善支干线、吐哈进油支线和玉门分输支线，全长1838 km。它不仅是联系中国石油新疆地区主要油田与西部炼厂的生命线，而且与哈中管道相连，是我国西部能源战略通道的主要组成部分。

西部原油管道是目前我国最长的原油管道，输送原油品种多，且不同原油物性差异大(所输高凝和低凝油的凝点差可达30℃以上)、同一油田来油物性波动大(最大幅度达34℃)。如果沿用传统方法，将原油混合后再加热外输，不仅加热能耗相当大，而且难以发挥某些原油炼制高品质油料的固有组分优势，浪费可贵的资源，影响炼厂的效益。

为节省投资、保护环境，该原油管道与从乌鲁木齐外输的成品油管道同沟敷设，这是我国长输管道同沟敷设的第一次工程实践，其中遇到了一系列技术问题。例如，常温输送的成品油管道将给加热的原油管道带来多大的影响，这在当时尚无定论。

按照原油调运方案，吐哈原油全部输往玉门炼厂。这意味着玉门站分输时，管道下游792 km的玉门—兰州管段将处于停输状态。对于输送具有凝管风险的含蜡原油干线管道，以间歇输送作为常态化运行方式，前所未有。此外，在2008年底到2009年春季，受国际金融危机影响，油田大幅减产导致管道计划输量压缩至仅有设计输量的1/4，管道难以维持连续输送运行状态，安全运行面临投产后最严峻的挑战。

此外，该管道管输原油的近50%具有较好的流动性，可全年常温输送，而其余50%的原油在冬季需要加剂热处理输送。如果采用冷热油交替方式，管道将取得可观的节能效果。为此，必须攻克温度、压力交变工况下管道安全运行技术难关。

面对这一系列难题，必须在输油技术上有所创新。为此，西部管道公司和中国石油大学(北京)在以往研究成果的基础上密切合作，针对工程可行性研究到投产运行各阶段的技术难题，开展持续研究，通过实验模拟—理论建模—软件开发—现场试验—工业应用的技术路线，突破了一系列核心技术难关，创新形成了一套既满足炼厂对原油品质要求，又安全可靠、节约能耗、运行灵活的原油管道输送技术。这些成果已在西部原油管道成功应用十余年，不仅促进了我国原油管道输送技术的发展，也将为今后类似管道的建设和运行提供宝贵的借鉴。本书按该配套技术的研发过程，介绍了主要的研究成果。

一、降凝剂改性原油输送定量模拟试验技术和降凝剂改性顺序输送技术。集成了我国原创的黏性流动熵产剪切模拟准则以及含蜡原油管道停输再启动安全性评价方法，通过加剂输送剪切和热力变化定量模拟试验，准确预测了降凝剂改性原油在经历过泵高速剪切、管流长时间剪切、重复加热、停输等管输过程各种不同工况下，加剂改性原油凝点、黏度、屈服应力等流动性参数的变化，并得到了现场试验及运行验证，确保了西部原油管道实现顺序输送、间歇输送安全运行，有效应对了多种复杂运行任务的挑战。其中，以黏性流动熵产剪切模拟准则为核心的降凝剂改性原油输送定量模拟试验技术，在西部原油管道设计、投产及运行过程中得到了充分检验，为降凝剂技术应用于新建管道的设计提供了可靠的支撑；长达 1838 km 的原油管道按照降凝剂改性顺序输送设计与运行，属国内外首例。

二、冷热油管道双管同沟敷设热力影响数值模拟技术。建立了双管同沟敷设非稳态传热和流动数学模型并进行数值求解，开发了相应的软件，计算得到了各种同沟敷设情况下两管间的热力影响规律，为后续一系列技术方案的计算以及相关标准的完善提供了支撑。该软件已获得国家版权局授予的我国首个双管同沟敷设管道热力、水力分析的软件著作权。

三、冷热油交替顺序输送技术。建立了冷热油交替输送非稳态传热和流动数学模型，开发了相应的计算软件，对不同季节、不同输量、不同加热温度及加热站数等多种工况的冷热油交替顺序输送方案进行了水力热力分析，确定了既保证热力安全又节约能耗的优化方案；针对埋地长输管道冷热油交替输送运行的温度、压力交变载荷作用，进行了直管及弯头的静态强度和疲劳寿命评价，提出了固定墩尺寸优化设计的方案，确保了冷热油交替输送安全可靠。经过一系列现场试验及较长时间的常态化运行，验证了方案的可靠性。这一成功实践，使西部原油管道成为世界上曾应用冷热油交替输送技术的最长输油管道。

四、含蜡原油管道间歇输送技术。在具有凝管风险的含蜡原油干线管道中实行间歇输送，为确保其安全性，不仅要进行非稳态的热力计算，其水力计算还涉及含蜡原油随原油的热力和剪切历史而变化的触变性，改善原油的低温流动性是保证流动安全的根本性措施。为此，还是通过数值模拟与实验模拟相结合的技术路线，开发了准确、高效、适应性强的间歇输送仿真软件，掌握了不同停输工况下沿线油温及再启动过程输量变化的规律，再通过实验确定了相应条件下降凝剂改性原油的流动性变化，为管道设计和运行提供了依据。鄯善—兰州干线不仅成功实现了吐哈原油全分输，并且在2008年底至2009年初受国际金融危机影响油田大幅减产、鄯善—兰州干线冬季计划输量下调到设计输量1/4的极端条件下，通过全线1541km管道间歇输送，顺利渡过了冬季低输量安全运行的难关。

随着我国石油来源的日益多元化，今后还将会遇到物性差异大的多品种原油长距离顺序输送的问题。在国际上，随着流动性好的传统轻质原油资源的日渐减少，含蜡原油流变性与管道输送技术在过去的十多年里也日益成为国际上研究的热点。希望西部原油管道多品种原油输送技术成果能对国内外类似复杂工况管道的建设和运行有所启示。

本书的研究成果是十多年来中国石油西部管道公司和中国石油大学(北京)紧密合作的结晶。除本书的作者外，两个单位数百位技术人员和研究生直接参与了从实验室研究到现场试验及应用各个环节的工作。严大凡教授在本成果研发的全过程中给予了极大的关注，提出了很多极其宝贵的指导意见，并亲自审阅了本书全部书稿。黄维和院士对西部管道的建设和发展一直给予了全力支持，并亲自指导了本成果的研发和应用。在此，我们谨对严大凡教授、黄维和院士以及所有为本成果做出贡献的同志们表示衷心的感谢和崇高的敬意！

2019年8月

# 目　　录

第一章　总论 ······ ( 1 )
第一节　西部原油管道概述 ······ ( 1 )
第二节　西部原油管道建设与运行的主要技术难题 ······ ( 3 )
第三节　主要技术成果 ······ ( 4 )
一、原油加剂改性长距离顺序输送技术 ······ ( 5 )
二、同沟敷设管道热力影响模拟技术 ······ ( 6 )
三、长距离管道冷热油交替顺序输送技术 ······ ( 7 )
四、长距离含蜡原油管道间歇输送技术 ······ ( 9 )
五、原油管道加剂输送定量模拟技术 ······ ( 10 )
第二章　多品种多批次原油加剂改性长距离顺序输送技术 ······ ( 12 )
第一节　管输原油物性 ······ ( 12 )
一、可行性研究阶段原油的基本物性 ······ ( 12 )
二、初步设计阶段原油的基本物性 ······ ( 17 )
第二节　可研阶段的混合原油常温输送工艺 ······ ( 22 )
一、可实现常温输送的混合原油临界配比 ······ ( 22 )
二、混合原油加剂改性常温输送工艺 ······ ( 27 )
第三节　加剂改性顺序输送工艺方案 ······ ( 30 )
一、加剂改性处理条件 ······ ( 30 )
二、加剂改性输送及停输再启动模拟试验 ······ ( 34 )
三、西部原油管道顺序输送工艺设计方案 ······ ( 46 )
第四节　多品种多批次原油加剂改性顺序输送现场工业试验 ······ ( 46 )
一、鄯兰干线加剂输送吐哈原油 ······ ( 47 )
二、鄯兰干线加剂改性输送北疆原油 ······ ( 51 )
三、鄯兰干线加剂改性输送哈国油 ······ ( 52 )
四、鄯兰干线加剂改性输送哈国—吐哈混合油 ······ ( 53 )
五、重复加热对降凝剂改性效果的影响 ······ ( 54 )
六、高速剪切对降凝剂改性效果的影响 ······ ( 58 )
七、现场工业试验成果小结 ······ ( 60 )
第五节　多品种多批次原油加剂改性顺序输送运行 ······ ( 61 )
一、西部原油管道投产后首个冬季的运行 ······ ( 61 )
二、2008 年春季运行 ······ ( 63 )
三、加剂改性顺序输送方案的优化 ······ ( 65 )
参考文献 ······ ( 71 )

第三章　同沟敷设管道热力影响数值模拟技术 …………………………………………（72）
第一节　双管同沟敷设的数学模型及数值计算方法 ……………………………………（72）
一、数学模型 …………………………………………………………………………（72）
二、计算区域离散化 …………………………………………………………………（74）
三、数值计算方法 ……………………………………………………………………（76）
第二节　西部管道同沟敷设系统热力计算及分析 ……………………………………（78）
一、管间距的影响 ……………………………………………………………………（78）
二、轴线错位条件下管间距的影响 …………………………………………………（86）
三、改变埋深条件下管间距的影响 …………………………………………………（90）
四、其他算例中管间距的影响 ………………………………………………………（94）
五、两管相对埋深的影响 ……………………………………………………………（95）
第四章　长距离管道冷热油交替输送技术 ……………………………………………（99）
第一节　水力、热力分析数学模型及数值算法 ………………………………………（100）
一、数学模型 …………………………………………………………………………（100）
二、数值求解方法 ……………………………………………………………………（102）
三、冷热交替顺序输送管道再启动 …………………………………………………（105）
第二节　冷热原油交替输送水力热力计算软件 ………………………………………（106）
一、软件开发 …………………………………………………………………………（106）
二、软件的验证 ………………………………………………………………………（107）
第三节　冷热原油交替输送热力与水力变化规律 ……………………………………（109）
一、土壤温度场和蓄热量的交替变化规律 …………………………………………（109）
二、油流温度和沿程摩阻的交替变化规律 …………………………………………（112）
三、原油冷热交替输送加热方案的比选 ……………………………………………（113）
四、高凝油油尾降温加热方案 ………………………………………………………（115）
五、低凝油油尾提前加热且高凝油油尾降温加热方案 ……………………………（116）
第四节　鄯兰原油管道冷热交替顺序输送工艺方案 …………………………………（116）
一、玉门站不分输吐哈原油时，塔里木原油、塔里木—北疆混合油、哈国油和
加剂吐哈原油的冷热交替顺序输送方案 ……………………………………（117）
二、玉门站分输吐哈原油时，塔里木原油、塔里木—北疆混合油、哈国油和
加剂吐哈原油的冷热交替顺序输送方案 ……………………………………（123）
三、塔里木—哈国—北疆混合油与加剂吐哈原油冷热交替输送方案 ……………（130）
第五节　冷热交替输送管道结构安全性 ………………………………………………（132）
一、管道结构基本情况 ………………………………………………………………（132）
二、管道结构分析及强度校核 ………………………………………………………（133）
三、管道稳定性分析 …………………………………………………………………（136）
四、管道疲劳寿命分析 ………………………………………………………………（138）
五、油气长输管道结构分析及固定墩尺寸优化设计软件 …………………………（145）
第六节　冷热原油交替输送现场试验及工业应用 ……………………………………（146）
一、现场试验 …………………………………………………………………………（146）

二、工业应用 …… (148)
参考文献 …… (151)
**第五章 西部原油管道含蜡原油间歇输送技术** …… (152)
第一节 含蜡原油间歇输送问题分析及软件开发 …… (152)
一、数学模型 …… (152)
二、含蜡原油管道间歇输送仿真软件的开发及验证 …… (155)
第二节 混合原油超低输量间歇输送室内模拟试验 …… (157)
一、混合原油物性分析 …… (157)
二、鄯兰干线间歇输送塔里木—哈国—北疆混合油模拟试验研究 …… (160)
三、乌鄯支干线冬季低输量顺序输送模拟试验研究 …… (163)
第三节 鄯兰干线间歇输送现场试验 …… (164)
一、现场试验概况 …… (164)
二、间歇输送现场试验结果分析 …… (165)
三、间歇输送模拟软件验证 …… (168)
第四节 鄯兰干线间歇输送运行方案研究 …… (171)
一、间歇输送运行热力水力特性 …… (171)
二、输量 $500\times10^4$t/a 时鄯兰干线冬季间歇输送的安全性分析 …… (179)
三、输量 $500\times10^4$t/a 时鄯兰干线冬季输油电耗分析 …… (181)
第五节 鄯兰原油管道顺序、间歇、常温常态化输送混合油的工程应用 …… (184)
一、概况 …… (184)
二、间歇输送混合原油流动性分析 …… (184)
三、顺序输送运行方式下玉门—兰州管段的间歇输送 …… (188)
**后记** …… (197)

# 第一章　总　论

西部原油管道是我国西部能源战略通道的主要组成部分，它不仅是联系中国石油天然气集团有限公司(以下简称“中国石油”)新疆地区主要油田与西部炼厂的生命线，而且与哈中管道相连，构成国家“西油东送”能源大动脉。它的建成投运，实现了我国西部石油资源与东部市场的对接，对保障国家能源安全、实现能源供应多元化、带动中西部地区经济又好又快发展，具有重要的战略意义。

## 第一节　西部原油管道概述

西部原油管道包括鄯善—兰州干线(简称鄯兰干线)、乌鲁木齐—鄯善支干线(简称乌鄯支干线)、吐哈进油支线和玉门分输支线，线路总长1838km，管道走向如图1-1所示。其中，鄯兰干线全长1541.2km，设计压力8.0MPa，管材X65，设计输量为$2000\times10^4$t/a；鄯善—新堡段(1396.2km)管径813mm，新堡—兰州段(144.4km)管径711mm；全线设鄯善首站、兰州末站，以及四堡、翠岭、河西、瓜州、玉门、张掖、山丹、西靖、新堡9座中间泵站，站场全部与成品油管道站场合建。乌鄯支干线全长296.5km，设计压力8.0MPa，管材X65，设计输量为$1000\times10^4$t/a，管径610mm，设有达坂城中间热泵站。吐哈进油支线由吐哈原油库到鄯善首站，长4.9km，管径711mm，设计压力2.5MPa，设计输量$2000\times10^4$t/a。玉门分输支线将干线原油分输至玉门炼厂，长15.5km，管径为355.6mm，设计压力6.3MPa，设计输量$600\times10^4$t/a。管道纵断面如图1-2所示，各站高程、里程见表1-1，沿线各站地表以下1.6m处的地温见表1-2。

2004年8月管道试验段开工建设，2007年8月底全线投产成功。

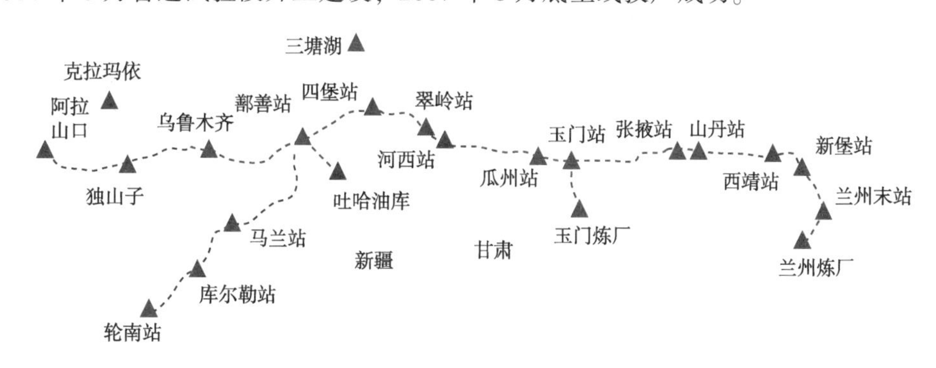


图1-1　西部原油管道走向示意图

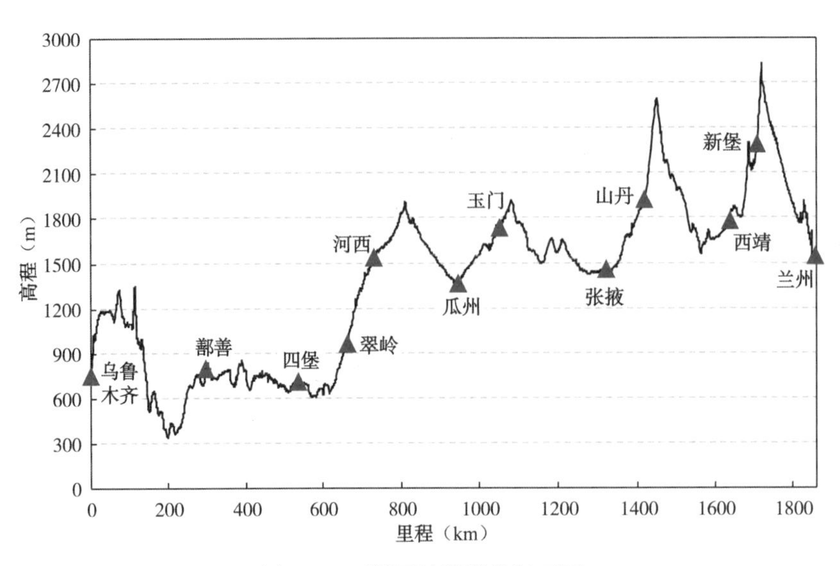


图 1-2　西部原油管道纵断面图

**表 1-1　西部原油管道各站高程、里程**

| 序号 | 站名 | 总里程(km) | 高程(m) | 功能 |
|---|---|---|---|---|
| 1 | 乌鲁木齐支干线首站 | 0 | 760. 40 | 管道首站 |
| 2 | 达坂城中间泵站 | 109. 52 | 1090. 00 | 清管、增压 |
| 3 | 鄯善原油首站 | 299. 65 | 798. 00 | 清管、转输、增压 |
| 4 | 四堡中间泵站 | 537. 13 | 705. 00 | 清管、增压 |
| 5 | 翠岭中间泵站 | 664. 98 | 960. 00 | 增压 |
| 6 | 河西中间泵站 | 729. 72 | 1535. 00 | 清管、增压 |
| 7 | 瓜州中间泵站 | 949. 94 | 1360. 60 | 清管、增压 |
| 8 | 玉门中间分输泵站 | 1049. 03 | 1733. 80 | 清管、分输、增压 |
| 9 | 张掖中间泵站 | 1330. 06 | 1456. 5 | 清管、增压 |
| 10 | 山丹中间泵站 | 1412. 51 | 1921. 20 | 清管、增压 |
| 12 | 西靖中间泵站 | 1626. 68 | 1783. 00 | 清管、增压 |
| 13 | 新堡中间泵站 | 1695. 88 | 2277. 00 | 清管、增压 |
| 14 | 兰州末站 | 1840. 85 | 1537. 19 | 末站 |

**表 1-2　西部原油管道沿线地表以下 1. 6m 处月平均地温(单位:℃)**

| 地名 \ 月份 | 1 | 2 | 3 | 4 | 5 | 6 | 7 | 8 | 9 | 10 | 11 | 12 |
|---|---|---|---|---|---|---|---|---|---|---|---|---|
| 乌鲁木齐 | 4. 9 | 3. 3 | 2. 8 | 4. 6 | 8. 5 | 12. 2 | 15. 3 | 17. 3 | 17. 2 | 15. 1 | 11. 5 | 7. 9 |
| 吐鲁番 | 8. 0 | 6. 1 | 8. 0 | 9. 3 | 13. 6 | 17. 2 | 22. 0 | 21. 0 | 20. 3 | 19. 0 | 15. 0 | 10. 7 |
| 鄯善 | 9. 9 | 8. 9 | 11. 0 | 13. 6 | 15. 6 | 19 | 22. 8 | 24. 0 | 23. 8 | 22. 2 | 17. 5 | 12. 3 |
| 哈密 | 5. 8 | 4. 3 | 3. 8 | 6. 6 | 12. 1 | 16. 1 | 19. 5 | 21. 1 | 20. 5 | 17. 9 | 13. 5 | 9. 1 |
| 酒泉 | 4. 1 | 2. 5 | 2. 5 | 5. 3 | 9. 1 | 13. 1 | 15. 8 | 17. 5 | 17. 2 | 15. 0 | 11. 3 | 7. 2 |

续表

| 地名＼月份 | 1 | 2 | 3 | 4 | 5 | 6 | 7 | 8 | 9 | 10 | 11 | 12 |
|---|---|---|---|---|---|---|---|---|---|---|---|---|
| 张掖 | 4.8 | 3.2 | 3.7 | 6.6 | 10.2 | 13.5 | 16.2 | 17.6 | 17.4 | 15.3 | 12.0 | 8.1 |
| 山丹 | 3.4 | 2.1 | 2.8 | 5.8 | 9.2 | 12.3 | 14.8 | 16.1 | 16 | 13.9 | 10.5 | 6.5 |
| 兰州 | 5.7 | 4.2 | 4.9 | 8.0 | 11.2 | 14.0 | 16.3 | 17.8 | 17.6 | 15.8 | 12.7 | 8.9 |

## 第二节　西部原油管道建设与运行的主要技术难题

西部原油管道是目前我国输送工艺最先进、运行方式最复杂的长距离原油管道。在西部原油管道设计和生产运行中，遇到了一系列我国乃至世界原油长输管道史上罕见的技术难题。

(1) 油源广泛，原油物性差异大、不确定性强。

西部原油管道管输原油包括塔里木油田原油(简称塔里木原油)、新疆油田原油(简称北疆原油)、吐哈油田原油(简称吐哈原油)以及哈中管道进口原油(即哈萨克斯坦进口原油，简称“哈国油”)，管输原油不仅品种多、不同原油物性差异大，而且同一种原油的物性变化也很大：塔里木原油凝点-11～-3℃，北疆原油凝点2～14℃，吐哈原油凝点-4～19℃，哈国油凝点-12～22℃，这不仅在我国原油长输管道前所未有，在世界上也是罕见的，对西部原油管道设计和运行都带来了严峻挑战。

(2) 大站间距管段热力安全性要求高，曾使设计陷入僵局。

该管道原定实行不同原油混合输送。按照混合原油流变性，混合输送条件下，每年大部分时间原油可以不作任何处理而直接常温输送，冬季在首站添加降凝剂处理后可以实现全线常温输送。为此，管道不存在热力条件(进站油温)约束，从而原油与成品油管道可合并建站以节省土地并便于管理。由于管道设计压力高，在地形较平坦或下坡的地段，布站中出现了四个大于200km的超长站间：鄯善—四堡237km、河西—瓜州220km、玉门—张掖281km、山丹—西靖214km。设计过程中，2004年9月，下游炼厂提出，若原油混合输送，将影响炼油加工及产品质量，为此至少需投资12.2亿元对炼厂装置进行重大技术改造。这直接导致混合原油常温输送的管道工艺设计方案被否决。为此，中国石油决定输送工艺改为顺序输送。但是，由于原油物性原因，顺序输送条件下冬季不能保证常温输送，几个大间距站间的热力安全性要求难以满足，停输再启动的风险也显著加大。若按常规方法处理，需要提高各站加热温度并增设3座中间加热站。这不仅将显著增加建设投资和运行费用，更严重的问题是，当时场站位置已确定并已进入施工阶段；钢管已定货并且部分已经埋设，其防腐层按原设计属常温型，不能耐受加热输送所需的高温。这使得设计工作在长达10个月的时间里停滞不前。

(3) 同沟敷设管道间热力影响程度不明，设计缺乏依据。

为了保护西部地区脆弱的生态环境并节约耕地，西部管道工程实行原油管道与成品油管道双管同沟敷设。不同管间距等条件下，同沟敷设的常温输送成品油管道对原油管道进站温度的影响程度如何，进而两管间距和加热站的加热功率如何确定，一度严重困扰工程设计。

国内没有这方面的研究与实践经验，国外文献也没有相关依据。

(4) 低于设计最低输量投产，冬季运行风险大。

按照设计，管道的最低允许输量为 $900\times10^4$t/a，但根据原油调运计划，2007—2008 年冬季的输量只有 $730\times10^4$t/a，远低于设计的最低允许输量。而且，管道投产后即进入冬季运行，并且是对不同原油实行顺序输送，运行工况相当复杂。此外，在可研和设计阶段，哈国油不在考虑当中，其物性也不受中方控制。在这种情况下，到底能否按期投产，投产后如何保证冬季安全运行，是一个重大难题。

(5) 玉门全分输致使下游管段频繁停输，管道运行风险大。

按照油品调运方案，吐哈原油主要供给玉门炼厂。这样，当玉门站全分输吐哈原油时，长达 792km 的玉门—兰州管段将处于频繁停输的间歇输送运行状态。在间歇输送条件下，管道沿线土壤温度场蓄热减少，并且始终处于不规则的非稳态变化中。按原常温输送设计方案，管道频繁停输对管道的流动安全影响不大，但输送工艺改为顺序输送后，由于管输原油的流动性变差，间歇输送运行的风险明显增大。对于这种具有凝管风险的长距离、大口径原油管道，实行常态化间歇输送，国内外没有先例。

(6) 冷热原油交替顺序输送，节能效果可观但技术复杂。

西部原油管道顺序输送的原油中，占管输量近 50%的塔里木原油、塔里木—北疆混合油等一些批次混合油凝点在 0℃以下，可全年常温输送。而冬季运行时，对吐哈原油和哈国油进行降凝剂改性，为此必须在鄯善站加热至 55℃出站，以获得改性效果。显然，把占管输原油量近 50%的低凝原油加热到与吐哈原油、哈国油相同的温度出站并非必要，而且要耗费大量燃料！而对低凝原油降低出站温度，按需加热，实行“冷热油交替输送”，节能效果可观，但技术复杂。冷热油交替输送中，管道油温、压力等运行参数以及土壤温度场始终处于复杂的交变过程，而且水力、热力参数相互影响，掌握其变化规律并加以控制是个国际前沿技术难题。此前，只有美国在 1999 年投产的太平洋管道(长 209km，管径 508mm)上对五种不同品质原油在 18.8~82.2℃的温度范围内进行顺序输送，但所公开的文献未给出技术性介绍。

(7) 受国际金融危机影响管道超低输量运行，挑战输量极限。

2008 年年底至 2009 年年初，受国际金融危机影响，鄯兰干线计划输量下调到 $500\times10^4$t/a，只有设计输量的 25%，且由于输油泵的限制，在该输量下管道很难再维持连续运行。而且，当时金融危机的影响还在进一步蔓延与深化，前景不明，必须做好应对更糟糕局面的准备。同时，由于油田压产，管输原油中流动性较好的塔里木原油的比例大幅下降，无异于雪上加霜。西部管道超低输量运行是中国石油当时面临的“三大难题”之一。

## 第三节　主要技术成果

针对西部原油管道建设和运行中遇到的难题，中国石油西部管道分公司与中国石油大学(北京)密切合作，开展系列研究，取得了一系列科研成果，确保了西部原油管道顺利投产和安全高效运行。

这些重要技术创新成果，不仅及时、有效解决了西部原油管道建设和运行中遇到的急、难问题，保障了西部原油管道按时、顺利投产和安全、高效、灵活运行，而且使我国本已领先国际的含蜡原油管道输送技术发展到新的高度，产生了积极的国内、国际影响，获得了一系列高度评价。西部原油管道“多品种原油同管道高效安全输送新技术”成果获2010年中国石油天然气集团公司科技进步一等奖，并入选“2010年中国石油十大科技进展”；“西部能源战略通道多品种原油安全高效输送技术研究”获2013年新疆维吾尔自治区科技进步一等奖；相关成果作为“我国油气战略通道建设与运行关键技术”主要创新点之一，荣获2014年度国家科技进步一等奖。

## 一、原油加剂改性长距离顺序输送技术

通过降凝剂改性输送技术与原油管道顺序输送技术的集成，形成了原油加剂改性顺序输送新技术，应用于西部原油管道设计，解决了输送工艺由混合油常温输送改为原油顺序输送后热力安全性要求不能满足的问题，保障了在低于设计最低允许输量条件下的安全、顺利投产，实现了多品种多批次原油顺序输送的安全运行，并在进一步优化后实现了常温顺序输送常态化运行。

*1. 破解热力安全性制约难题的顺序输送工艺设计方案*

针对顺序输送要求，通过试验研究确定了适合吐哈原油与北疆原油的降凝剂及其处理条件(加剂量与处理温度)；经过对原油改性效果与管道防腐层耐温性能的综合权衡，确定了55℃添加降凝剂处理的工艺方案；集成运用以黏性流动熵产为剪切模拟准则的降凝剂改性原油管道输送定量模拟、埋地热油管道停输再启动安全性评价等新的研究成果，针对热力条件最差、凝管风险最大的玉门—张掖管段及乌鄯支干线，进行了理论指导下的定量管输模拟试验及停输再启动模拟试验。

试验表明，采用55℃加剂改性处理，在预期的投产初期最低输量($840\times10^4$t/a)下，仍可保证张掖最低进站温度比凝点高5℃以上，且管道停输48h后可以安全再启动，因此顺序输送条件下玉门—张掖站间不必增设中间加热站，从而站间距略小于玉门—张掖站间的河西—瓜州、山丹—西靖管段也可以采用同样的降凝剂改性措施而不必增设中间加热站；同样，乌鄯支干线在设计最低输量($305\times10^4$t/a)下可安全运行，原设计拟建的吐鲁番加热站可取消。

根据试验结果，确定了管道顺序输送设计的工艺方案，即冬季运行时，在乌鲁木齐和鄯善添加降凝剂(已在乌鲁木齐加剂的原油，在鄯善不再加剂)；乌鲁木齐、鄯善、河西、玉门、山丹进行55℃加剂改性处理，其他站设保安加热炉视需要运行。这一方案于2005年12月经中国石油天然气集团公司专家组严格审定，正式成为管道工艺设计依据，结束了输送工艺由混合油常温输送改为顺序输送后设计工作长时间停滞的状态。

西部原油管道实现按顺序输送设计，满足了下游炼厂对油品品质的要求，避免了炼厂重大技术改造。而且，鄯兰干线取消了增建3座加热站的计划，乌鄯支干线少建1座加热站，节省投资共计12048万元，相应地也大大节省了运行管理费用。

*2. 多批次多品种原油加剂改性顺序输送现场工业性试验*

针对投产后的输量远低于设计的最低允许输量的问题，投产前进行了降凝剂改性输送低输量运行的室内定量模拟试验，得出了可行的结论。2007年8月31日，全线投产成功，进入试运行。

为确保冬季运行万无一失，进一步检验室内研究成果和工艺设计方案的可靠性、摸索新

投产管道的运行规律，2008 年 9 月 17 日至 11 月 26 日间实施了为期两个月的降凝剂改性输送现场工业性试验。其间，在鄯善首站和沿线泵站测取了不同运行工况下降凝剂改性吐哈原油、北疆原油、哈国油、哈国—吐哈混合油以及塔里木原油的数万个物性数据。在随后的冬春季运行中，继续在沿线泵站进行原油物性监测。现场工业性试验取得了丰硕的成果：

（1）验证了室内研究结果，验证了设计工艺方案的可靠性。证明了所采用的降凝剂可以有效降低吐哈原油、北疆原油和哈国油的凝点；证明了 20~30℃范围的重复加热可使加剂原油的凝点大幅反弹，因此中间热站的重复加热应避开此温度范围；现场测试结果与管输模拟试验结果吻合良好，进一步验证了管输模拟方法的正确性。

（2）现场试验证明，采用降凝剂改性输送技术，鄯兰原油管道顺序输送冬季的最低允许输量，可由设计的 $900\times10^4$t/a 降至 $730\times10^4$t/a。

（3）通过现场试验，发现并及时、有效解决了生产中管输原油物性变化大、原油混合不匀致使降凝剂改性效果不稳定等问题，为管道在低输量下安全运行提供了有力保障。

在研究成果指导下，2007—2008 年冬春季，西部原油管道在低于设计最低输量的不利条件下成功实现了多批次多品种原油顺序输送安全平稳运行。

3. 多品种多批次原油加剂改性顺序输送运行的优化

2008 年，在总结投产一年后管道运行经验和规律的基础上，引入冷热油交替输送技术研究成果，进一步优化了鄯兰干线冬季原油顺序输送的运行方案。

（1）对于塔里木、吐哈、塔里木—北疆和哈国原油的顺序输送，冬季运行时，吐哈原油（在玉门全分输）在鄯善一站加剂并 55℃加剂改性处理；哈国油 11 月、5 月在鄯善一站 55℃加剂改性处理，12 月在鄯善、玉门两站 55℃加剂改性处理，1—4 月鄯善、玉门、山丹三站 55℃加剂改性处理，其余加热站停运；塔里木原油、塔里木—北疆混合油可以常温输送（即与加剂吐哈原油、哈国油实行冷热油交替输送）；6—10 月各种原油不加热输送。2008 年 11—12 月，采用该顺序输送优化运行方案，不仅实现了安全运行，还比上年同期节省燃料油 7196t，节电 $296\times10^4$kW·h。此后，因超低输量运行需要改为混合油加剂输送。

（2）对于塔里木—北疆—哈国混合油与吐哈原油（玉门分输）的顺序输送，11 月、12 月、4 月混合油不加热（常温）出站、吐哈原油在鄯善 55℃加剂改性处理后输送（即混合油与加剂吐哈原油实行冷热交替顺序输送）；1—3 月两种原油均在鄯善站进行 55℃加剂改性处理后输送（北疆原油在乌鲁木齐加剂，混合油在鄯善不再加剂）；其余月份所有原油不加热输送。2009 年至 2014 年，西部原油管道按此常温顺序输送方式实现了常态化运行。2015 年后，通过进一步优化各原油的顺序输送方式，将各油田原油顺序输送改为满足各炼厂对原油品质要求的混合油顺序输送，西部原油管道实现了全年常温输送。

## 二、同沟敷设管道热力影响模拟技术

同沟敷设的常温输送成品油管道对原油管道进站油温的影响，是同沟敷设设计中的一个关键性疑难问题。同沟敷设原油及成品油管道间的热力影响，涉及复杂的传热与流动耦合，其中不仅有成品油管道对原油管道的降温作用，也有热原油管道对成品油管道的升温作用；在站间的上游管段，成品油管道从原油管道中吸热带到下游，因此下游管段成品油管道还可能对原油管道产生加热作用。对此问题无法取得解析解。在数值求解中，由于计算区域内包含流体温度不同的两条管道，区域离散与求解算法比单根管道复杂得多。

研究中建立了同沟敷设管道的水力、热力模型。数值求解中采用结构网格和非结构网格相结合的组合网格技术，在多连通不规则的土壤区域生成了适应性强的非结构网格，妥善处理了所需求解的土壤不规则区域。这些先进组合网格技术的采用，保证了网格良好的贴体性，便于网格疏密的控制，从而使所开发的软件计算准确、高效、稳健。该软件可以用于并行敷设的两条不同直径、不同温度的流体管道(不限于成品油管道与原油管道)在不同管间距、不同绝对及相对埋深、不同土壤物性、不同输量等条件下，进行不同轴向位置处流体温度、周围土壤温度场及管道散热热流量的数值模拟。该软件获得了国家版权局授予的我国首个关于双管同沟敷设管道水力、热力分析的软件著作权。

通过数值模拟和分析，确定了不同管间距、不同管道相对埋深等条件下成品油管道与原油管道油温的相互影响。研究表明：

(1) 同沟敷设原油管道的散热并不像一般想象那样大幅度增加。这是因为成品油管道的存在改变了原油管道该侧的土壤温度场，从而改变了原油的散热渠道。具体来说，原油从单纯向环境散热，转变为部分向环境散热，部分向成品油散热；在原油管道散热较多的站间上游管段，由于成品油管道的存在，使得原油管道该侧的土壤温度梯度与单管敷设相比有所减小，从而原油管道通过该侧土壤向环境散热减少。也就是说，一方面成品油管道吸走了原油管道的部分热量，另一方面，原油管道通过成品油管道一侧土壤向环境散热量也下降了。所以原油管道总散热量并没有大幅度增加。

(2) 当原油管道加热或冷热交替输送时，只要管间距(外壁对外壁)在 1.2m 及其以上，则两管相对埋深、轴线错位、土壤物性、原油出站温度和原油及成品油输量等因素变化时，同沟敷设原油管道沿线油温与原油管道单管敷设时的油温相比变化不大，最大差值不超过1℃。因此，同沟敷设西部管道加热炉的负荷与单管敷设相比变化不大。

利用西部原油成品油管道投产后的进站温度数据，对软件计算结果进行了验证，两者吻合良好，说明数学模型及计算方法是准确可靠的。

上述研究成果及时指导了西部管道同沟敷设设计，并为管道的运行管理提供了依据，填补了国内外空白。所开发的同沟敷设管道热力影响分析软件，已经应用于指导兰州—成都原油管道、中卫—贵阳天然气管道以及大连新港—大连石化原油管道的同沟敷设设计。该研究成果还为有关部门研究制定管道同沟敷设规范提供技术支持。

## 三、长距离管道冷热油交替顺序输送技术

低凝原油与高凝原油顺序输送时，采用冷热油交替输送可以显著降低加热能耗，但必须掌握输送过程中油温及压力的交变规律，准确评价比常规加热输送管道复杂得多的停输再启动安全性以及在交变载荷作用下管道结构的安全性。其核心技术是冷热油交替输送过程水力、热力工况和停输再启动过程的数值仿真。

*1. 冷热油交替输送数值仿真软件的开发*

针对冷热油交替输送及停输再启动问题，建立了数理模型，将有限容积法和特征线法有机结合，开发了高效、稳健的可用于多批次多品种原油冷热交替顺序输送以及停输再启动过程水力、热力分析的软件，获得国家版权局软件著作权(软著登字第 0145340 号)。

该软件的主要计算功能包括：(1)冷热油交替输送时沿线油品位置及其温度分布、各站

进站油温、沿程摩阻及进站压力的变化；(2)冷热油交替输送管道停输后沿线各站间油温的变化；(3)再启动过程管道流量和温度的恢复情况；(4)不同加热方式条件下各站加热能耗分析。该软件可以用于运行仿真、停输再启动安全性分析、停输及再启动方案制定以及加热方案优化，是冷热油交替输送运行调度的有力工具。

利用2008年3月至5月地温上升阶段鄯兰管道中间加热站停炉时出现的“冷油”顶“热油”工况的运行数据以及新大线和临沧线等管道冷热油交替工况下的运行数据，对该软件进行了充分的验证。进站油温计算值与现场实测值平均偏差在1℃以内，站间摩阻平均偏差在0.2MPa以内。

此外，还建立了冷热油交替输送条件下埋地长输管道受交变应力作用时，管道强度和安全性评价的方法，开发了相应的埋地长输管道结构分析及固定墩尺寸优化设计软件。

2. 鄯兰原油管道冷热油交替顺序输送运行

借助所开发的冷热油交替输送仿真软件和结构安全性分析软件，研究了原油冷热交替顺序输送的规律和安全性。研究表明：对于鄯兰管道冷热油交替输送，其压力波动主要是由不同原油顺序输送引起的，加热方案的改变对其影响较小；由于鄯兰干线加热站间距长，且“热油”加热主要是降凝剂改性所需而不是维持进站温度所需，因此，采用“热油”和“冷油”各自以一定温度出站的加热方式即可；热力分析表明，鄯兰管道采用完全冷热油交替输送，即使在最冷月，各站最低进站温度也比凝点参考值高出9℃以上，即热力安全是有保证的；对管道强度、稳定性和疲劳寿命进行的计算分析表明，鄯兰管道可以满足冷热油交替输送载荷的要求。

据此，分别提出了鄯兰管道在冬季运行条件下冷热交替顺序输送塔里木原油、塔里木—北疆混合油、哈国油和加剂吐哈原油，以及冷热交替顺序输送吐哈原油与塔里木—北疆—哈国混合油的运行方案。

2008年11月2日，从进入冬季运行时起，鄯兰管道即实行了塔里木原油、塔里木—北疆混合油、哈国油与加剂吐哈原油的冷热交替输送。鄯善一站点炉，加剂吐哈原油和哈国油在鄯善加热至55℃后外输，而流动性较好的塔里木原油和塔里木—北疆混合油的出站温度约为35℃(加热到35℃主要是考虑避免加热炉频繁启停)。至12月14日，共对4种、39个批次的原油进行了冷热交替输送。其间，管道运行平稳，运行参数实测结果与软件模拟结果吻合良好；与所有管输原油加热到相同温度出站相比，沿线吐哈原油、哈国油凝点没有明显变化；由于塔里木原油和塔里木—北疆混合油没有加热到55℃，从而也没有热处理改性效果，故凝点有所上升，但基本保持在-1℃以下，可满足安全运行的需要。2008年12月14日以后，由于管道超低输量运行的需要，冷热油交替输送暂停，管道改为不同原油混合输送。

2009年，冷热油交替输送技术进一步推广到乌鄯支干线。进入冬季运行后，从11月24日至12月31日，乌鄯线与鄯兰干线分别对北疆原油与哈国油、吐哈原油与塔里木—北疆—哈国油实行冷热油交替输送。2010年1月1日后，由于地温进一步下降，所有原油改用55℃改性处理输送。2010年4月，随着地温升高，鄯兰干线又恢复了冷热油交替输送。

至此，冷热油交替输送与降凝剂改性输送结合，成为西部原油管道的常态化运行工艺之一。西部原油管道冷热油交替顺序输送是该技术在国内首次应用于数百公里的长距离管道。这一成功实践，也使得西部原油管道成为目前世界上应用冷热油交替输送技术的最长管道。

## 四、长距离含蜡原油管道间歇输送技术

间歇输送管道由于频繁启停，土壤温度场蓄热量减小，停输再启动的风险明显加大。从理论上讲，由于管道频繁启停，土壤温度场不仅始终处于不稳定状态，而且还与以往的运行历史密切相关，因此难以得到准确的计算结果。间歇输送技术的关键，就是保证频繁停输情况下再启动的安全性。为此，必须准确掌握管道的水力、热力变化规律，而改善原油的流动性是保证间歇输送安全的根本性措施。

本研究开发了间歇输送管道水力、热力仿真软件，并通过现场试验验证了其准确性；根据数值模拟和降凝剂改性间歇输送试验模拟结果，提出了玉门分输时玉门—兰州管段间歇输送的可行性方案，以及超低输量情况下全线间歇输送运行的方案，鄯兰管道玉门—兰州段成功实现了玉门分输情况下的间歇输送常态化运行，以及超低输量情况下的全线间歇输送常态化运行。

1. 间歇输送仿真软件开发

建立了间歇输送管道水力、热力计算模型，综合运用有限容积法和有限差分法进行求解，开发了准确、高效、适应性强的间歇输送仿真软件，实现了间歇输送运行时热力、水力特性的仿真，以及再启动安全性评价。该软件已获得国家版权局软件著作权（软著登字第0145338号）。

通过鄯兰干线停输14h、24h、36h、48h间歇输送现场试验，验证了该软件计算结果的准确性。现场测试数据与预先提交的软件计算结果对比表明，停输后各站进站处温降预测结果与实测结果的最大偏差1.4℃，平均偏差小于0.4℃；根据正常输送时的出站压力预测的启泵1h时刻的流量与实测流量的平均偏差10.4%（若采用启动过程实际出站压力变化曲线进行再启动过程流量计算，误差还可大幅度减小），充分说明了软件的可靠性。

2. 超低输量条件下混合原油间歇输送现场工业性试验及运行

2008年底，为了确保西部原油管道在超低输量情况下安全运行，中国石油决定鄯兰管道改为混合输送。计算分析表明，在$500\times10^4$t/a的输量条件下，采用间歇输送比低输量连续输送更经济。此外，由于输油泵的限制，在该输量下管道也难以维持连续运行。

鄯兰管道超低输量间歇输送研究包括试验模拟与数值仿真两方面。首先，通过室内试验确定了不同配比塔里木—哈国—北疆混合油的凝点；然后，采用降凝剂改性原油管道输送定量模拟技术，对不同配比的塔里木—哈国—北疆混合油（塔里木原油0~50%，哈国油25%~60%，北疆原油20%~60%），在1—4月地温、不同加剂量、不同热处理点炉方式（鄯善一站点炉，鄯善、玉门两站点炉）等多个条件下，进行了管输模拟及停输再启动模拟试验。在此基础上，通过数值仿真，全面分析不同条件下鄯兰原油管道间歇输送的水力、热力特性，提出了间歇输送运行方案：在$500\times10^4$t/a输量条件下，当混合油中塔里木原油比例不低于10%时，在11—12月中旬采用鄯善一站55℃热处理间歇输送；12月下旬至3月上中旬采用加降凝剂25mg/kg、鄯善一站55℃处理间歇输送（若北疆原油在乌鲁木齐加剂，则在鄯善不再加剂）；3月中下旬至4月中旬采用鄯善一站55℃热处理间歇输送。

为了验证研究结果、检验间歇输送运行的安全性，2008 年 12 月 23 日—2009 年 1 月 15 日，在鄯兰干线密集地进行了停输 14h、24h、36h、48h 的四次间歇输送现场试验。试验结果表明，间歇输送是安全的，即使停输 48h，管道再启动过程依然十分顺利，首站启泵后 2h 内，全线流量即恢复到正常运行状态；停输前后混合原油的凝点变化不大，基本上都在 0℃ 以下。

本研究成果为 2008 年国际金融危机冲击下西部地区原油生产与调运计划的调整决策提供了及时、可靠依据。在该成果的指导下，2009 年第一季度鄯兰干线成功应对了超低输量运行的严峻局面，保障了国家西部能源战略通道的安全畅通。其间共输送原油 $190.55\times10^4$t，停输 13 次，平均停输时间 25.4h/次，最长停输时间 48h。

混合油加剂改性间歇输送技术成果使鄯兰原油管道冬季最低允许输量进一步降至 $500\times10^4$t/a，提高了管道运行的灵活性。在冬季地温最低月份、在 1541km 的大口径含蜡原油管道(管输原油凝点高于地温)上以间歇输送作为常态化运行方式，国内外前所未有。2010 年 2 月，鄯兰管道超低输量安全节能输送课题通过了中国石油天然气与管道分公司组织的验收，评价为“国际领先水平”。

3. 玉门—兰州管段间歇输送运行

鄯兰干线顺序输送运行时，玉门全分输吐哈原油导致下游管段频繁停输(间歇输送)，管道的再启动安全性是安全运行的关键问题之一。为此，在设计阶段，针对站间距最长、热力条件最恶劣的玉门—张掖管段，与加剂输送模拟试验结合，进行了各种条件下的停输再启动模拟试验。研究表明，停输 48h 后管道可安全再启动。

在试验模拟基础上，采用所开发的间歇输送管道水力、热力仿真软件，评价了玉门—兰州管段在各种可能出现的条件下间歇输送运行的安全性，揭示了其水力、热力变化规律。研究表明，在冬季地温最低的月份，间歇输送时需合理安排输油计划，尽可能避免让流动性差的原油停在风险较大的管段。若无法控制停输时原油的位置，则应控制停输时间，以减小管道安全运行的风险。

在该成果的指导下，2007 年 7 月投产以来，玉门—兰州管段实现了间歇输送常态化运行。据统计，投产至 2009 年 12 月 31 日，因玉门分输共计停输 148 次，平均运行 5.4d 停输 1 次，平均停输时间 25.4h，最长停输时间 48h。其中，2007 年 11 月—2008 年 5 月的多品种多批次原油顺序输送冬季运行中，因玉门分输共计停输 46 次，平均运行 4.6d 停输 1 次，平均停输时间 23h，最长停输时间 48h。

对于具有凝管风险的大口径、长距离含蜡原油输送管道，以间歇输送作为常态化运行方式，属国内外首例。

## 五、原油管道加剂输送定量模拟技术

加剂输送管道剪切和热力作用的定量模拟是加剂改性输送工艺研究与应用中的一项核心技术。大量研究及生产实践表明，管输过程中的剪切和热力作用，可使降凝剂改性原油的凝点、黏度等流动性参数出现不同程度的变化(主要是反弹)。为此，在加剂输送管道设计和运行方案制定中，都需要以管输定量模拟试验结果作为依据。在以往相当长的时间里，这种模拟试验缺乏理论指导，只能基于经验进行。中国石油大学(北京)西部原油管道输送技术项目组原创性提出以剪切过程黏性流动熵产作为剪切作用的相似准则，建立了改性原油剪切效应模拟的理论基础，在国际上首次实现了理论指导下的定量模拟。2000 年 12 月，该定量模拟技术通过了中国石油天然气集团公司鉴定，评价为“国际领先水平”。

利用西部原油管道距离长，管输原油品种多、物性差异大，管道运行工况复杂的条件，通过大规模现场试验和运行监测等多个环节，对鄯兰干线实际外输的加剂吐哈原油、加剂北疆原油、加剂哈国—塔里木混合油以及加剂塔里木—哈国—北疆混合油等进行了 55 个不同输送条件下的大量试验对比，充分证明了该创新理论与方法的可靠性。

采用该原创性技术，不仅可以准确掌握输送过程中加剂原油流动性参数的变化规律，还可以通过增强剪切来缩短模拟时间，从而超前预测及评价加剂输送方案的可行性，因此在西部原油管道设计与运行中发挥了关键作用。在设计阶段，运用该技术，研究提出了大站间距管段加剂改性顺序输送的工艺设计方案；在管道投产前，采用该技术得出了在低于设计最低输量下投产后冬季可安全运行的结论，为管道按时投产提供了关键性依据；在 2008 年底至 2009 年初管道面临超低输量运行挑战的严峻时刻，采用该技术在鄯善首站现场进行了多种不同组成混合原油和输送条件的模拟试验，为中国石油调整输送方案的决策提供了及时、可靠的依据。目前，该原创性技术已成为加剂输送管道设计、运行方案制定不可或缺的技术手段。

# 第二章　多品种多批次原油加剂改性长距离顺序输送技术

本章系统介绍了管输原油的物性、加剂改性顺序输送设计工艺方案研究、加剂改性顺序输送现场工艺试验及运行方案优化等输送工艺研究及优化的整个过程与结果。

## 第一节　管输原油物性

管输原油基础物性特别是流动性参数是管道设计的依据。西部原油管道可行性研究和初步设计阶段，分别于2004年5月与2005年4月取样，全面测定了管输原油的基础物性与流变性。

### 一、可行性研究阶段原油的基本物性

根据项目可行性研究的需要，中国石油大学(北京)西部原油管道输送技术项目组对2004年5月取得的新疆三大油田原油，即塔里木、吐哈、北疆三种原油及其不同比例混合原油的流变性和基础物性进行了测定。

测试内容包括塔里木、吐哈、北疆三种原油油样的密度、析蜡点、反常点、凝点、含蜡量、沥青质含量、胶质含量、含硫量、酸值、比热容、黏度以及非牛顿流体的流变参数稠度系数、流动特性指数、表观黏度等。

*1. 测定方法*

所采用的原油物性测定方法如下：

(1) 密度测试：执行GB 1884—2000《原油和液体石油产品密度实验室测定法(密度计法)》。

(2) 原油凝点测试：执行SY/T 0541—1994《原油凝点测定法》，但考虑到出疆管道常温输送的情况，在室温下(约为25℃)装样后直接静态降温测试。

(3) 原油黏度的测定：执行SY/T 0520—1993《原油黏度测定——旋转黏度计平衡法》。装样温度为25℃(室温)。

(4) 原油黏温关系的确定：执行SY/T 7549—2000《原油黏温曲线的确定——旋转黏度计法》。

(5) 原油析蜡特性测试：执行SY/T 0545—1995《原油析蜡热特性参数的测定——差示扫描量热法》。

(6) 含硫量测试：执行ASTM D4629—86标准。

(7) 比热容测试：执行SY/T 7517—1994《原油比热容的测定方法》。

2. 基础物性

塔里木、吐哈、北疆三种原油的基础物性测试结果见表 2-1，比热容测试结果见图 2-1，体现原油析蜡特性的 DSC 热谱图见图 2-2 至图 2-4，根据原油的 DSC 热谱图确定的不同温度下的析蜡量结果见表 2-2 至表 2-4。

**表 2-1　可研阶段三种原油油样的基础物性**

| 项目＼原油 | 塔里木混合油 | 吐哈混合油 | 北疆中质油 |
|---|---|---|---|
| 密度(20℃，kg/m³) | 867.9 | 813.0 | 853.7 |
| 析蜡点(℃) | 19.4 | 22.7 | 23.5 |
| 反常点(℃) | 5 | 16 | 22 |
| 凝点(℃) | -10 | 12 | 14 |
| 含蜡量[%(质量分数)] | 2.35 | 11.02 | 8.87 |
| 沥青质含量[%(质量分数)] | 3.87 | 0.18 | 0.19 |
| 胶质含量[%(质量分数)] | 7.18 | 3.19 | 5.93 |
| 含硫量[%(质量分数)] | 0.74 | 0.044 | 0.047 |
| 酸值(mgKOH/g) | 0.041 | 0.024 | 0.015 |

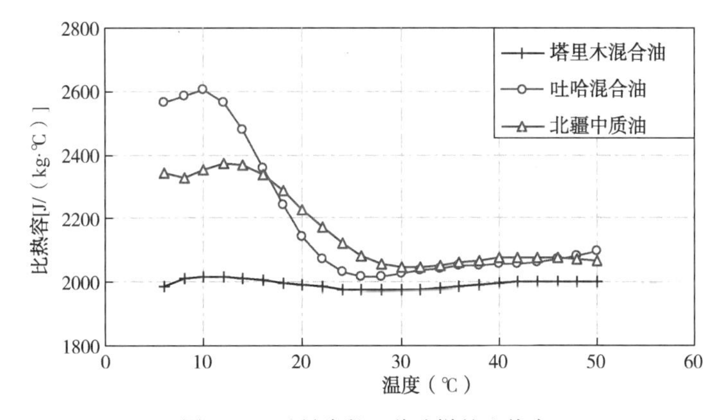


图 2-1　可研阶段三种油样的比热容

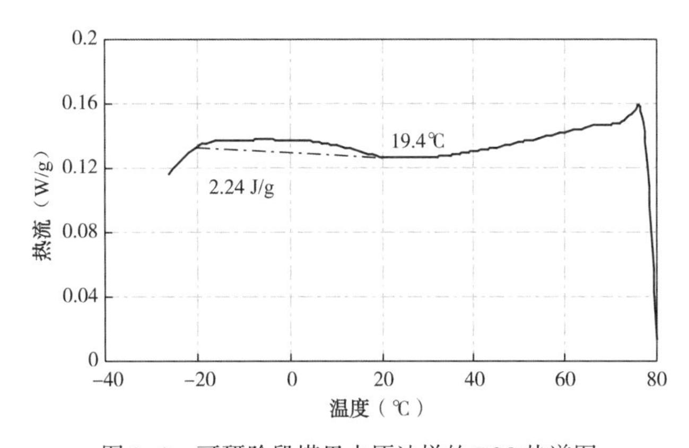


图 2-2　可研阶段塔里木原油样的 DSC 热谱图

**表 2-2 可研阶段塔里木原油样在各温度下的累积析蜡量**

| 温度（℃） | 析蜡量［%（质量分数）］ | 温度（℃） | 析蜡量［%（质量分数）］ | 温度（℃） | 析蜡量［%（质量分数）］ | 温度（℃） | 析蜡量［%（质量分数）］ |
|---|---|---|---|---|---|---|---|
| 19 | 0.01 | 9 | 0.30 | -1 | 0.88 | -11 | 1.52 |
| 18 | 0.02 | 8 | 0.35 | -2 | 0.94 | -12 | 1.58 |
| 17 | 0.03 | 7 | 0.40 | -3 | 1.01 | -13 | 1.64 |
| 16 | 0.05 | 6 | 0.46 | -4 | 1.07 | -14 | 1.70 |
| 15 | 0.07 | 5 | 0.51 | -5 | 1.14 | -15 | 1.76 |
| 14 | 0.10 | 4 | 0.57 | -6 | 1.20 | -16 | 1.82 |
| 13 | 0.13 | 3 | 0.64 | -7 | 1.27 | -17 | 1.88 |
| 12 | 0.17 | 2 | 0.70 | -8 | 1.33 | -18 | 1.93 |
| 11 | 0.21 | 1 | 0.76 | -9 | 1.39 | -19 | 1.98 |

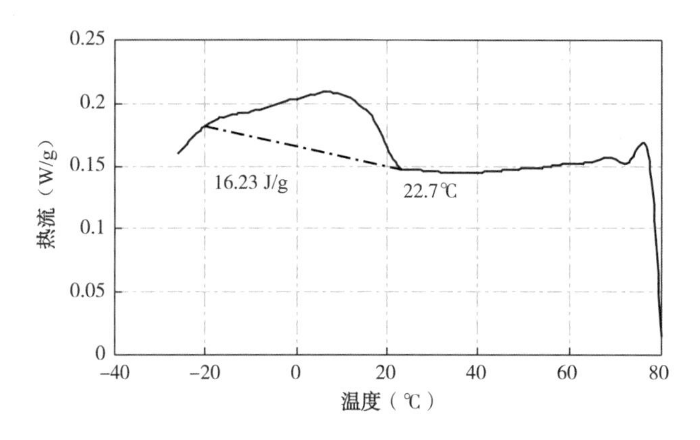


图 2-3 可研阶段吐哈原油样的 DSC 热谱图

**表 2-3 可研阶段吐哈原油样在各温度下的累积析蜡量**

| 温度（℃） | 析蜡量［%（质量分数）］ | 温度（℃） | 析蜡量［%（质量分数）］ | 温度（℃） | 析蜡量［%（质量分数）］ | 温度（℃） | 析蜡量［%（质量分数）］ | 温度（℃） | 析蜡量［%（质量分数）］ |
|---|---|---|---|---|---|---|---|---|---|
| 22 | 0.02 | 13 | 1.76 | 4 | 4.73 | -5 | 7.45 | -14 | 9.72 |
| 21 | 0.06 | 12 | 2.07 | 3 | 5.05 | -6 | 7.73 | -15 | 9.95 |
| 20 | 0.15 | 11 | 2.39 | 2 | 5.37 | -7 | 7.99 | -16 | 10.18 |
| 19 | 0.29 | 10 | 2.72 | 1 | 5.68 | -8 | 8.25 | -17 | 10.40 |
| 18 | 0.46 | 9 | 3.05 | 0 | 5.99 | -9 | 8.51 | -18 | 10.61 |
| 17 | 0.67 | 8 | 3.39 | -1 | 6.29 | -10 | 8.76 | -19 | 10.81 |
| 16 | 0.92 | 7 | 3.73 | -2 | 6.59 | -11 | 9.01 | -20 | 10.99 |
| 15 | 1.18 | 6 | 4.06 | -3 | 6.89 | -12 | 9.25 | | |
| 14 | 1.46 | 5 | 4.40 | -4 | 7.17 | -13 | 9.49 | | |

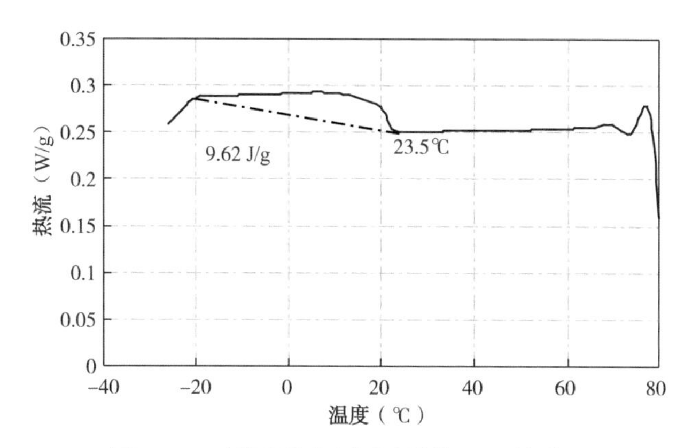


图 2-4　可研阶段北疆原油样的 DSC 热谱图

**表 2-4　可研阶段北疆原油样的在各温度下的累积析蜡量**

| 温度（℃） | 析蜡量［%（质量分数）］ | 温度（℃） | 析蜡量［%（质量分数）］ | 温度（℃） | 析蜡量［%（质量分数）］ | 温度（℃） | 析蜡量［%（质量分数）］ | 温度（℃） | 析蜡量［%（质量分数）］ |
|---|---|---|---|---|---|---|---|---|---|
| 23 | 0. 03 | 14 | 1. 44 | 5 | 3. 53 | −4 | 5. 59 | −13 | 7. 57 |
| 22 | 0. 06 | 13 | 1. 66 | 4 | 3. 76 | −5 | 5. 82 | −14 | 7. 78 |
| 21 | 0. 14 | 12 | 1. 88 | 3 | 4. 00 | −6 | 6. 04 | −15 | 7. 99 |
| 20 | 0. 29 | 11 | 2. 11 | 2 | 4. 23 | −7 | 6. 27 | −16 | 8. 21 |
| 19 | 0. 45 | 10 | 2. 35 | 1 | 4. 46 | −8 | 6. 49 | −17 | 8. 43 |
| 18 | 0. 63 | 9 | 2. 58 | 0 | 4. 69 | −9 | 6. 71 | −18 | 8. 64 |
| 17 | 0. 82 | 8 | 2. 82 | −1 | 4. 92 | −10 | 6. 93 | −19 | 8. 85 |
| 16 | 1. 02 | 7 | 3. 05 | −2 | 5. 14 | −11 | 7. 15 | −20 | 9. 05 |
| 15 | 1. 22 | 6 | 3. 29 | −3 | 5. 37 | −12 | 7. 36 | | |

3. 流变性及黏温关系

塔里木、吐哈、北疆三种混合原油的流变参数见表 2-5 至表 2-7，黏温曲线见图 2-5 至图 2-7。

**表 2-5　可研阶段塔里木原油样流变参数**

| 温度（℃） | 稠度系数 $K$（$mPa \cdot s^n$） | 流动行为指数 $n$ | 黏度（mPa·s） | | |
|---|---|---|---|---|---|
| | | | $20s^{-1}$ | $50s^{-1}$ | $100s^{-1}$ |
| 50 | 7. 49 | 1 | 7. 49 | | |
| 40 | 10. 02 | 1 | 10. 02 | | |
| 30 | 13. 67 | 1 | 13. 67 | | |
| 25 | 16. 09 | 1 | 16. 09 | | |
| 20 | 19. 05 | 1 | 19. 05 | | |
| 15 | 23. 54 | 1 | 23. 54 | | |
| 10 | 35. 28 | 1 | 35. 28 | | |
| 8 | 43. 28 | 1 | 43. 28 | | |
| 5 | 77. 98 | 0. 9338 | 63. 95 | 60. 19 | 57. 49 |
| 2 | 131. 00 | 0. 8993 | 96. 89 | 88. 35 | 82. 39 |

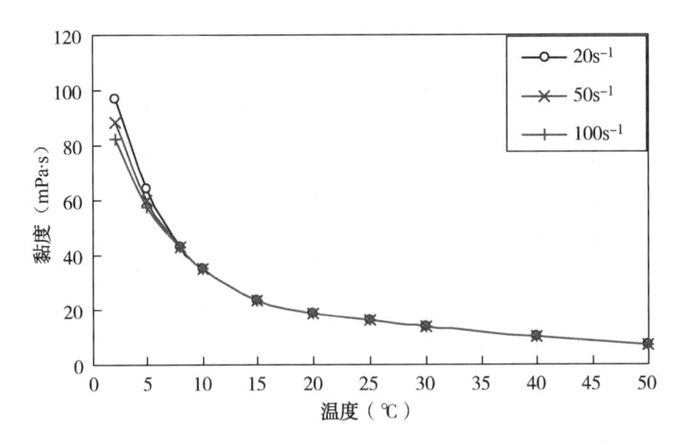


图 2-5　可研阶段塔里木原油样黏温曲线

**表 2-6　可研阶段吐哈原油样流变参数**

| 温度(℃) | 稠度系数 $K$ (mPa·$s^n$) | 流动行为指数 $n$ | 黏度(mPa·s) | | |
|---|---|---|---|---|---|
| | | | $20s^{-1}$ | $50s^{-1}$ | $100s^{-1}$ |
| 50 | 2.05 | 1 | 2.05 | | |
| 40 | 2.45 | 1 | 2.45 | | |
| 30 | 2.97 | 1 | 2.97 | | |
| 25 | 3.29 | 1 | 3.29 | | |
| 20 | 3.76 | 1 | 3.76 | | |
| 18 | 4.42 | 1 | 4.42 | | |
| 16 | 8.54 | 0.9375 | 7.08 | 6.69 | 6.40 |
| 14 | 28.96 | 0.8244 | 17.11 | 14.57 | 12.90 |
| 12 | 98.63 | 0.7338 | 44.43 | 34.82 | 28.95 |

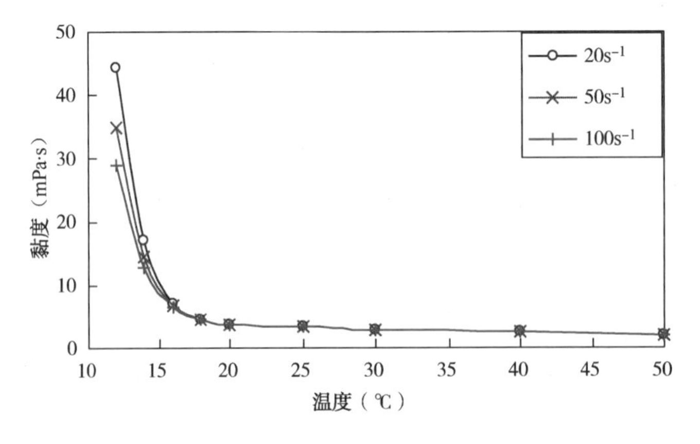


图 2-6　可研阶段吐哈原油样黏温曲线

**表 2-7　可研阶段北疆原油样流变参数**

| 温度(℃) | 稠度系数 $K$ (mPa·$s^n$) | 流动行为指数 $n$ | 黏度(mPa·s) | | |
|---|---|---|---|---|---|
| | | | $20s^{-1}$ | $50s^{-1}$ | $100s^{-1}$ |
| 50 | 8.71 | 1 | 8.71 | | |
| 40 | 12.63 | 1 | 12.63 | | |
| 30 | 18.77 | 1 | 18.77 | | |
| 25 | 23.11 | 1 | 23.11 | | |
| 22 | 33.48 | 0.9648 | 30.13 | 29.17 | 28.47 |
| 20 | 58.58 | 0.8935 | 42.58 | 38.62 | 35.87 |
| 18 | 118.14 | 0.8505 | 75.49 | 65.83 | 59.35 |
| 16 | 413.80 | 0.6651 | 151.73 | 111.64 | 88.51 |
| 14 | 844.96 | 0.5722 | 235.72 | 156.66 | 118.59 |

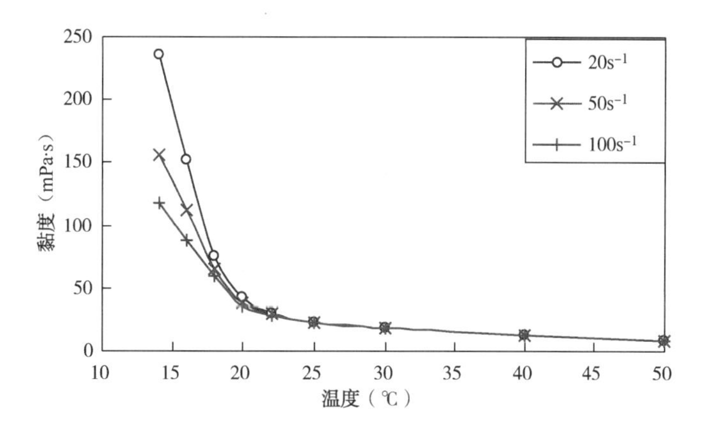


图 2-7　可研阶段北疆原油样黏温曲线

## 二、初步设计阶段原油的基本物性

2005 年 4—6 月，为了给管道初步设计提供新的、准确的原油物性数据，西部管道分公司委托中国石油大学(北京)西部原油管道输送技术项目组对拟由西部原油管道输送的塔里木混合原油、北疆混合原油、吐哈混合原油的基础物性和流变性进行了测试。

塔里木原油为库鄯线管输原油；吐哈混合原油的组成及比例为丘陵：温米：鄯善：吐鲁番 = 20：23：18：39；北疆混合油的组成及比例为采二：火北：陆梁 = 71：10：19。

1. 基础物性

三种混合原油的基础物性测试结果见表 2-8，比热容测试结果见图 2-8，体现原油析蜡特性的 DSC 热谱图见图 2-9 至图 2-11，根据原油的 DSC 热谱图确定的不同温度下的析蜡量结果见表 2-9 至表 2-11。

表 2-8　初步设计阶段三种油样的基础物性

| 项目＼原油 | 塔里木混合原油 | 吐哈混合原油 | 北疆混合原油 |
|---|---|---|---|
| 20℃密度（$kg/m^3$） | 870.1 | 822.2 | 853.2 |
| 初馏点（℃） | 55 | 60 | 65 |
| 析蜡点（℃） | 19.5 | 22.9 | 23.1 |
| 反常点（℃） | 8 | 17 | 19 |
| 凝点（℃） | -10 | 11 | 12 |
| 含蜡量[%（质量分数）] | 1.79 | 11.05 | 13.12 |
| 沥青质含量[%（质量分数）] | 3.27 | 0.14 | 0.30 |
| 胶质含量[%（质量分数）] | 5.95 | 3.64 | 6.09 |
| 含硫量[%（质量分数）] | 0.794 | 0.049 | 0.051 |
| 含盐量（mg/kg） | 16 | 27 | 16 |

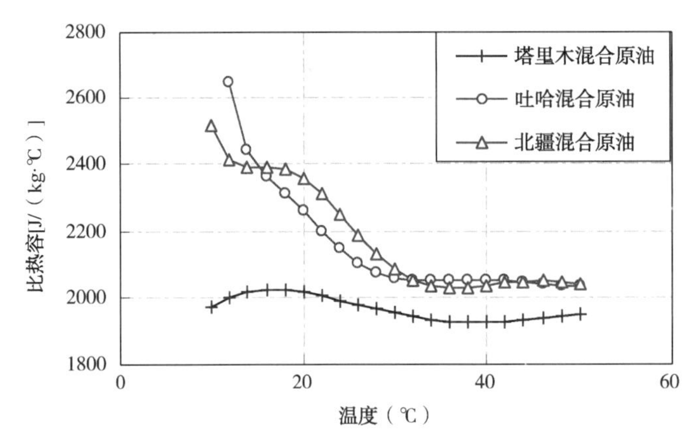


图 2-8　初步设计阶段三种油样的比热容

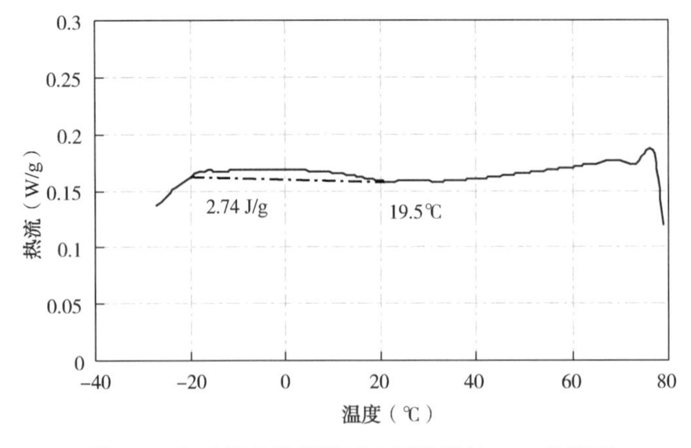


图 2-9　初步设计阶段塔里木原油样的 DSC 热谱图

**表 2-9　初步设计阶段塔里木原油样在各温度下的累积析蜡量**

| 温度（℃） | 析蜡量［%（质量分数）］ | 温度（℃） | 析蜡量［%（质量分数）］ | 温度（℃） | 析蜡量［%（质量分数）］ | 温度（℃） | 析蜡量［%（质量分数）］ |
|---|---|---|---|---|---|---|---|
| 19 | 0.004 | 9 | 0.28 | -1 | 0.81 | -11 | 1.35 |
| 18 | 0.01 | 8 | 0.33 | -2 | 0.86 | -12 | 1.40 |
| 17 | 0.02 | 7 | 0.38 | -3 | 0.91 | -13 | 1.45 |
| 16 | 0.04 | 6 | 0.43 | -4 | 0.97 | -14 | 1.50 |
| 15 | 0.06 | 5 | 0.48 | -5 | 1.02 | -15 | 1.55 |
| 14 | 0.09 | 4 | 0.54 | -6 | 1.08 | -16 | 1.60 |
| 13 | 0.12 | 3 | 0.59 | -7 | 1.13 | -17 | 1.65 |
| 12 | 0.16 | 2 | 0.65 | -8 | 1.19 | -18 | 1.70 |
| 11 | 0.20 | 1 | 0.70 | -9 | 1.24 | -19 | 1.74 |
| 10 | 0.24 | 0 | 0.75 | -10 | 1.30 | -20 | 1.76 |

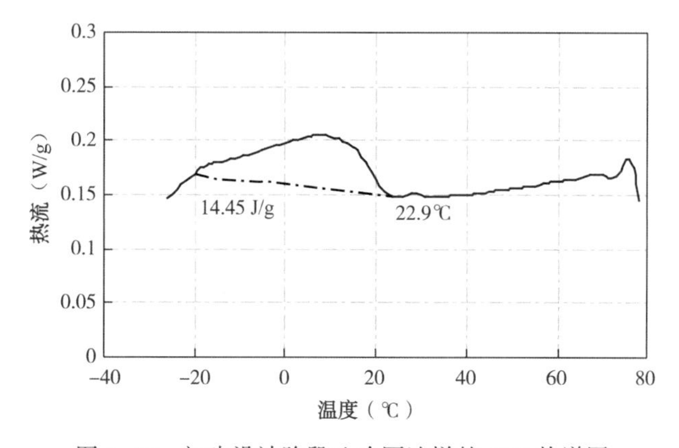


图 2-10　初步设计阶段吐哈原油样的 DSC 热谱图

**表 2-10　初步设计阶段吐哈原油样在各温度下的累积析蜡量**

| 温度（℃） | 析蜡量［%（质量分数）］ | 温度（℃） | 析蜡量［%（质量分数）］ | 温度（℃） | 析蜡量［%（质量分数）］ | 温度（℃） | 析蜡量［%（质量分数）］ | 温度（℃） | 析蜡量［%（质量分数）］ |
|---|---|---|---|---|---|---|---|---|---|
| 22 | 0.02 | 13 | 1.94 | 4 | 5.15 | -5 | 7.92 | -14 | 10.01 |
| 21 | 0.07 | 12 | 2.29 | 3 | 5.49 | -6 | 8.19 | -15 | 10.20 |
| 20 | 0.17 | 11 | 2.64 | 2 | 5.82 | -7 | 8.44 | -16 | 10.39 |
| 19 | 0.31 | 10 | 3.00 | 1 | 6.15 | -8 | 8.68 | -17 | 10.58 |
| 18 | 0.51 | 9 | 3.36 | 0 | 6.46 | -9 | 8.92 | -18 | 10.75 |
| 17 | 0.74 | 8 | 3.72 | -1 | 6.77 | -10 | 9.15 | -19 | 10.90 |
| 16 | 1.01 | 7 | 4.08 | -2 | 7.07 | -11 | 9.38 | -20 | 11.03 |
| 15 | 1.30 | 6 | 4.45 | -3 | 7.36 | -12 | 9.59 | | |
| 14 | 1.62 | 5 | 4.80 | -4 | 7.65 | -13 | 9.80 | | |

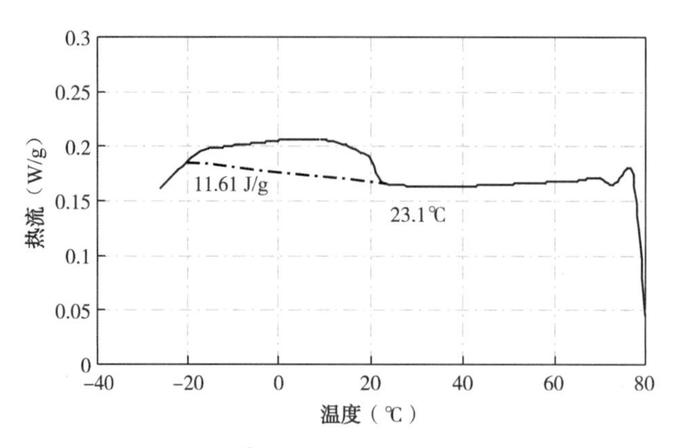


图 2-11　初步设计阶段北疆原油样的 DSC 热谱图

**表 2-11　初步设计阶段北疆原油样的在各温度下的累积析蜡量**

| 温度（℃） | 析蜡量［%(质量分数)］ | 温度（℃） | 析蜡量［%(质量分数)］ | 温度（℃） | 析蜡量［%(质量分数)］ | 温度（℃） | 析蜡量［%(质量分数)］ | 温度（℃） | 析蜡量［%(质量分数)］ |
|---|---|---|---|---|---|---|---|---|---|
| 23 | 0.01 | 14 | 2.03 | 5 | 5.01 | −4 | 7.95 | −13 | 10.59 |
| 22 | 0.08 | 13 | 2.35 | 4 | 5.35 | −5 | 8.26 | −14 | 10.86 |
| 21 | 0.23 | 12 | 2.67 | 3 | 5.68 | −6 | 8.56 | −15 | 11.13 |
| 20 | 0.42 | 11 | 3.00 | 2 | 6.02 | −7 | 8.86 | −16 | 11.39 |
| 19 | 0.64 | 10 | 3.33 | 1 | 6.35 | −8 | 9.16 | −17 | 11.64 |
| 18 | 0.89 | 9 | 3.66 | 0 | 6.68 | −9 | 9.46 | −18 | 11.86 |
| 17 | 1.15 | 8 | 4.00 | −1 | 7.00 | −10 | 9.75 | −19 | 12.06 |
| 16 | 1.43 | 7 | 4.33 | −2 | 7.32 | −11 | 10.04 | −20 | 12.24 |
| 15 | 1.73 | 6 | 4.67 | −3 | 7.64 | −12 | 10.31 | | |

2. 流变性及黏温关系

塔里木、吐哈、北疆三种混合原油的流变参数见表 2-12 至表 2-14，黏温曲线见图 2-12 至图 2-14。

**表 2-12　初步设计阶段塔里木混合油样流变参数**

| 温度(℃) | 稠度系数 $K$ (mPa·s$^n$) | 流动行为指数 $n$ | 黏度(mPa·s) | | |
|---|---|---|---|---|---|
| | | | 20s$^{-1}$ | 50s$^{-1}$ | 100s$^{-1}$ |
| 50 | 8.47 | 1 | 8.47 | | |
| 40 | 10.04 | 1 | 10.04 | | |
| 35 | 12.02 | 1 | 12.02 | | |
| 30 | 14.36 | 1 | 14.36 | | |
| 25 | 16.71 | 1 | 16.71 | | |
| 20 | 21.07 | 1 | 21.07 | | |
| 15 | 27.58 | 1 | 27.58 | | |
| 12 | 34.32 | 1 | 34.32 | | |
| 10 | 40.15 | 1 | 40.15 | | |

续表

| 温度(℃) | 稠度系数 $K$ (mPa·s$^n$) | 流动行为指数 $n$ | 黏度(mPa·s) | | |
|---|---|---|---|---|---|
| | | | 20s$^{-1}$ | 50s$^{-1}$ | 100s$^{-1}$ |
| 8 | 45.84 | 1 | 45.84 | | |
| 5 | 88.62 | 0.9417 | 74.42 | 70.55 | 67.75 |
| 2 | 139.99 | 0.9155 | 108.68 | 100.59 | 94.86 |

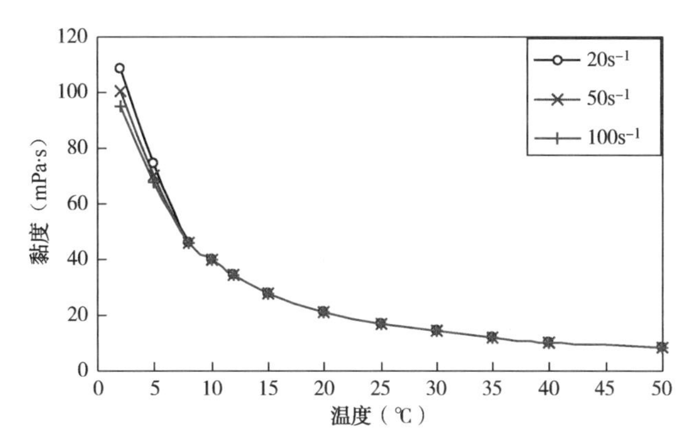


图 2-12　初步设计阶段塔里木混合油样黏温曲线

**表 2-13　初步设计阶段吐哈混合油样流变参数**

| 温度(℃) | 稠度系数 $K$ (mPa·s$^n$) | 流动行为指数 $n$ | 黏度(mPa·s) | | |
|---|---|---|---|---|---|
| | | | 20s$^{-1}$ | 50s$^{-1}$ | 100s$^{-1}$ |
| 50 | 3.04 | 1 | 3.04 | | |
| 40 | 3.66 | 1 | 3.66 | | |
| 30 | 4.18 | 1 | 4.18 | | |
| 25 | 4.98 | 1 | 4.98 | | |
| 20 | 5.95 | 1 | 5.95 | | |
| 17 | 10.84 | 0.9480 | 9.28 | 8.85 | 8.53 |
| 15 | 59.13 | 0.7212 | 25.65 | 19.87 | 16.37 |
| 12 | 254.14 | 0.5649 | 69.02 | 46.33 | 34.27 |

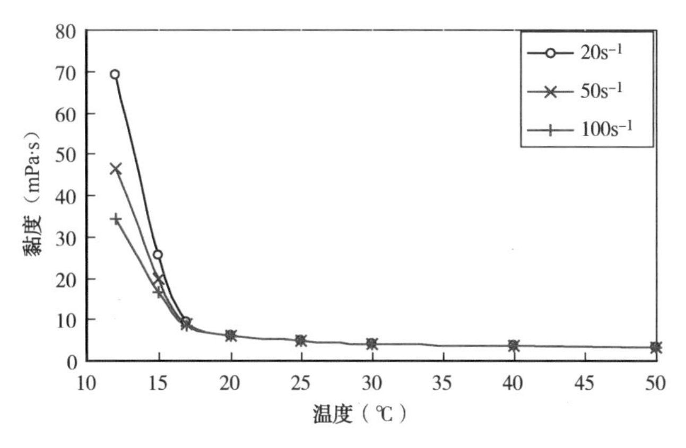


图 2-13　初步设计阶段吐哈混合油样黏温曲线

表 2-14　初步设计阶段北疆混合油样流变参数

| 温度(℃) | 稠度系数 $K$ ($mPa \cdot s^n$) | 流动行为指数 $n$ | 黏度(mPa·s) | | |
|---|---|---|---|---|---|
| | | | $20s^{-1}$ | $50s^{-1}$ | $100s^{-1}$ |
| 50 | 9.76 | 1 | 9.76 | | |
| 40 | 12.20 | 1 | 12.20 | | |
| 30 | 18.46 | 1 | 18.46 | | |
| 25 | 21.52 | 1 | 21.52 | | |
| 20 | 27.14 | 1 | 27.14 | | |
| 19 | 48.95 | 0.9361 | 40.42 | 38.12 | 36.47 |
| 17 | 92.11 | 0.8716 | 62.70 | 55.74 | 50.99 |
| 15 | 206.84 | 0.7832 | 108.04 | 88.57 | 76.21 |
| 12 | 1373.10 | 0.5347 | 340.67 | 222.42 | 161.10 |

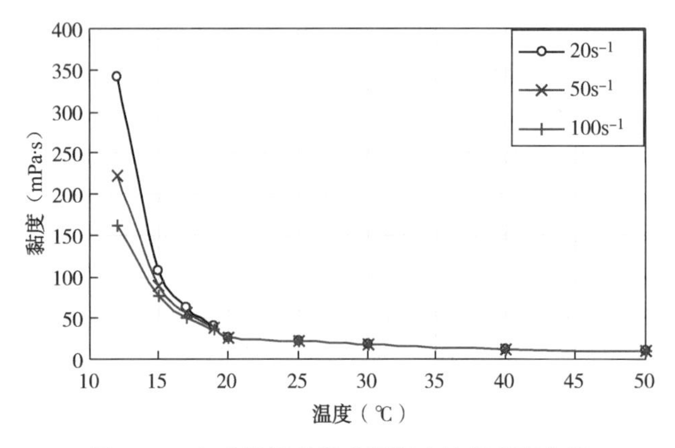


图 2-14　初步设计阶段北疆混合油样黏温曲线

# 第二节　可研阶段的混合原油常温输送工艺

鄯兰原油管道在可研阶段计划采用原油混合常温输送工艺。针对此需求，根据新疆三大油田原油的物性特点，应用混合原油流动性参数计算模型，结合鄯兰原油管道的地温、布站、输量等具体条件，确定了新疆三大油田混合原油不经改性处理直接常温输送所要求的原油临界配比，分析了混合原油进行常温输送应采取的措施。

## 一、可实现常温输送的混合原油临界配比

分别按以下三个约束条件分析了可实现常温输送的混合原油的临界配比：

(1) 混合原油凝点低于管道埋深处最低地温。可研阶段获得的管道埋深处各月最低地温见图 2-15。

(2) 混合原油凝点比管道埋深处最低地温低 2℃。

(3) 混合原油凝点比最低进站油温低 3℃。

除了上述常温输送的约束条件外，输油方案还应与各油田的计划外输量相适应。表 2-15

列出了管道可研阶段中国石油规划总院所提供的2006—2015年新疆三大油田的预计外输量。从中可以看出，在2006—2015年的出疆外输原油中，塔里木原油基本上维持在50%左右，北疆原油的份额逐渐增大，而吐哈原油的份额则逐渐减小。

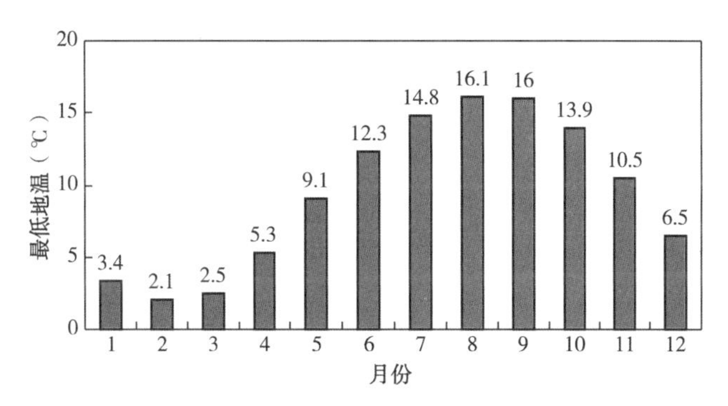


图2-15　管道沿线地表以下1.6m处月最低地温

**表2-15　新疆地区原油出疆量预测表**

| 年份 | 年计划输量($10^4$t) | | | | 各原油所占份额(%) | | |
|---|---|---|---|---|---|---|---|
| | 塔里木原油 | 吐哈原油 | 北疆原油 | 合计 | 塔里木原油 | 吐哈原油 | 北疆原油 |
| 2006 | 520 | 200 | 311 | 1031 | 50.44 | 19.40 | 30.16 |
| 2007 | 568 | 198 | 360 | 1126 | 50.44 | 17.58 | 31.97 |
| 2008 | 615 | 195 | 408 | 1218 | 50.49 | 16.01 | 33.50 |
| 2009 | 663 | 193 | 457 | 1313 | 50.50 | 14.70 | 34.81 |
| 2010 | 710 | 190 | 505 | 1405 | 50.53 | 13.52 | 35.94 |
| 2011 | 720 | 190 | 549 | 1459 | 49.35 | 13.02 | 37.63 |
| 2015 | 805 | 190 | 602 | 1597 | 50.41 | 11.90 | 37.70 |

混合原油的凝点可根据各组分原油的凝点和各组分原油的比例由式(2-1)计算确定[1,2]：

$$\begin{cases} T_{gm}=\sum_{i=1}^{n}X_iT_{gi}+\sum_{j=1}^{n-1}\sum_{k=j+1}^{n}(B_{jk}C_{jk}X_jX_k) \\ B_{jk}=[\lg(100X_j)/\lg(100X_k)]^{\mathrm{sgn}(C_{jk})} \\ C_{jk}=2(2T_{gjk}-T_{gj}-T_{gk}) \end{cases} \tag{2-1}$$

式中：$X_j$，$X_k$分别为第$j$、$k$两种组分原油中低凝点、高凝点组分原油的质量或体积分数；$T_{gj}$，$T_{gk}$分别为第$j$、$k$两种组分原油的凝点,℃，其中$T_{gj}<T_{gk}$；$T_{gjk}$为第$j$、$k$两种组分原油等质量或等体积混合后的凝点,℃；$\mathrm{sgn}(C_{jk})$为$C_{jk}$的取值符号，当$C_{jk}>0$时，$\mathrm{sgn}(C_{jk})=1$；当$C_{jk}<0$时，$\mathrm{sgn}(C_{jk})=-1$。

但从数学上讲，三种原油组成的混合原油的凝点满足某一确定临界值的配比是不唯一的(即有多个临界配比)。考虑到工程实际特点，下文所给出的临界配比，是在所有临界配比中流动性最好的塔里木原油的比例最小的，并且在此塔里木原油比例下，依然能满足凝点约束条件的吐哈原油和北疆原油比例。

1. 三种原油混合常温输送

根据可研阶段和初步设计阶段所取油样的物性测试结果及不同约束条件，确定原油不经改性处理直接常温输送所要求的原油临界配比，见表 2-16。可以看出：

（1）无论是基于可研阶段油样物性确定的临界配比，还是基于初步设计阶段油样物性确定的临界配比，在相同的约束条件下，能实现直接常温输送的月份完全一致(表 2-16)。

（2）无论是按三个约束条件中的哪一个确定临界配比，能实现常温输送的方式基本一致(表 2-17)：

在地温较低的 1 月至 4 月，要直接实现混合原油常温输送，混合原油中塔里木原油的比例都须大于 50%。

12 月处于能实现常温混输的临界状态，如果以凝点比管道埋深处最低地温低 2℃ 作为约束条件，则在不采取其他降凝措施时，混合原油中塔里木原油的比例须大于 50%；若以混合原油凝点低于管道埋深处最低地温或混合原油凝点比最低进站油温低 3℃ 作为约束条件，则可不采取其他降凝措施，但混合原油中塔里木原油的比例须控制在 50%。

在 5 月至 11 月，出疆原油可不采取降凝措施，直接实现三大油田混合原油的常温输送。

**表 2-16　可实现常温输送的混合原油临界配比(塔里木原油：吐哈原油：北疆原油)**

| 月份 | 凝点低于管道埋深处最低地温时混合原油临界配比 | | 凝点比管道埋深处最低地温低 2℃ 时混合原油临界配比 | | 凝点比最低进站油温低 3℃ * 时混合原油临界配比 | |
|---|---|---|---|---|---|---|
| | 可研油样 | 初设油样 | 可研油样 | 初设油样 | 可研油样 | 初设油样 |
| 1 | 64：12：24 | 62：12：26 | 72：12：16 | 70：12：18 | 65：13：22 | 63：13：24 |
| 2 | 70：13：17 | 67：13：20 | 77：12：11 | 74：12：14 | 72：17：11 | 68：15：17 |
| 3 | 69：15：16 | 66：15：19 | 76：13：11 | 73：13：14 | 64：13：23 | 62：13：25 |
| 4 | 55：12：33 | 53：12：35 | 65：13：22 | 63：13：24 | 56：13：31 | 54：13：33 |
| 5 | 33：12：55 | 28：13：59 | 48：19：33 | 43：19：38 | 34：13：53 | 28：13：59 |
| 6 | 10：30：60 | 任意配比 | 25：15：60 | 17：15：68 | 14：12：74 | 北疆原油≤96% |
| 7 | 任意配比 | 任意配比 | 7：15：78 | 任意配比 | 任意配比 | 任意配比 |
| 8 | 任意配比 | 任意配比 | 任意配比 | 任意配比 | 任意配比 | 任意配比 |
| 9 | 任意配比 | 任意配比 | 任意配比 | 任意配比 | 任意配比 | 任意配比 |
| 10 | 北疆原油≤99% | 任意配比 | 13：13：74 | 北疆原油≤98% | 北疆原油≤98% | 任意配比 |
| 11 | 23：12：65 | 15：16：69 | 37：13：50 | 32：13：55 | 24：12：64 | 14：12：74 |
| 12 | 49：13：38 | 47：13：40 | 59：12：29 | 57：12：31 | 47：12：41 | 45：12：43 |

注：* 表示计算最低进站油温时，鄯善进管输量为 $1031\times10^4$t/a，玉门分输量为 $155\times10^4$t/a，玉门站以后的输量为 $876\times10^4$t/a。鄯善首站出站温度为 20℃。6—11 月的总传热系数取 $K=1.6$W/(m$^2$·℃)，其他月份的总传热系数取 $K=1.4$W/(m$^2$·℃)。下同。

**表 2-17　三种不同约束条件下不同月份的常温输送方式**

| 月份 | 凝点低于管道埋深处最低地温时常温输送方式 | 凝点比管道埋深处最低地温低 2℃ 时常温输送方式 | 凝点比最低进站油温低 3℃ 时常温输送方式 |
|---|---|---|---|
| 1 | 改性常温输送 | 改性常温输送 | 改性常温输送 |
| 2 | 改性常温输送 | 改性常温输送 | 改性常温输送 |
| 3 | 改性常温输送 | 改性常温输送 | 改性常温输送 |
| 4 | 改性常温输送 | 改性常温输送 | 改性常温输送 |

续表

| 月份 | 凝点低于管道埋深处最低地温时常温输送方式 | 凝点比管道埋深处最低地温低 2℃时常温输送方式 | 凝点比最低进站油温低 3℃时常温输送方式 |
|---|---|---|---|
| 5 | 直接常温输送 | 直接常温输送 | 直接常温输送 |
| 6 | 直接常温输送 | 直接常温输送 | 直接常温输送 |
| 7 | 直接常温输送 | 直接常温输送 | 直接常温输送 |
| 8 | 直接常温输送 | 直接常温输送 | 直接常温输送 |
| 9 | 直接常温输送 | 直接常温输送 | 直接常温输送 |
| 10 | 直接常温输送 | 直接常温输送 | 直接常温输送 |
| 11 | 直接常温输送 | 直接常温输送 | 直接常温输送 |
| 12 | 直接常温输送 | 改性常温输送 | 直接常温输送 |

2. 吐哈原油不进管时的常温输送措施

表 2-18 给出了吐哈原油不进管道输送时，2006—2015 年所输塔里木原油和北疆原油所占的比例。当吐哈原油不进管时，出疆原油不经改性处理直接常温输送所要求的临界配比见表 2-19。

**表 2-18　吐哈原油不进管时新疆地区原油出疆量预测表**

| 年份 | 年计划输量($10^4$t) | | | 各原油所占份额(%) | |
|---|---|---|---|---|---|
| | 塔里木原油 | 北疆原油 | 合计 | 塔里木原油 | 北疆原油 |
| 2006 | 520 | 200 | 720 | 72.22 | 27.78 |
| 2007 | 568 | 360 | 928 | 61.21 | 38.79 |
| 2008 | 615 | 408 | 1023 | 60.12 | 39.88 |
| 2009 | 663 | 457 | 1120 | 59.20 | 40.80 |
| 2010 | 710 | 505 | 1215 | 58.44 | 41.56 |
| 2011 | 720 | 549 | 1269 | 56.74 | 43.26 |
| 2015 | 805 | 602 | 1407 | 57.21 | 42.79 |

**表 2-19　吐哈原油不进管时可实现常温输送的混合原油临界配比**

**（塔里木原油：北疆原油）**

| 月份 | 凝点低于管道埋深处最低地温时混合原油临界配比 | | 凝点比管道埋深处最低地温低 2℃时混合原油临界配比 | | 凝点比最低进站油温低 3℃时混合原油临界配比 | |
|---|---|---|---|---|---|---|
| | 可研油样 | 初步设计油样 | 可研油样 | 初步设计油样 | 可研油样 | 初步设计油样 |
| 1 | 57.5：42.5 | 53：47 | 65.5：34.5 | 63：37 | 57.5：42.5 | 53.5：46.5 |
| 2 | 62.5：37.5 | 59.5：40.5 | 70.5：29.5 | 68：32 | 63：37 | 60：40 |
| 3 | 61：39 | 57.5：42.5 | 69：31 | 66.5：33.5 | 57：43 | 52.5：47.5 |
| 4 | 48.5：51.5 | 43：57 | 57.5：42.5 | 53.5：46.5 | 49：51 | 43.5：56.5 |
| 5 | 28.5：71.5 | 19：81 | 39.5：60.5 | 32：68 | 29：71 | 20：80 |
| 6 | 9.5：90.5 | 任意配比 | 21.5：78.5 | 11：89 | 12.5：87.5 | 1.5：98.5 |
| 7 | 任意配比 | 任意配比 | 7：93 | 任意配比 | 任意配比 | 任意配比 |

续表

| 月份 | 凝点低于管道埋深处最低地温时混合原油临界配比 | | 凝点比管道埋深处最低地温低 2℃时混合原油临界配比 | | 凝点比最低进站油温低 3℃时混合原油临界配比 | |
|---|---|---|---|---|---|---|
| | 可研油样 | 初步设计油样 | 可研油样 | 初步设计油样 | 可研油样 | 初步设计油样 |
| 8 | 任意配比 | 任意配比 | 任意配比 | 任意配比 | 任意配比 | 任意配比 |
| 9 | 任意配比 | 任意配比 | 任意配比 | 任意配比 | 任意配比 | 任意配比 |
| 10 | 0.5∶99.5 | 任意配比 | 12∶88 | 1∶99 | 2.5∶97.5 | 任意配比 |
| 11 | 20.5∶79.5 | 10∶90 | 32∶68 | 23∶77 | 21∶79 | 10.5∶89.5 |
| 12 | 42.5∶57.5 | 35.5∶64.5 | 52.5∶47.5 | 47.5∶52.5 | 41∶59 | 34∶66 |

根据表 2-18 和表 2-19 确定的可实现直接常温输送的月份和需采取改性输送的年份和月份见表 2-20。从中可以看出：

（1）无论是按何种约束条件，2006—2015 年 5 月至 12 月都可实现塔里木原油和北疆原油混合油的直接常温混合输送。

（2）以凝点低于管道埋深处最低地温或以凝点比最低进站油温低 3℃作为约束条件，则基于初步设计油样的流动性参数，2006—2015 年 1 月至 4 月，仍然可以实现塔里木原油和北疆原油混合油的直接常温混合输送；若基于可研阶段油样的流动性参数结果，2007—2015 年，在 3 月至 4 月，可以实现塔里木原油和北疆原油混合油的直接常温混合输送；在 1 月至 2 月，不同年份所采取措施有所不同。

（3）以凝点比管道埋深处最低地温低 2℃作为约束条件，在 1 月至 3 月都需采取一定的改性措施；基于可研阶段油样的流动性参数结果，在 2015 年的 4 月还需采取改性措施。

**表 2-20　吐哈原油不进管输送时三种不同约束条件下不同年份、月份的常温输送方式**

| 月份 | 凝点低于管道埋深处最低地温时常温输送方式 | | 凝点比管道埋深处最低地温低 2℃时常温输送方式 | | 凝点比最低进站油温低 3℃时常温输送方式 | |
|---|---|---|---|---|---|---|
| | 可研油样 | 初设油样 | 可研油样 | 初设油样 | 可研油样 | 初设油样 |
| 1 | 2015 年改性常温输送 | √ | 2007—2015 年改性常温输送 | 2007—2015 年改性常温输送 | 2015 年改性常温输送 | √ |
| 2 | 2007—2015 年改性常温输送 | √ | 2007—2015 年改性常温输送 | 2007—2015 年改性常温输送 | 2007—2015 年改性常温输送 | √ |
| 3 | √ | √ | 2007—2015 年改性常温输送 | 2007—2015 年改性常温输送 | √ | √ |
| 4 | √ | √ | 2015 年改性常温输送 | √ | √ | √ |
| 5 | √ | √ | √ | √ | √ | √ |
| 6 | √ | √ | √ | √ | √ | √ |
| 7 | √ | √ | √ | √ | √ | √ |
| 8 | √ | √ | √ | √ | √ | √ |
| 9 | √ | √ | √ | √ | √ | √ |

续表

| 月份 | 凝点低于管道埋深处最低地温时常温输送方式 | | 凝点比管道埋深处最低地温低2℃时常温输送方式 | | 凝点比最低进站油温低3℃时常温输送方式 | |
|---|---|---|---|---|---|---|
| | 可研油样 | 初设油样 | 可研油样 | 初设油样 | 可研油样 | 初设油样 |
| 10 | √ | √ | √ | √ | √ | √ |
| 11 | √ | √ | √ | √ | √ | √ |
| 12 | √ | √ | √ | √ | √ | √ |

注：√表示可实现直接常温输送。

## 二、混合原油加剂改性常温输送工艺

参照2006年、2015年管输三大油田原油比例，针对塔里木原油：吐哈原油：北疆原油比例为50：20：30的混合油(凝点为6℃)，以及塔里木原油：吐哈原油：北疆原油比例为50：12：38的混合油(凝点为8℃)，优选了降凝剂改性处理条件；根据优选出的加剂处理条件，结合鄯兰原油管道的初步设计参数，进行了混合原油加剂改性常温输送的模拟试验，在此基础上进行了停输再启动的安全性评价。

1. 塔里木原油：吐哈原油：北疆原油比例为50：20：30的混合油

针对该配比的混合油，优选出的加剂处理条件为：处理温度50~55℃，加剂量30mg/kg，急冷终温的下限是30℃。其加剂改性常温输送的模拟试验结果(表2-21，图2-16和图2-17)表明，该配比的混合油经加剂改性处理后可实现全年全线常温输送。计算机模拟结果表明，管道经历30h停输后，首站的启动压力为2.72MPa，启动30min后流量达到稳定值，说明启动是安全的。

**表2-21　塔里木原油：吐哈原油：北疆原油比例为50：20：30混合油加剂改性输送模拟试验结果**

| 站名 | 取样点 | 取样温度(℃) | 凝点(℃) | | 流变参数 | | | | | |
|---|---|---|---|---|---|---|---|---|---|---|
| | | | | | 取样温度下测试 | | | 取样后静冷至2℃测试 | | |
| | | | 取样温度下测试 | 动冷至2℃测试[①] | 稠度系数 $K$ ($mPa \cdot s^n$) | 流动行为指数 $n$ | $20s^{-1}$黏度 ($mPa \cdot s$) | 稠度系数 $K$ ($mPa \cdot s^n$) | 流动行为指数 $n$ | $20s^{-1}$黏度 ($mPa \cdot s$) |
| 鄯善 | 出站 | 35 | -5 | -5 | 10.00 | 1 | 10.00 | 72.72 | 0.9446 | 61.60 |
| 玉门 | 进站 | 5.6 | -4 | -4 | 35.43 | 1 | 35.43 | 119.72 | 0.8697 | 81.03 |
| | 出站 | 7.5 | -3.5 | -4 | 30.90 | 1 | 30.90 | 75.26 | 0.9442 | 63.68 |
| 山丹 | 进站 | 3.9 | -3.5 | -4 | 45.46 | 1 | 45.46 | 100.72 | 0.9136 | 77.75 |
| | 出站 | 5.8 | -2.5 | -3 | 36.72 | 1 | 36.72 | 101.60 | 0.9180 | 79.47 |
| 新堡 | 进站 | 4.4 | -2 | -2 | 42.84 | 1 | 42.84 | 102.59 | 0.9093 | 78.18 |
| | 出站 | 5.8 | -1 | -1 | 37.13 | 1 | 37.13 | 110.42 | 0.8958 | 80.81 |
| 兰州 | 进站 | 5.8 | -1 | -2 | 36.98 | 1 | 36.98 | 91.28 | 0.9322 | 74.50 |

注：表中管输模拟试验的条件为：
(1)地温取最冷月(2月)地温，总传热系数取$K=1.4W/(m^2 \cdot ℃)$；
(2)鄯善—玉门段的输量为$1031\times10^4t/a$，玉门分输量为$155\times10^4t/a$，玉门—兰州的输量减为$876\times10^4t/a$；
(3)加剂改性处理条件为：加剂30mg/kg、50℃处理后急冷至35℃。
①取样后以0.5℃/min、50r/min搅拌动态降温。

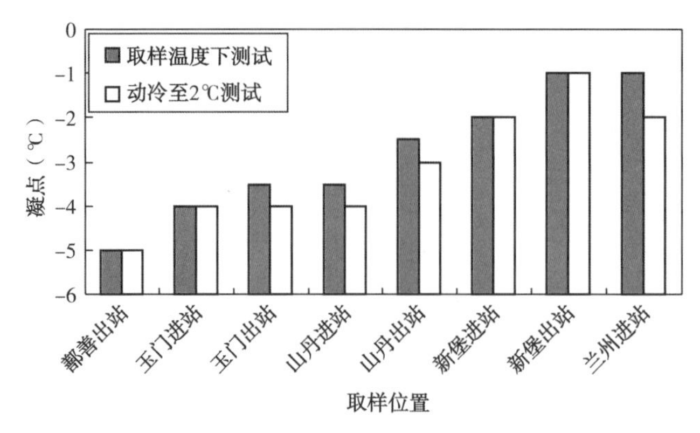


图 2-16　塔里木原油：吐哈原油：北疆原油比例为 50：20：30 混合油加剂改性管输模拟试验的"沿线"凝点测试结果

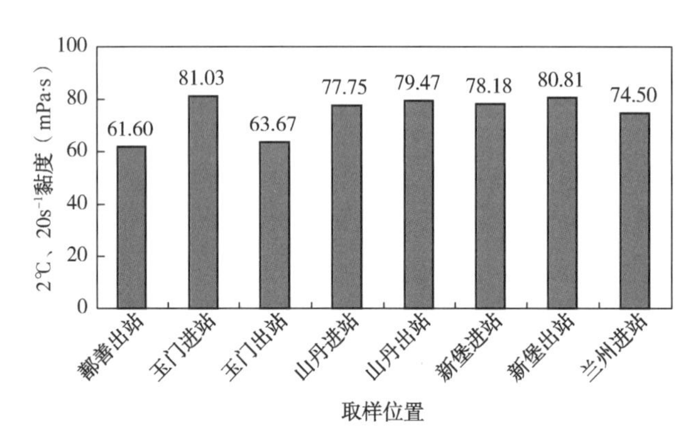


图 2-17　塔里木原油：吐哈原油：北疆原油比例为 50：20：30 混合油加剂改性管输模拟试验的"沿线"黏度测试结果

2. 塔里木原油：吐哈原油：北疆原油比例为 50：12：38 的混合油

对该配比的混合油，优选出的加剂处理条件为：处理温度为 55℃，加剂量 40mg/kg，急冷终温的下限是 30℃。其加剂改性常温输送的模拟试验结果如表 2-22，图 2-18 和图 2-19 所示，可见该配比混合油经加剂改性处理后可实现全线的常温输送。计算机模拟结果表明，管道经历 30h 停输后，首站的启动压力为 4.50MPa，启动 30min 后流量达到稳定值，说明启动是安全的。

**表 2-22　塔里木原油：吐哈原油：北疆原油比例为 50：12：38 混合油的加剂改性输送模拟试验结果**

| 站名 | 取样点 | 取样温度（℃） | 凝点（℃） | | 流变参数 | | | | | |
|---|---|---|---|---|---|---|---|---|---|---|
| | | | 取样温度下测试 | 动冷至 2℃ 测试① | 取样温度下测试 | | | 取样后静冷至 2℃ 测试 | | |
| | | | | | 稠度系数 $K$（$mPa\cdot s^n$） | 流动行为指数 $n$ | $20s^{-1}$黏度（$mPa\cdot s$） | 稠度系数 $K$（$mPa\cdot s^n$） | 流动行为指数 $n$ | $20s^{-1}$黏度（$mPa\cdot s$） |
| 鄯善 | 出站 | 35 | -11 | -12 | 12.30 | 1 | 12.30 | 77.499 | 0.9411 | 64.96 |
| 玉门 | 进站 | 10.3 | -4 | -6 | 29.80 | 1 | 29.80 | 166.38 | 0.8533 | 107.21 |
| | 出站 | 12.2 | -3 | -4 | 26.75 | 1 | 26.75 | 182.60 | 0.8472 | 115.53 |

续表

| 站名 | 取样点 | 取样温度（℃） | 凝点（℃） | | 流变参数 | | | | | |
|---|---|---|---|---|---|---|---|---|---|---|
| | | | | | 取样温度下测试 | | | 取样后静冷至 2℃测试 | | |
| | | | 取样温度下测试 | 动冷至 2℃测试① | 稠度系数 $K$（$mPa \cdot s^n$） | 流动行为指数 $n$ | $20s^{-1}$黏度（$mPa \cdot s$） | 稠度系数 $K$（$mPa \cdot s^n$） | 流动行为指数 $n$ | $20s^{-1}$黏度（$mPa \cdot s$） |
| 山丹 | 进站 | 7.6 | 0 | -1 | 39.23 | 1 | 39.23 | 222.57 | 0.8296 | 133.59 |
| | 出站 | 9.5 | 0 | -1 | 35.00 | 1 | 35.00 | 256.08 | 0.808 | 144.07 |
| 新堡 | 进站 | 7.5 | 0 | -1 | 39.31 | 1 | 39.31 | 382.72 | 0.7367 | 173.91 |
| | 出站 | 8.9 | 0 | -1 | 35.89 | 1 | 35.89 | 343.28 | 0.7603 | 167.41 |
| 兰州 | 进站 | 8.9 | 0 | -1 | 34.22 | 1 | 34.22 | 234.83 | 0.8299 | 141.07 |

注：表中管输模拟试验的条件为：

(1)地温取最冷月(2月)地温，总传热系数取 $K$=1.4W/($m^2$·℃)；

(2)鄯善—玉门段的输量为 $1597\times10^4$t/a，玉门分输量为 $107\times10^4$t/a，即玉门站以后的输量减为 $1490\times10^4$t/a；

(3)加剂改性处理条件为：加剂 40mg/kg、55℃处理后急冷至 35℃。

①取样后以 0.5℃/min、50r/min 搅拌动态降温。

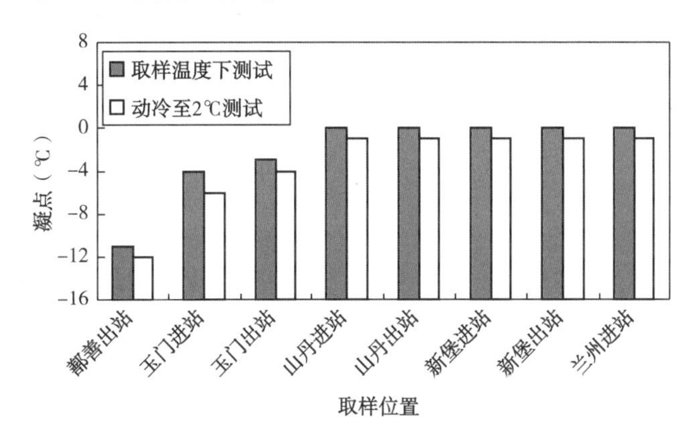


图 2-18　塔里木原油：吐哈原油：北疆原油比例为 50：12：38 的混合油加剂改性管输模拟试验的“沿线”凝点测试结果

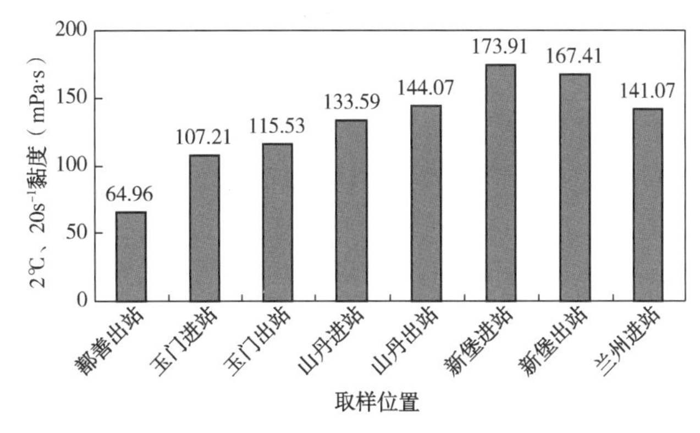


图 2-19　塔里木原油：吐哈原油：北疆原油比例为 50：12：38 的混合油加剂改性管输模拟试验的“沿线”黏度测试结果

# 第三节 加剂改性顺序输送工艺方案

为满足下游炼厂对不同品质原油分别加工的需要，避免炼厂重大技术改造，2005年3月中国石油天然气集团有限公司决定，鄯兰原油管道的输送工艺由常温混合输送改为顺序输送(见《关于西部原油管道输送方式对下游炼厂影响有关情况的报告》，中油计字[2005]第13号)。但是，根据试验研究结果，由于吐哈原油、北疆原油对降凝剂的感受性不如混合原油好，不能保证各种原油冬季都能在首站一次降凝剂处理后实行全线常温输送。鉴于西部原油管道及其管输原油的复杂性，2005年9月22日中国石油天然气集团有限公司“西部原油成品油管道工程原油顺序输送工艺方案审查会”专家组提出，该管道应立足于按加热输送设计，在此基础上尽可能利用降凝剂改性技术。

设计单位的热力计算表明，在最低任务输量(年输量$1010\times10^4$t/a；玉门分输量$170\times10^4$t/a，故玉门以后管道输量为$840\times10^4$t/a)下，如果单纯采用加热输送，河西—瓜州、玉门—张掖、山丹—西靖三个站间各需要增加一个中间热站，这不仅增加了工程建设投资和运营费用，而且加大了运行管理的难度。为此，“要否增设中间加热站”成为悬而未决的问题，一度制约了管道初步设计的进展。

降凝剂改性输送技术虽然在国内外原油管道中有所应用，但大多为在原有加热输送管道基础上进行技术改造，况且西部原油管道输送距离长、管输原油来源广、原油物性的不确定性大，而且在长距离管输过程中改性原油的流动性很可能因剪切和热力作用而出现反弹，万一为设计提供的数据脱离实际，后果可能不堪设想。针对管道初步设计的需要，通过综合应用加剂原油管输定量模拟、冷热油交替顺序输送水力热力工况数值模拟、埋地热油管道停输温降数值模拟及停输再启动安全性评价等技术，提出了管道设计的输送工艺方案：河西—瓜州、玉门—张掖、山丹—西靖三个200km以上的长站间距站间，在冬季地温最低的月份采用55℃加降凝剂改性处理可保证在设计的最低输量下安全运行，不必增设3座中间加热站；同理，乌鄯支干线的吐鲁番加热站也可以取消。2005年12月，这一研究成果经中国石油天然气集团公司专家组严格审定确认，正式成为管道工艺设计依据。这使得管道节省4座加热站的建设投资(12048万元)以及相应的运行费用，投产后的运行实践也证明了该方案的科学性和先进性。

## 一、加剂改性处理条件

加剂改性处理条件研究主要包括降凝剂和加剂量、加剂处理温度优选，参照SY/T 5767—2005《管输原油降凝剂技术条件及输送工艺规范》进行。在此基础上，基于西部原油管道原油输送过程的温降和输送时间，进行模拟试验，对初选出的降凝剂的改性效果在管输条件下进行评价。管输模拟采用“加剂原油管输定量模拟技术”。其中，输送过程的沿程油温分布以及停输后的温降计算采用数值计算方法。

在模拟管输试验中，当油样到达预定取样点时，从管输模拟装置中取出油样，装入预热好的凝点试管及流变仪中，按照停输时间和相应的温降速率降温(在此过程中禁止任何扰动)。到达预定停输时间后，继续静态降温测试凝点；启动流变仪测试屈服应力、触变性和平衡流变参数。

1. 吐哈原油

1）降凝剂的筛选

对初选出来的四种比较适合吐哈原油的降凝剂 XB-2、XB-4、XB-5、HXS-2 进行试验。添加 50mg/kg 的降凝剂并分别在 50℃、65℃处理后，测量模拟管输过程中吐哈原油的黏度、凝点，结果见表 2-23 和表 2-24。

研究表明：四种降凝剂对吐哈原油的低温流动性都有一定的改善作用，65℃处理时，改性效果从好到差依次为：HXS-2，XB-4，XB-2，XB-5；降凝剂在 65℃的处理效果明显优于 50℃的处理效果。

**表 2-23　四种降凝剂对吐哈原油的改性效果（处理温度 50℃）**

| 模拟输送里程（km） | 累计时间（h） | 温度（℃） | 黏度（mPa·s） | | | | 凝点（℃） | | | |
|---|---|---|---|---|---|---|---|---|---|---|
| | | | XB-2 | XB-4 | XB-5 | HXS-2 | XB-2 | XB-4 | XB-5 | HXS-2 |
| 0 | 1.0 | 50.0 | 27.6 | 27.5 | 2.5 | 2.9 | -4.0 | -5.5 | 2.0 | 3.0 |
| 240 | 79.0 | 9.8 | 15.6 | 12.8 | 12.5 | 23.3 | 3.0 | 0.5 | 2.0 | 0.0 |
| 368 | 122.0 | 9.2 | 23.5 | 19.6 | 28.3 | 25.6 | 5.0 | 5.5 | 4.0 | 6.5 |
| 434 | 145.1 | 9.0 | 110.0 | 70.4 | 45.8 | 125.7 | 7.0 | 5.0 | 6.5 | 7.5 |
| 652 | 217.1 | 7.6 | 268.0 | 267.5 | 256.1 | 271.6 | 6.0 | 6.0 | 5.5 | 6.0 |

注：表中加剂改性处理的条件为：处理温度 50℃；加剂量 50mg/kg。

**表 2-24　四种降凝剂对吐哈原油的改性效果（处理温度 65℃）**

| 模拟输送里程（km） | 累计时间（h） | 温度（℃） | 黏度（mPa·s） | | | | 凝点（℃） | | | |
|---|---|---|---|---|---|---|---|---|---|---|
| | | | XB-2 | XB-4 | XB-5 | HXS-2 | XB-2 | XB-4 | XB-5 | HXS-2 |
| 0 | 1.2 | 50.0 | 2.9 | 2.6 | 3.2 | 2.6 | 5.0 | 0.5 | 0.0 | -2.5 |
| 240 | 79.2 | 9.8 | 9.5 | 11.9 | 24.3 | 12.3 | 4.0 | 1.0 | 2.5 | 0.0 |
| 368 | 122.3 | 9.2 | 11.3 | 14.5 | 157.2 | 15.3 | 1.0 | 0.0 | 7.0 | 0.5 |
| 434 | 145.3 | 9.0 | 11.0 | 15.9 | 197.7 | 16.4 | 2.5 | 0.5 | 6.5 | 0.5 |
| 652 | 217.4 | 7.6 | 30.1 | 82.8 | 251.6 | 17.3 | 3.0 | 1.5 | 6.5 | 0.0 |
| 756 | 248.4 | 7.2 | 26.6 | 56.8 | 242.6 | 19.8 | 2.0 | 1.0 | 6.5 | 1.0 |

注：表中加剂改性处理的条件为：65℃处理后急冷至 50℃；加剂量 50mg/kg。

2）处理温度的优选

在吐哈原油中添加 50mg/kg 的 HXS-2 降凝剂并在不同温度处理后，测量改性原油的低温流动性参数，结果见表 2-25。研究表明，当处理温度低于 50℃时，降凝剂改性效果不大；当处理温度升高至 55℃时，可以取得明显的改性效果；提高处理温度可进一步改善原油的低温流动性。

**表 2-25　处理温度对吐哈原油改性效果的影响（加剂量：50mg/kg）**

| 处理温度（℃） | 凝点（℃） | | 10℃流变性参数 | | | 2℃流变性参数 | | |
|---|---|---|---|---|---|---|---|---|
| | 静冷 | 动冷 | 稠度系数 $K$（$mPa \cdot s^n$） | 流动行为指数 $n$ | $20s^{-1}$ 黏度（mPa·s） | 稠度系数 $K$（$mPa \cdot s^n$） | 流动行为指数 $n$ | $20s^{-1}$ 黏度（mPa·s） |
| 45 | 9 | 10 | 853.82 | 0.5707 | 235.96 | / | / | / |
| 50 | 6 | 8 | 25.02 | 1 | 25.02 | 1313.40 | 0.5782 | 371.21 |

续表

| 处理温度（℃） | 凝点（℃） | | 10℃流变性参数 | | | 2℃流变性参数 | | |
|---|---|---|---|---|---|---|---|---|
| | 静冷 | 动冷 | 稠度系数 $K$（$mPa\cdot s^n$） | 流动行为指数 $n$ | $20s^{-1}$黏度（$mPa\cdot s$） | 稠度系数 $K$（$mPa\cdot s^n$） | 流动行为指数 $n$ | $20s^{-1}$黏度（$mPa\cdot s$） |
| 55 | 2 | 2 | 14.83 | 1 | 14.83 | 115.62 | 0.7978 | 63.09 |
| 60 | 0 | 2 | 11.16 | 1 | 11.16 | 82.73 | 0.8226 | 48.63 |
| 65 | -1 | 2 | 8.11 | 1 | 8.11 | 44.75 | 0.9321 | 36.51 |

3）加剂量优选

在吐哈原油中添加不同剂量的HXS-2降凝剂并在55℃处理后，测量改性原油的低温流动性参数，结果见表2-26。研究表明，当加剂量在20~50mg/kg时，加剂改性原油的流动性参数无显著变化；加剂量提高到70mg/kg对低温流动性有进一步的改善作用。

**表2-26 加剂量对吐哈原油改性效果的影响（处理温度55℃）**

| 加剂量（mg/kg） | 凝点（℃） | | 10℃流变性参数 | | | 2℃流变性参数 | | |
|---|---|---|---|---|---|---|---|---|
| | 静冷 | 动冷 | 稠度系数 $K$（$mPa\cdot s^n$） | 流动行为指数 $n$ | $20s^{-1}$黏度（$mPa\cdot s$） | 稠度系数 $K$（$mPa\cdot s^n$） | 流动行为指数 $n$ | $20s^{-1}$黏度（$mPa\cdot s$） |
| 20 | 4 | 2 | 16.37 | 1 | 16.37 | 154.00 | 0.7284 | 68.26 |
| 30 | 4 | 1 | 15.42 | 1 | 15.42 | 142.19 | 0.7511 | 67.46 |
| 40 | 3 | 0 | 15.21 | 1 | 15.21 | 132.80 | 0.7632 | 65.33 |
| 50 | 1 | 2 | 14.83 | 1 | 14.83 | 115.62 | 0.7978 | 63.09 |
| 70 | -2 | 1 | 9.01 | 1 | 9.01 | 76.08 | 0.8736 | 52.10 |

2. 北疆原油

1）降凝剂的筛选

对初选出来的四种比较适合北疆原油的降凝剂XB-2、XB-4、XB-6、HXS-2进行试验。分别添加50mg/kg的降凝剂并在50℃、65℃处理后，测量模拟管输过程中北疆原油的黏度、凝点，试验结果见表2-27和表2-28。研究表明：四种降凝剂对北疆原油的低温流动性都有一定的改善作用，65℃处理时四种剂中以XB-6最好，其余三种差别不大；65℃的处理效果明显优于50℃处理。

**表2-27 四种降凝剂对北疆原油的改性效果（处理温度50℃）**

| 模拟输送里程（km） | 累计时间（h） | 油温（℃） | 黏度（$mPa\cdot s$） | | | | 凝点（℃） | | | |
|---|---|---|---|---|---|---|---|---|---|---|
| | | | XB-2 | XB-4 | XB-6 | HXS-2 | XB-2 | XB-4 | XB-6 | HXS-2 |
| 110 | 73.5 | 15.6 | 32.9 | 42.5 | 45.9 | 47.8 | -4.0 | -1.0 | 1.0 | -1.5 |
| 240 | 126.6 | 10.9 | 176.1 | 172.4 | 179.2 | 204.5 | 7.0 | 5.5 | 6.0 | 7.0 |
| 296 | 192.6 | 8.6 | 309.3 | 245.9 | 168.0 | 300.5 | 7.0 | 7.0 | 6.5 | 6.5 |
| 536 | 271.6 | 11.7 | 106.5 | 100.0 | 120.5 | 100.8 | 7.0 | 7.0 | 7.0 | 8.0 |
| 664 | 313.6 | 10.7 | 136.4 | 129.0 | 129.7 | 130.0 | 7.0 | 7.0 | 7.0 | 7.0 |

注：表中加剂改性处理的条件为：处理温度50℃；加剂量50mg/kg。

**表 2-28 四种降凝剂对北疆原油的改性效果(处理温度 65℃)**

| 模拟输送里程(km) | 累计时间(h) | 油温(℃) | 黏度(mPa·s) | | | | 凝点(℃) | | | |
|---|---|---|---|---|---|---|---|---|---|---|
| | | | XB-2 | XB-4 | XB-6 | HXS-2 | XB-2 | XB-4 | XB-6 | HXS-2 |
| 0 | 0.2 | 50.0 | 8.5 | 9.0 | 9.3 | 9.5 | -3.5 | -4.0 | -3.0 | -3.0 |
| 110 | 73.2 | 15.6 | 34.0 | 34.5 | 33.8 | 36.5 | -2.5 | -3.5 | -2.5 | -3.0 |
| 240 | 126.3 | 10.9 | 48.6 | 51.2 | 48.6 | 55.3 | -2.5 | -3.5 | -5.0 | -4.5 |
| 296 | 192.3 | 8.6 | 92.2 | 82.5 | 73.4 | 83.3 | -2.0 | -3.5 | -5.0 | -4.5 |
| 536 | 271.3 | 11.7 | 60.6 | 56.9 | 49.0 | 54.5 | -4.0 | -5.0 | -2.0 | -3.5 |
| 664 | 313.3 | 10.7 | 65.0 | 62.8 | 53.9 | 61.1 | -4.0 | -4.5 | -4.0 | -3.0 |
| 730 | 336.4 | 10.6 | 60.7 | 61.1 | 58.4 | 62.3 | -3.5 | -4.5 | -4.0 | -3.0 |
| 948 | 408.4 | 9.4 | 64.9 | / | / | / | -2.0 | / | / | / |
| 1052 | 439.5 | 9.1 | 81.2 | 93.7 | 65.2 | 89.5 | -1.0 | -0.5 | -4.0 | 0.0 |
| 1418 | 558.6 | 7.2 | 195.6 | 161.7 | 101.8 | 171.7 | 3.5 | 2.5 | -5.0 | 2.5 |
| 1858 | 702.7 | 8.3 | 116.5 | 112.4 | 84.5 | 113.7 | 4.0 | 4.0 | -1.5 | 2.0 |

注：表中加剂改性处理的条件为：65℃处理后急冷至 50℃；加剂量 50mg/kg。

2）处理温度的优选

在北疆原油中分别添加 50mg/kg 的 XB-2、XB-6 降凝剂并在不同温度处理后，测量加剂改性北疆原油的低温流动性参数，试验结果见表 2-29。研究表明：

对于北疆原油添加 XB-2 降凝剂，当处理温度低于 45℃时，几乎不能改善其流动性；当处理温度升高至 55℃及其以上温度时，可以取得较好的改性效果(凝点降至 0℃以下)；在 55~65℃的试验温度范围内，提高处理温度对原油的低温流动性有进一步的改善作用。

对于北疆原油添加 XB-6 降凝剂，当处理温度高于 50℃时，可以取得较好的改性效果(凝点降至 0℃以下)；在 50~65℃的试验温度范围内，提高处理温度对原油的低温流动性有进一步的改善作用。

**表 2-29 加剂处理温度对北疆原油改性效果的影响(加剂量 50mg/kg)**

| 降凝剂 | 处理温度(℃) | 凝点(℃) | | 10℃流变性参数 | | | 2℃流变性参数 | | |
|---|---|---|---|---|---|---|---|---|---|
| | | 静冷 | 动冷 | 稠度系数 $K$ ($mPa \cdot s^n$) | 流动行为指数 $n$ | $20s^{-1}$黏度(mPa·s) | 稠度系数 $K$ ($mPa \cdot s^n$) | 流动行为指数 $n$ | $20s^{-1}$黏度(mPa·s) |
| XB-2 | 45 | 14 | 8 | 337.97 | 0.7901 | 180.22 | 1772.00 | 0.6907 | 701.54 |
| | 50 | 6 | 3 | 237.70 | 0.8243 | 140.42 | 1498.50 | 0.6635 | 546.84 |
| | 55 | -1 | -1 | 51.87 | 1 | 51.87 | 299.46 | 0.8089 | 168.93 |
| | 60 | -2 | -3 | 49.55 | 1 | 49.55 | 188.32 | 0.8780 | 130.67 |
| | 65 | -3 | -3 | 45.03 | 1 | 45.03 | 185.27 | 0.8668 | 124.31 |
| XB-6 | 45 | 5 | 5 | 387.45 | 0.7685 | 193.65 | 1016.2 | 0.7204 | 439.76 |
| | 50 | -1 | 3 | 55.73 | 0.9986 | 55.50 | 205.00 | 0.8894 | 147.18 |
| | 55 | -1 | 3 | 65.21 | 0.9749 | 60.49 | 162.35 | 0.9126 | 124.95 |
| | 65 | -3 | -3 | 43.69 | 1 | 43.69 | 147.00 | 0.9085 | 111.76 |

3）加剂量的优选

在北疆原油中分别添加不同剂量的XB-2、XB-6降凝剂并在65℃处理后，测量加剂改性北疆原油的低温流动性参数，试验结果见表2-30。研究表明，对于这两种降凝剂，在20~50mg/kg的加剂量范围内，改性原油的流动性参数无显著差异。

**表2-30　加剂量对北疆原油改性效果的影响(处理温度65℃)**

| 降凝剂 | 加剂量(mg/kg) | 凝点(℃) | | 10℃流变性参数 | | | 2℃流变性参数 | | |
|---|---|---|---|---|---|---|---|---|---|
| | | 静冷 | 动冷 | 稠度系数 $K$ ($mPa\cdot s^n$) | 流动行为指数 $n$ | $20s^{-1}$黏度($mPa\cdot s$) | 稠度系数 $K$ ($mPa\cdot s^n$) | 流动行为指数 $n$ | $20s^{-1}$黏度($mPa\cdot s$) |
| XB-2 | 20 | -1 | -1 | 47.49 | 1 | 47.49 | 170.53 | 0.8944 | 124.28 |
| | 30 | -2 | -2 | 48.47 | 1 | 48.47 | 151.21 | 0.9273 | 121.62 |
| | 40 | -2 | -3 | 47.78 | 1 | 47.78 | 154.82 | 0.9188 | 121.39 |
| | 50 | -3 | -3 | 45.03 | 1 | 45.03 | 185.27 | 0.8668 | 124.31 |
| XB-6 | 20 | -1 | 0 | 49.28 | 1 | 49.28 | 146.69 | 0.9323 | 119.76 |
| | 30 | -1 | -2 | 52.80 | 1 | 52.80 | 149.37 | 0.9190 | 117.19 |
| | 40 | -1 | -2 | 44.67 | 1 | 44.67 | 148.35 | 0.9153 | 115.10 |
| | 50 | -3 | -3 | 43.69 | 1 | 43.69 | 147.00 | 0.9085 | 111.76 |

## 二、加剂改性输送及停输再启动模拟试验

经过对管道防腐层耐温性能限制与降凝剂改性处理要求的综合权衡，初步确定了55℃加剂处理的方案，并针对站间距最大、热力条件最恶劣的玉门—张掖段，以及投产初期运行输量较低的乌鄯支干线，进行了11组定量管输模拟及停输再启动模拟试验(各组模拟试验的条件详见表2-31，以下给出3组模拟试验的结果及分析)。根据玉门—张掖段的模拟试验结果，分析了地温更低但站间距略小的山丹—西靖段停输再启动安全性，以确定55℃加剂改性处理而不增设中间加热站的可行性。

**表2-31　管输模拟试验及停输再启动模拟试验的条件**

| 序号 | 模拟管段 | 油品名称 | 处理条件 | | | 输量($10^4$t/a) | 地温条件 | 输送方式 |
|---|---|---|---|---|---|---|---|---|
| | | | 降凝剂 | 加剂量(mg/kg) | 处理温度(℃) | | | |
| 1 | 玉门—张掖 | 吐哈原油 | HSX-2 | 50 | 55 | 840 | 2月 | A |
| 2 | 玉门—张掖 | 北疆原油 | XB-2 | 50 | 55 | 840 | 2月 | A |
| 3 | 玉门—张掖 | 北疆原油 | XB-2 | 50 | 50 | 840 | 2月 | A |
| 4 | 玉门—张掖 | 北疆原油 | XB-6 | 50 | 55 | 840 | 2月 | A |
| 5 | 玉门—张掖 | 北疆原油 | XB-2 | 50 | 50 | 1031 | 2月 | B |
| 6 | 玉门—张掖 | 北疆原油 | / | 0 | 55 | 840 | 4月 | A |

续表

| 序号 | 模拟管段 | 油品名称 | 处理条件 | | | 输量($10^4$t/a) | 地温条件 | 输送方式 |
|---|---|---|---|---|---|---|---|---|
| | | | 降凝剂 | 加剂量(mg/kg) | 处理温度(℃) | | | |
| 7 | 玉门—张掖 | 吐哈原油 | / | 0 | 55 | 840 | 4月 | A |
| 8 | 乌鄯支干线 | 北疆原油 | XB-2 | 50 | 55 | 305 | 2月 | C |
| 9 | 乌鄯支干线 | 北疆原油 | XB-2 | 50 | 55 | 208 | 2月 | D |
| 10 | 乌鄯支干线 | 北疆原油 | XB-2 | 50 | 65℃急冷至45℃ | 511 | 2月 | C |
| 11 | 鄯善—西靖 | 北疆原油 | XB-2 | 50 | | 1031 | 2月 | E |

注：输送方式说明：

A：塔里木原油、吐哈原油、北疆原油和哈国油顺序输送。为保持温度场，四种原油在玉门的出站温度均为55℃；

B：北疆原油和塔里木原油顺序输送。为保持温度场，两种原油在玉门的出站温度均为50℃；

C：单独输送北疆原油；

D：顺序输送哈国油和北疆原油，哈国油的出站温度为5℃，北疆原油的出站温度为55℃；

E：顺序输送塔里木原油和北疆原油，塔里木原油在鄯善的出站温度为15℃，北疆原油在鄯善、河西、玉门、山丹处理至65℃后急冷至45℃出站。

1. 停输再启动安全性评价方法

含蜡原油管道停输后，管内油温不断下降，黏度增大；若停输时间足够长，则管内原油形成网络结构，造成管道再启动困难，甚至失败(即俗称“凝管”)，表现为“最小再启动压力超限”和“流量恢复困难”。为此，采用“力平衡公式”和再启动流量两种方法评价管道停输再启动的安全性。

力平衡公式是工程上常用于分析管道再启动安全性的方法。其推导是假设管内凝油在同一时间屈服，基于力平衡关系得到，见式(2-2)。使用时，根据模拟试验中“沿线”各试验点停输不同时间后的屈服应力测量结果，计算管道再启动所需的最小压力，若计算值不超过设计压力(8.0MPa)，则认为管道可正常启动。

$$p=\sum\frac{4L_i\tau_{yi}}{D}+\rho g\Delta Z \tag{2-2}$$

式中：$p$ 为管道启动所需的最小压力，Pa；$L_i$为第 $i$ 计算段管道的长度，m；$D$ 为管道内径，m；$\tau_{yi}$为第 $i$ 计算段原油的屈服应力，Pa；$\Delta Z$ 为管道终、起点的高程差，m；$\rho$ 为管内原油的密度，kg/m$^3$；$g$ 为重力加速度。

对于长距离输油管道，由于再启动过程中管内凝油的屈服过程不是在同一瞬间发生的，而是靠近加压点处的原油先产生流动，随着压力波向下游传播，流动界面逐渐推进。因此，按力平衡公式计算的长输管道再启动压力偏于保守。换言之，如果按力平衡公式得到的结果可以再启动，则实际启动过程应该是安全可靠的。这符合设计要求的留有余地的原则。

数值计算方法主要依据停输不同时间后原油的触变性模型[式(4-31)、式(4-32)]，采用“存油排空时间”和“达到正常输送流量的80%所用的时间”两个指标来评价管道再启动过程的难易程度。前者考察在一定启动压力下管内存油排空时间的长短，排空时间短显然意味着启动过程容易；后者指再启动过程中进站流量达到与同等出站压力、温度下正常输送时流量的 80%所用的时间，显然该时间短则再启动过程容易。

2. 输量 $840\times10^4$t/a 时玉门—张掖段加 50mg/kg HXS-2 降凝剂 55℃ 处理输送吐哈原油

模拟输量为初步设计阶段预计的玉门—兰州管段的最低任务输量 $840\times10^4$t/a。为保持温度场，顺序输送的四种原油(塔里木原油、吐哈原油、北疆原油和哈国油)在玉门的出站温度均为 55℃。

根据中国石油天然气管道工程公司 2005 年 11 月的建议，鄯兰原油干线的土壤导热系数取 1.6W/(m·℃)，据此可算出总传热系数为 1.9W/(m²·℃)。

在 2 月地温条件下，玉门—张掖段输量为 $840\times10^4$t/a 时，55℃ 加剂处理输送吐哈原油沿程油温分布以及停输后不同时刻的油温计算结果见图 2-20。

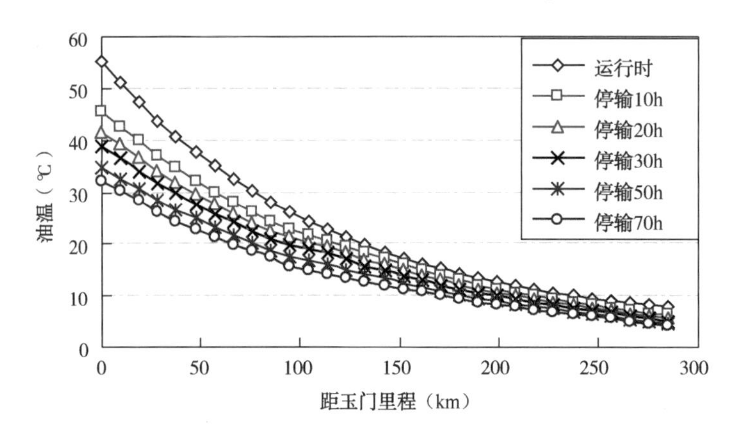


图 2-20 玉门—张掖段加剂 55℃ 处理输送吐哈原油的油温分布

1）管输及停输模拟试验结果

两组模拟试验获得的“管道沿线”流动性参数测试结果汇总于表 2-32。其中第一组试验的目的是对停输 30h 后再启动的安全性进行评价，第二组试验的目的是考察试验结果的重复性以及模拟停输 48h 后再启动的安全性。

国内外所有的凝点、倾点测试标准都把一定条件下试样液面是否移动作为其是否胶凝的标志，即凝点、倾点测试时必须以一定的方式检测试样表面是否流动。试验发现，加剂改性吐哈原油的凝点测定结果对倾斜试管观察过程的扰动比一般的原油和改性原油要敏感得多，即使轻微的扰动都可导致凝点测定结果明显降低(表 2-32)，取出试管倾斜观察 2 次和 4 次，结果差别最多可达 5℃；若倾斜试管的操作幅度更大些，凝点测定结果还会更低。但是，实际管道停输时，这种扰动是不存在的，除非人为地启泵去“活动”管道。因此，正如有关测试规范所要求的，凝点测定过程中应避免扰动。

根据流变力学原理，含蜡原油凝点的高低取决于其蜡晶网络结构的强度。在接近凝点温度时，原油(尤其是加剂改性原油)中的蜡晶结构是非常脆弱的，倾斜试管造成的液面移动会破坏正在形成的蜡晶网络结构，使其在更低的温度下才能重新形成，其结果就是凝点偏低。因此，国外主要的原油及油品倾点测试规范都明确警告不要扰动试样，否则将得到偏低的错误结果[3-8]。

表 2-32　玉门—张掖管段加剂 50mg/kg、55℃处理输送吐哈原油模拟试验结果汇总

| 取样点序号 | 距玉门里程（km） | 管输时间[1]（h） | 平均管流剪切率（$s^{-1}$） | 取样温度（℃） | 取样温度下的流动性参数 | | | | 停输 30h 后 | | | | | |
|---|---|---|---|---|---|---|---|---|---|---|---|---|---|---|
| | | | | | | | | | 油温（℃） | 流动性参数[4] | | | | |
| | | | | | 凝点[2]（℃） | 稠度系数 $K$（$mPa\cdot s^n$） | 流动行为指数 $n$ | $20s^{-1}$黏度（$mPa\cdot s$） | | 屈服应力[5]（Pa） | 凝点（℃） | 稠度系数 $K$（$mPa\cdot s^n$） | 流动行为指数 $n$ | $20s^{-1}$黏度（$mPa\cdot s$） |
| 1 | 0（玉门） | 0 | / | 55.0 | −2 | 2.87 | 1 | 2.87 | 38.8 | /[6] | / | | | |
| | | | | | 0/−3[3] | 2.98 | 1 | 2.98 | | / | / | / | / | / |
| 2 | 133.0 | 53.5 | 28.2 | 19.7 | 5/3 | 5.92 | 1 | 5.92 | 15.8 | 0 | 4/2 | 6.88 | 1 | 6.88 |
| | | | | | 3/1 | 5.82 | 1 | 5.82 | | 0 | 3/0 | 5.55 | 1 | 5.55 |
| 3 | 218.5 | 87.9 | 19.7 | 11.2 | 5/2 | 8.45 | 1 | 8.45 | 8.7 | 0.2 | 8 | 9.71 | 1 | 9.71 |
| | | | | | 2/0 | 10.25 | 1 | 10.25 | | 0.2 | 8/6 | 7.52 | 1 | 7.52 |
| 4 | 285[7]（张掖） | 114.7 | 16.1 | 7.8 | 3/−2 | 10.49 | 1 | 10.49 | 5.0 | 6.8 | >5.0（已凝） | 894.73 | 0.4939 | 196.44 |
| | | | | | 3/0 | 13.13 | 1 | 13.13 | | 0.9 | >5.0（已凝） | / | | |

①原油从玉门输送至此处的时间；

②取样后直接静冷测试的凝点；

③“/”前的数值表示测试过程中取出试管观察两次的凝点测试结果，“/”后的数值表示取出试管观察四次的凝点结果；

④模拟停输 30h（静态降温）后测得的流动性参数；

⑤$1s^{-1}$条件下测得的屈服应力；

⑥由于油温较高，未测量此处停输后的流动性参数；

⑦管道初步设计阶段的数据，与实际的站间距略有差异。

从表2-32的模拟试验结果可以看出：

（1）吐哈原油加剂55℃处理后，可取得较好的改性效果，但在缓慢降温过程中的管流剪切条件下，加剂改性原油的流动性有一定程度的反弹，不过运行时各处油温都比相应处的凝点高4.8℃以上。

（2）停输后，凝点有较明显地上升。加剂油凝点在停输状态下大幅度上升对管道的安全运行是很不利的。

（3）在管输条件下，两组模拟试验的凝点测试结果偏差在2℃以内。

（4）两组试验加剂吐哈原油在张掖站停输30h后的屈服应力测量结果有一定差异，第二组模拟试验停输30h后所测得的屈服应力比第一次试验的小5.9Pa。吐哈原油加剂后的蜡晶结构比较脆弱，因而稳定性较差，试验结果的重复性也就较难保证。

2）模拟停输不同时间后的凝点测试结果

玉门—张掖段加剂55℃处理输送吐哈原油时，不同里程处模拟停输后的凝点测试结果见表2-33至表2-35，可见：

（1）“停输”后加剂改性吐哈原油的凝点都有明显升高。

（2）两次模拟试验凝点偏差较大的是距玉门133km处停输50h左右的凝点数据，第一次试验此点停输50h的凝点为11℃，第二次试验此点停输48h的凝点为5℃/2℃，其余各试验点的前后两次偏差小于3℃。

**表2-33　距玉门133km处停输不同时间后的油温和凝点**

| 停输时间(h) | | 0① | 10 | 20 | 30 | 48 | 50 | 70 |
|---|---|---|---|---|---|---|---|---|
| 油温(℃) | | 19.7 | 18.1 | 16.9 | 15.8 | 14.3 | 14.2 | 12.9 |
| 凝点(℃) | Ⅰ② | 5/2③ | 6/3 | 5/3 | 4/2 | — | 11/11 | — |
| | Ⅱ② | 3/1 | — | 3/0 | 4/1 | 5/2 | — | 10/9 |

①停输时间为0h的数据即为动态模拟时的凝点。

②Ⅰ为第一次试验的结果，Ⅱ为第二次试验的结果。

③“/”前的数值表示测试过程中取出试管观察两次的凝点测试结果，“/”后的数值表示取出试管观察四次的凝点结果。

**表2-34　距玉门218.5km处停输不同时间后的油温和凝点**

| 停输时间(h) | | 0① | 10 | 20 | 30 | 48 | 50 | 70 |
|---|---|---|---|---|---|---|---|---|
| 油温(℃) | | 11.2 | 9.9 | 9.3 | 8.7 | 7.8 | 7.8 | 7.2 |
| 凝点(℃) | Ⅰ② | 5/2③ | 6/4 | 7/4 | 8/8 | — | >7.8(已凝) | — |
| | Ⅱ② | 2/0 | — | 7/5 | 8/6 | >7.8(已凝) | — | >7.2(已凝) |

①停输时间为0h的数据即为动态模拟时的凝点。

②Ⅰ为第一次试验的结果，Ⅱ为第二次试验的结果。

③“/”前的数值表示测试过程中取出试管观察两次的凝点测试结果，“/”后的数值表示取出试管观察四次的凝点结果。

**表2-35　张掖站停输不同时间后的油温和凝点**

| 停输时间(h) | | 0① | 10 | 20 | 30 | 48 | 50 | 70 |
|---|---|---|---|---|---|---|---|---|
| 油温(℃) | | 7.8 | 6.2 | 5.5 | 5.0 | 4.5 | 4.5 | 4.1 |
| 凝点(℃) | Ⅰ② | 3/-2③ | 4/3 | 4/3 | >5.0(已凝) | — | >4.5(已凝) | — |
| | Ⅱ② | 3/0 | — | 5/4 | >5.0(已凝) | >4.5(已凝) | — | >4.1(已凝) |

①停输时间为0h的数据即为动态模拟时的凝点。

②Ⅰ为第一次试验的结果，Ⅱ为第二次试验的结果。

③“/”前的数值表示测试过程中取出试管观察两次的凝点测试结果，“/”后的数值表示取出试管观察四次的凝点结果。

3）基于力平衡公式的停输再启动安全性分析

模拟停输30h的试验结果表明，输量840×10⁴t/a时，对于玉门—张掖段添加50mg/kg降凝剂55℃处理输送吐哈原油，该站间绝大部分管段原油凝点都低于油温(即原油未凝)，只是在张掖站的试验点，停输30h后原油已胶凝。根据两组模拟试验中“沿线”各试验点停输30h的屈服应力测量结果(取较高值)，用力平衡公式计算，管道再启动时玉门出站30km高点以后的油流在其自重的作用下就可产生流动。即使假定整个站间原油的屈服应力均为停输30h后张掖处的屈服应力，最小启动压力为7.47MPa，也未超过管道的承压能力。所以，管道停输30h后可以安全再启动。

各取样点停输48h后的流动性测试结果见表2-36。即使假定整个站间停输48h后原油的屈服应力均取最大的静屈服应力1.1Pa，按力平衡公式计算，玉门出站30km高点以后的油流在其自重的作用下就可产生流动，所以，管道停输48h后再启动是安全的。

**表2-36　玉门—张掖段加剂55℃处理输送吐哈原油停输48h后的流动性参数**

| 序号 | 距玉门里程(km) | 油温(℃) | 流动性参数 | | | | |
|---|---|---|---|---|---|---|---|
| | | | 屈服应力(Pa) | 凝点(℃) | 稠度系数$K$(mPa·s$^n$) | 流动行为指数$n$ | 20s$^{-1}$黏度(mPa·s) |
| 1 | 133 | 14.3 | 0.184 | 5/2① | 6.04 | 1 | 6.04 |
| 2 | 218.5 | 7.8 | 1.072 | >7.8(已凝) | 38.15 | 0.8263 | 22.67 |
| 3 | 285(张掖) | 4.5 | 0.982 | >4.5(已凝) | 64.34 | 0.7607 | 31.41 |

①“/”前的数值表示测试过程中取出试管观察两次的凝点测试结果，“/”后的数值表示取出试管观察四次的凝点结果。

4）基于数值计算方法的停输再启动安全性分析

根据停输48h后原油的触变性及黏度测试结果，对管道停输再启动过程进行分析，结果见表2-37。可以看出：

(1) 停输48h后，采用2.0MPa压力即可能顺利再启动；再启动不超过1.5h流量就可以达到正常流量80%，说明停输48h是安全的。

(2) 采用2.0MPa与4.0MPa压力启动，达到正常流量80%的时间相差不大。这主要是由于停输48h后全段原油未表现出强烈的触变性，压力传递到管道末端后不久即可达到正常流量，故达到正常流量80%的时间长短主要取决于压力的传递速度，而与压力大小关系不大。

(3) 采用2.0MPa与4.0MPa压力启动的存油排空时间都小于正常输送时的排空时间，其原因主要是正常输送时的压力小于启动压力。因此，对于此种情况没有必要用较高的启动压力。

**表2-37　玉门—张掖段加剂55℃处理输送吐哈原油停输48h后再启动过程分析**

| 启动压力(MPa) | 达到正常流量80%的时间(h) | 存油排空时间(h) | 正常排空时间(h) |
|---|---|---|---|
| 2.0 | 1.33 | 93.41 | 114.23 |
| 4.0 | 1.19 | 62.83 | 114.23 |

3. 输量 $840\times10^4$t/a 时玉门—张掖段加 XB-2 降凝剂 55℃处理输送北疆原油

所添加的降凝剂为 XB-2，其余条件与该管段 55℃加剂处理输送吐哈原油相同。在 2 月地温和上述输送条件下，该管段沿程油温分布以及停输后不同时刻的油温分布见图 2-21。

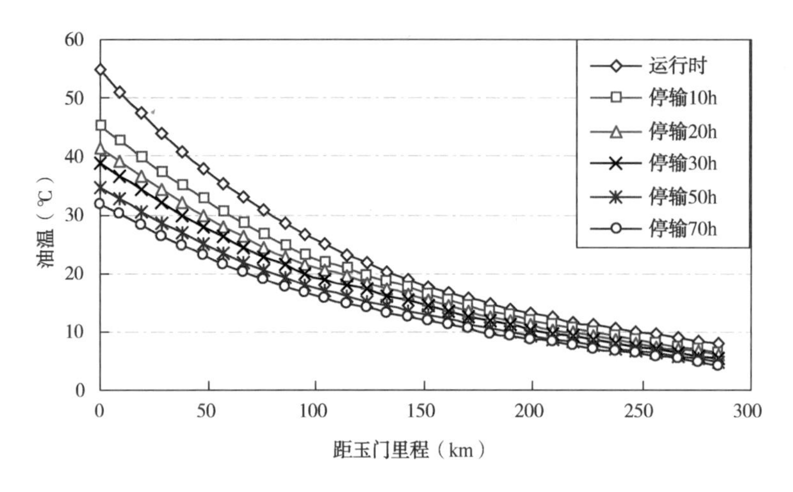


图 2-21　玉门—张掖段加剂 55℃处理输送北疆原油的油温分布

1）管输及停输模拟试验结果

两组模拟试验的“管道沿线”流动性参数测试结果汇总见表 2-38。与吐哈原油的研究相同，第二组试验的目的是进行重复性试验并考察停输 48h 后的停输再启动安全性。

试验结果表明：

（1）对北疆原油加剂 50mg/kg、55℃处理后可取得较好的改性效果（55℃处理后油样静态降温直接测试的凝点为-1℃），“管道沿线”的原油凝点都保持在 0℃以下，各处油温高于相应凝点 10℃以上。

（2）停输后，管段后半程改性原油的凝点有较大幅度的上升。

（3）管输条件下两组试验的结果吻合良好，凝点测试结果的偏差在 1℃以内，黏度测试结果的偏差在 10%以内。

（4）对于模拟停输 30h 后的两次流动性测量结果，取样温度较高时（取样点温度为 20.3℃）的结果符合较好，而取样温度较低时（取样点温度分别为 11.7℃和 8.1℃）的结果有一定差别，比较明显的是张掖进站处所测的屈服应力，第二次模拟试验张掖站停输 30h 后的屈服应力为 3.8Pa，而第一次模拟试验的结果是 0.9Pa。

2）模拟停输不同时间后的凝点测试结果

不同里程处停输后的凝点测试结果见表 2-39 至表 2-41。可以看出：

（1）在距离玉门站约 218km 以后，停输后原油的凝点有较明显的上升。

（2）两次模拟试验对应试验点的凝点测试结果中，距玉门 218.5km 处停输 30h 的偏差为 3℃；第一次试验停输 50h 的凝点为 7℃，第二次试验停输 48h 的凝点为 3℃，其余偏差均在 2℃以内。

**表 2-38　玉门—张掖段加剂 50mg/kg、55℃处理输送北疆原油模拟试验结果**

| 取样点序号 | 距玉门里程（km） | 管输时间（h） | 平均管流剪切率（$s^{-1}$） | 取样温度（℃） | 取样温度下的流动性参数 | | | | 停输 30h 后 | | | | | |
|---|---|---|---|---|---|---|---|---|---|---|---|---|---|---|
| | | | | | | | | | 油温（℃） | 流动性参数 | | | | |
| | | | | | 凝点（℃） | 稠度系数 $K$（$mPa \cdot s^n$） | 流动行为指数 $n$ | $20s^{-1}$黏度（$mPa \cdot s$） | | 屈服应力（Pa） | 凝点（℃） | 稠度系数 $K$（$mPa \cdot s^n$） | 流动行为指数 $n$ | $20s^{-1}$黏度（$mPa \cdot s$） |
| 1 | 0（玉门） | 0 | — | 55.0 | -1 | 8.32 | 1 | 8.32 | 38.8 | / | / | / | / | / |
| | | | | | 0 | 7.98 | 1 | 7.98 | | / | / | / | / | / |
| 2 | 133.0 | 53.5 | 13.4 | 20.3 | -1 | 25.86 | 1 | 25.86 | 16.2 | 0 | -1 | 29.72 | 1 | 29.72 |
| | | | | | -2 | 24.16 | 1 | 24.16 | | 0 | 0 | 30.58 | 1 | 30.58 |
| 3 | 218.5 | 87.9 | 8.7 | 11.7 | -4 | 43.72 | 1 | 43.72 | 9.2 | 0.4 | 5 | 108.39 | 0.8767 | 74.92 |
| | | | | | -4 | 42.80 | 1 | 42.80 | | 0.4 | 2 | 61.99 | 0.9656 | 55.90 |
| 4 | 285（张掖） | 114.7 | 5.3 | 8.1 | -3 | 54.33 | 1 | 54.33 | 5.4 | 0.9 | >5.4（已凝） | 145.06 | 0.8849 | 102.75 |
| | | | | | -2 | 59.30 | 1 | 59.30 | | 3.8 | 4 | 413.43 | 0.7229 | 182.96 |

表 2-39　距玉门 133km 处停输不同时间后的油温和凝点

| 停输时间(h) | | 0 | 10 | 20 | 30 | 48 | 50 | 70 |
|---|---|---|---|---|---|---|---|---|
| 油温(℃) | | 20.3 | 18.6 | 17.4 | 16.2 | 14.6 | 14.4 | 13.6 |
| 凝点(℃) | Ⅰ | -1 | -1 | -1 | -1 | — | 1 | — |
| | Ⅱ | -2 | — | -1 | 0 | 0 | — | 1 |

表 2-40　距玉门 218.5km 处停输不同时间后的油温和凝点

| 停输时间(h) | | 0 | 10 | 20 | 30 | 48 | 50 | 70 |
|---|---|---|---|---|---|---|---|---|
| 油温(℃) | | 11.7 | 10.5 | 9.8 | 9.2 | 8.2 | 8.2 | 7.7 |
| 凝点(℃) | Ⅰ | -4 | 2 | 4 | 5 | — | 7 | — |
| | Ⅱ | -4 | — | 2 | 2 | 3 | — | 6 |

表 2-41　张掖站停输不同时间后的油温和凝点

| 停输时间(h) | | 0 | 10 | 20 | 30 | 48 | 50 | 70 |
|---|---|---|---|---|---|---|---|---|
| 油温(℃) | | 8.1 | 6.5 | 6 | 5.4 | 4.7 | 4.7 | 4.2 |
| 凝点(℃) | Ⅰ | -3 | 3 | 4 | >5.4(已凝) | — | >4.7(已凝) | — |
| | Ⅱ | -2 | — | 4 | 4 | 4 | — | >4.2(已凝) |

3）基于力平衡公式的停输再启动安全性分析

模拟停输 30h 的试验结果表明，输量 $840\times10^4$t/a 时玉门—张掖段加剂 50mg/kg、55℃处理输送北疆原油，只有张掖站处原油已胶凝，其余各测试点凝点均低于油温。根据两次模拟试验中“沿线”各试验点的屈服应力测量结果(取较高值)，用力平衡关系计算，玉门—张掖段管道在再启动时，玉门出站 30km 高点以后的油流在其自重的作用下就可产生流动；即使全管 285km 都使用停输 30h 后的最大屈服应力(张掖进站处的屈服应力)，玉门—张掖段管道的最小启动压力为 3.18MPa，也未超过管道的设计压力 8.0MPa。所以，管道停输 30h 后再启动是安全的。

根据张掖站停输 48h 后的屈服应力测量结果(4.4Pa，见表 2-42)，即使全管 285km 都使用 4.4Pa 的最大屈服应力，玉门—张掖段管道再启动时的最小启动压力为 4.06MPa，未超过管道的设计压力 8.0MPa。所以，管道停输 48h 后再启动是安全的。

表 2-42　玉门—张掖段 55℃加剂处理输送北疆原油停输 48h 后的流动性参数

| 距玉门里程(km) | 油温(℃) | 流动性参数 | | | | |
|---|---|---|---|---|---|---|
| | | 屈服应力(Pa) | 凝点(℃) | 稠度系数 $K$(mPa·s$^n$) | 流动行为指数 $n$ | 20s$^{-1}$黏度(mPa·s) |
| 133 | 14.7 | 0 | 0 | 47.78 | 1 | 47.78 |
| 285(张掖) | 4.6 | 4.4 | 4 | 678.27 | 0.6677 | 250.65 |

4）基于数值计算方法的停输再启动安全性分析

根据模拟停输 48h 后原油的触变性及黏度测试结果，对管道停输再启动过程进行计算，结果见表 2-43。可见：

(1) 采用 2.0MPa 压力即可能顺利再启动，比力平衡公式得到的最低启动压力小约

2.0MPa；再启动不超过1.5h流量就可以达到正常流量80%，且存油排空时间与正常排空时间相差不大，说明停输48h是比较安全的。

（2）4.0MPa压力启动与2.0MPa压力启动达到正常流量的时间相差不大，这主要是由于停输48h后全段原油未表现出明显的触变性，此时间长短主要取决于压力的传递速度而与压力大小关系不大。

**表2-43　玉门—张掖段55℃加剂处理输送北疆原油停输48h后再启动过程分析**

| 启动压力(MPa) | 达到正常流量80%的时间(h) | 存油排空时间(h) | 正常排空时间(h) |
|---|---|---|---|
| 2.0 | 1.31 | 117.08 | 118.57 |
| 4.0 | 1.20 | 79.03 | 118.57 |

4. 输量 $305\times10^4$t/a 时乌鄯支干线55℃加剂处理输送北疆原油

输量 $305\times10^4$t/a 为初步设计阶段预计的乌鄯支干线最低任务输量。加剂改性处理条件为：降凝剂XB-2，加剂量50mg/kg，处理温度55℃。

根据中国石油天然气管道工程公司2005年11月的建议，乌鄯支干线的土壤导热系数取1.4W/(m·℃)，据此可算出总传热系数为1.8W/($m^2$·℃)。

在2月地温和上述输送条件下，乌鄯支干线输送北疆原油的沿程油温分布以及0~180km段停输后不同时刻的油温计算结果见图2-22。由于沿程地温逐渐升高，在吐鲁番(距离乌鲁木齐约240km)后，地温略高于该输量下的管内油温。

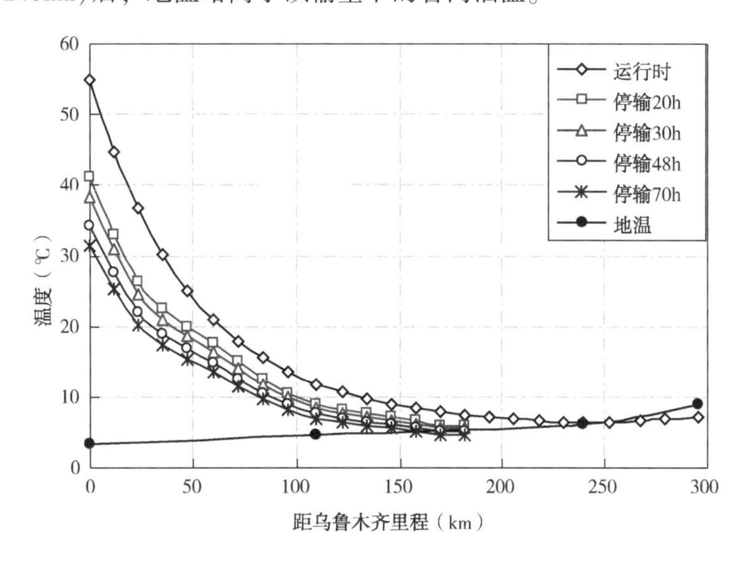


图2-22　输量 $305\times10^4$t/a 时乌鄯支干线55℃加剂处理输送北疆原油的油温分布

1）管输和停输模拟试验结果

模拟试验中，“沿线”原油的流动性参数测试结果见表2-44。从中可以看出：

（1）模拟管输条件下，各取样点的凝点都低于0℃，油温至少高于凝点9℃以上；$20s^{-1}$的黏度不超过100mPa·s，说明在此运行条件下，加剂改性北疆原油具有较好的流动性。

（2）停输后，凝点有较明显的上升趋势。

表 2-44　输量 $305\times10^4$t/a 时乌鄯支干线 55℃加剂处理输送北疆原油模拟试验结果(加剂量：50mg/kg)

| 取样点序号 | 距乌鲁木齐里程(km) | 管输时间(h) | 平均管流剪切率($s^{-1}$) | 取样温度(℃) | 取样温度下的流动性参数 | | | | 停输 48h 后 | | | | | |
|---|---|---|---|---|---|---|---|---|---|---|---|---|---|---|
| | | | | | | | | | 油温(℃) | 流动性参数 | | | | |
| | | | | | 凝点(℃) | 稠度系数 $K$ (mPa·$s^n$) | 流动行为指数 $n$ | $20s^{-1}$黏度(mPa·s) | | 屈服应力(Pa) | 凝点(℃) | 稠度系数 $K$ (mPa·$s^n$) | 流动行为指数 $n$ | $20s^{-1}$黏度(mPa·s) |
| 1 | 0(乌鲁木齐) | 0 | / | 55.0 | -2 | 7.85 | 1 | 7.85 | 34.3 | / | / | / | / | / |
| 2 | 68 | 43.9 | 8.5 | 18.9 | -3 | 33.90 | 1 | 33.90 | 13.3 | 0.4 | 7 | 62.73 | 0.9559 | 54.97 |
| 3 | 110 | 71.4 | 6.6 | 11.7 | -3 | 53.10 | 1 | 53.10 | 7.6 | 2.0 | >7.6(已凝) | 253.73 | 0.8005 | 139.58 |
| 4 | 150 | 97.7 | 3.6 | 8.8 | -5 | 82.64 | 0.9619 | 73.72 | 5.9 | 1.7 | 3 | 195.13 | 0.8548 | 126.30 |
| 5 | 190 | 124.1 | 3.5 | 7.2 | -3 | 90.01 | 0.9638 | 80.76 | 5.0 | 2.1 | 1 | 225.35 | 0.8540 | 145.51 |
| 6 | 240 | 157.1 | 3.5 | 6.3 | -5 | 99.42 | 0.9657 | 89.71 | 6.3① | 1.3 | 0 | 178.92 | 0.8678 | 120.41 |
| 7 | 268 | 175.6 | 3.7 | 6.8 | -3 | 79.26 | 0.9740 | 73.32 | 6.8① | 1.92 | 1 | 167.78 | 0.8725 | 114.51 |
| 8 | 296(鄯善) | 194.1 | 3.9 | 7.1 | -2 | 70.67 | 0.9823 | 67.02 | 7.1① | 1.02 | 1 | 160.31 | 0.8505 | 102.44 |

①此时停输前的油温已低于地温，在停输时的油温下静态恒温 48h 后测量其流动性参数。实际上停输后油温应有上升，此为保守结果。

2）模拟停输不同时间后的凝点测试结果

输量 $305\times10^4$t/a 时，乌鄯支干线 55℃加剂处理输送北疆原油，不同里程处停输后的凝点测试结果见表 2-45 至表 2-51。可以看出，停输后改性北疆原油的凝点有不同程度的上升；距乌鲁木齐 110km 处，停输 48h 后，原油已胶凝；距乌鲁木齐 190km 处，停输 70h 后原油胶凝；其他各试验点的原油均未凝。

**表 2-45 距乌鲁木齐 68km 处停输不同时间后的油温和凝点**

| 停输时间(h) | 0 | 20 | 30 | 48 | 70 |
|---|---|---|---|---|---|
| 油温(℃) | 18.9 | 15.9 | 14.8 | 13.3 | 12.2 |
| 凝点(℃) | -3 | 2 | 2 | 7 | 9 |

**表 2-46 达坂城(距乌鲁木齐 110km)停输不同时间后的油温和凝点**

| 停输时间(h) | 0 | 20 | 30 | 48 | 70 |
|---|---|---|---|---|---|
| 油温(℃) | 11.7 | 9.0 | 8.4 | 7.6 | 7.0 |
| 凝点(℃) | -3 | 2 | 5 | >7.6(已凝) | >7.0(已凝) |

**表 2-47 距乌鲁木齐 150km 处停输不同时间后的油温和凝点**

| 停输时间(h) | 0 | 20 | 30 | 48 | 70 |
|---|---|---|---|---|---|
| 油温(℃) | 8.8 | 7.0 | 6.5 | 5.9 | 5.5 |
| 凝点(℃) | -5 | 2 | 2 | 3 | 4 |

**表 2-48 距乌鲁木齐 190km 处停输不同时间后的油温和凝点**

| 停输时间(h) | 0 | 20 | 30 | 48 | 70 |
|---|---|---|---|---|---|
| 油温(℃) | 7.2 | 5.8 | 5.5 | 5 | 4.6 |
| 凝点(℃) | -3 | -1 | 0 | 1 | >4.6(已凝) |

**表 2-49 距乌鲁木齐 240km 处(吐鲁番)停输不同时间后的油温和凝点**

| 停输时间(h) | 0 | 20 | 30 | 48 | 70 |
|---|---|---|---|---|---|
| 油温(℃) | 6.3 | 6.3 | 6.3 | 6.3 | 6.3 |
| 凝点(℃) | -5 | -2 | -2 | 0 | 0 |

**表 2-50 距乌鲁木齐 268km 处停输不同时间后的油温和凝点**

| 停输时间(h) | 0 | 20 | 30 | 48 | 70 |
|---|---|---|---|---|---|
| 油温(℃) | 6.8 | 6.8 | 6.8 | 6.8 | 6.8 |
| 凝点(℃) | -3 | -1 | 0 | 1 | 2 |

**表 2-51 鄯善(距乌鲁木齐 296km)停输不同时间后的油温和凝点**

| 停输时间(h) | 0 | 20 | 30 | 48 | 70 |
|---|---|---|---|---|---|
| 油温(℃) | 7.1 | 7.1 | 7.1 | 7.1 | 7.1 |
| 凝点(℃) | -2 | 0 | 0 | 1 | 3 |

3）停输再启动安全性分析

根据“沿线”各取样点停输48h后原油屈服应力测量结果，按力平衡计算的再启动压力为6.45MPa，未超过管道的承压能力。所以，输量为$305\times10^4$t/a时，乌鄯支干线55℃加剂处理输送北疆原油停输48h后可以安全再启动。

对管道停输48h后的再启动过程进行数值计算，结果见表2-52。可见停输48h后管道可以安全再启动。

**表2-52　乌鄯支干线55℃加剂处理输送北疆原油停输48h后再启动过程分析**

| 启动压力(MPa) | 达到正常流量80%的时间(h) | 存油排空时间(h) | 正常排空时间(h) |
| --- | --- | --- | --- |
| 4.0 | 1.18 | 109.76 | 191.72 |
| 6.0 | 1.09 | 87.47 | 191.72 |

### 三、西部原油管道顺序输送工艺设计方案

综合上述试验及分析结果，玉门—张掖管段冬季采用添加降凝剂55℃处理输送而不增设中间加热站可实现安全运行；由于河西—瓜州、山丹—西靖站间距小于玉门—张掖站间距，因此也可以采用同样的降凝剂改性措施而不增设中间加热站；乌鄯支干线在冬季采用55℃加剂改性处理可保证在设计的最低输量$305\times10^4$t/a下安全运行，故原方案设置的吐鲁番加热站可以取消。

据此提出了西部原油管道顺序输送设计的输送工艺方案，即冬季运行时，可在乌鲁木齐和鄯善添加降凝剂(已在乌鲁木齐加剂的原油，在鄯善不再加剂)，乌鲁木齐、鄯善、河西、玉门、山丹进行55℃处理，其他站维温(保安)加热炉视需要运行。这一方案于2005年12月经中国石油天然气集团公司专家组严格审定，正式成为管道工艺设计依据。

这一方案不仅满足了下游炼厂对原油品质的要求，避免了炼厂重大技术改造，而且鄯兰干线取消了增建3座加热站的计划，乌鄯支干线少建1座加热站，共节省投资共计12048万元，相应地也大大节省了运行管理费用。

## 第四节　多品种多批次原油加剂改性顺序输送现场工业试验

西部原油管道于2007年6月30日试运投产，8月1日油头到达兰州，投产成功。根据原油调运计划，管道投产后首个冬季的输量只有1000$m^3$/h(约相当于$730\times10^4$t/a)，低于设计的最低输量1260$m^3$/h(约相当于$900\times10^4$t/a)；而且，管道投产后即实行不同原油顺序输送，运行工况复杂。这些都注定管道冬季运行必定面临严峻挑战。

为确保冬季运行安全可靠、万无一失，并验证输送工艺设计方案的可靠性，检验降凝剂的实际使用效果，掌握各种管输原油的物性及其变化特点，摸索新投产管道的运行规律，经过数个月的方案论证和准备后，从2007年9月17日—11月15日实施了历时两个月的降凝剂改性输送现场工业试验。在此期间，在鄯善首站和沿线泵站测取了不同运行工况下降凝剂改性吐哈原油、北疆原油、哈国油、哈国—吐哈混合油以及塔里木原油的大量物性参数，包括2612个密度数据、2881个凝点数据、2256个黏度数据。

通过现场工业试验研究，掌握了各种管输原油的物性及其变化特点，验证了降凝剂对吐

哈原油、北疆原油和哈国原油的改性效果，揭示了在实际管输条件下降凝剂改性原油流动性参数的变化规律。现场工业试验摸索出的管道运行规律，为其投产后首个冬季的安全运行提供了极其重要的依据和直接的、有力的保障。在低于设计最低输量的情况下，西部原油管道实现了多品种多批次原油加剂改性顺序输送安全平稳运行，也为 2008—2009 年冬季运行方案的制定、2008 年底低输量运行方案的决策提供了重要基础。

## 一、鄯兰干线加剂输送吐哈原油

在 2007 年 9 月 17 日—11 月 15 日的现场工业试验中，在管道沿线站场重点对 9 个批次的加剂吐哈原油的流动性进行了测试分析。这 9 个批次吐哈原油在鄯善首站均注入 50mg/kg 左右的降凝剂，其中前 3 个批次的加剂吐哈原油在玉门部分分输后再输送至兰州，后 6 个批次的加剂吐哈原油全部在玉门分输。

1. 空白吐哈原油的物性

9 个批次吐哈原油的密度和凝点对比见图 2-23 和图 2-24(图中横坐标“输送时间”表示油样从鄯善首站开始输送的时间)。由于吐哈原油库—鄯善进油支线存油以及吐哈原油与后行原油混油的原因，每一批次吐哈原油测量的开始及最后的个别数据不能反映该批次正常输送吐哈原油的真实情况。

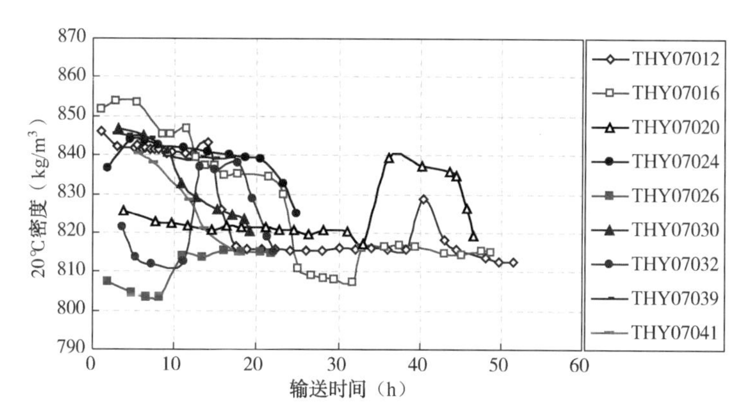


图 2-23　9 个批次吐哈原油的 20℃密度

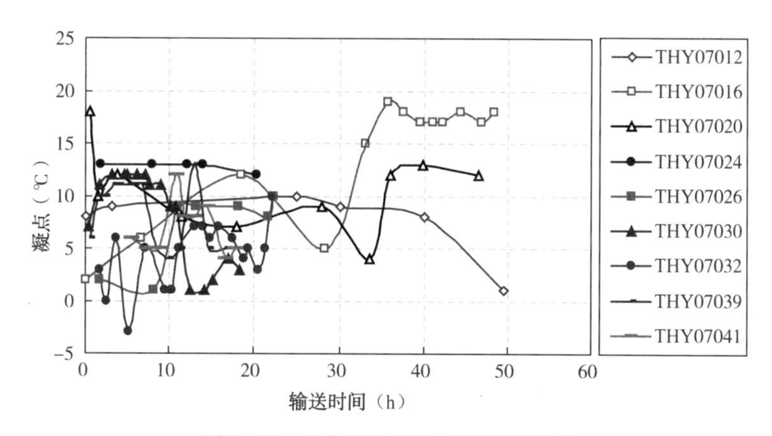


图 2-24　9 个批次空白吐哈原油凝点

由图 2-23 和图 2-24 可见，这 9 个批次吐哈原油的物性差异较大：20℃密度变化范围约在 800~855kg/m³；凝点在-3~19℃范围内变化。需要特别指出，THY07016 批次的后半部分(图中 32h 之后的部分)为高凝点且降凝剂感受性差的丘陵油，其凝点为 15~19℃。若剔除该部分高凝点的丘陵油和个别极端数据，则吐哈原油的凝点也在 0~13℃的范围内变化。由图还可以看出，即使是同一批次的吐哈原油，其物性也在相当大的范围变化，如第一批次吐哈原油 20℃密度在 810~845kg/m³之间，凝点在 1~10℃的范围内变化。管输原油物性变化范围大是西部原油管道的一大特点，这显著增加了管道安全运行的困难。

2. 各站加剂吐哈原油流动性

通过对在同一测试站点测得的不同批次加剂吐哈原油流动性的对比，可以掌握吐哈原油改性效果的变化范围，以便科学决策。由于绝大多数吐哈原油只输送到玉门，因此这里只对在鄯善站、河西站、玉门站测得的不同批次加剂吐哈原油的凝点进行分析对比。

1）鄯善站

鄯善站 9 个批次加剂吐哈原油的凝点见图 2-25。可见：

（1）不计 THY07012 批次的加剂不稳定段以及 THY07016 批次后半部分高凝点且对降凝剂感受性差的丘陵油，鄯善首站加剂吐哈原油的凝点大多数都能降到 0℃以下(占 85.0%)，其中 68.1%的凝点测试结果处于-5~0℃之间。THY07012 批次吐哈原油外输的初始 9h，降凝剂注入系统工作不正常，降凝剂注入量达不到要求，故不纳入数据统计范围。

（2）即使在降凝剂注入比较稳定的情况下，鄯善站 9 个批次加剂吐哈原油的凝点变化范围也有 15℃之大(-12~3℃)，其中未计入 THY07016 批次后半部分的丘陵原油。如果考虑 THY07016 批次后半部分的丘陵原油，那加剂吐哈原油的凝点变化范围还要大很多(-12~12℃)。

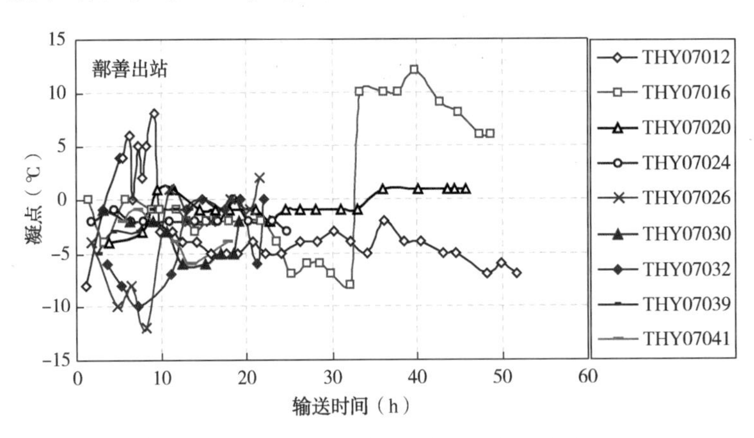


图 2-25 鄯善站 9 个批次加剂吐哈原油的凝点

2）河西站

河西站 9 个批次加剂吐哈原油凝点见图 2-26。可见：

（1）不计 THY07016 批次后半部分高凝点的丘陵油以及 THY07020 批次前 5km 的高凝点段，河西进站加剂吐哈原油的凝点大部分在 5℃以下(占测试点数的 66.0%)。考虑到最冷月(2 月份)河西的平均地温约为 8℃，因此，添加降凝剂对提高管道运行的安全性有重要作用。THY07020 批次前 5km 为 THY07016 批次吐哈原油输送后滞留于吐哈进油支线内的丘陵油，且在鄯善首站未注入降凝剂。

（2）不计 THY07016 批次的丘陵原油，忽略少数极端数据，河西进站加剂吐哈原油凝点的变化范围也达 15℃（-5～10℃）。其中，前 5 个批次的吐哈原油在鄯善—河西之间没有重复加热，有 68.5%的进站凝点在 5℃以下，后 4 个批次的吐哈原油在四堡、翠岭都有不同程度的重复加热，使得河西进站凝点测试结果较前 5 个批次高。有关重复加热对吐哈原油加剂改性效果的影响将在本节“五”详细讨论。

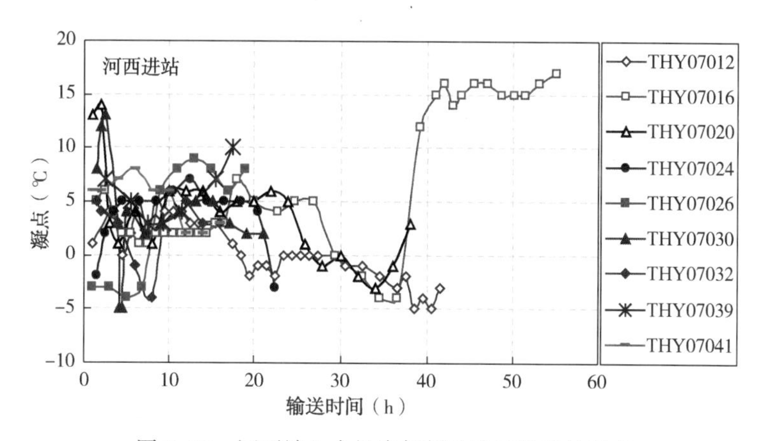


图 2-26　河西站 9 个批次加剂吐哈原油进站凝点

3）玉门站

玉门进站处测得的 9 个批次吐哈原油的凝点对比见图 2-27。可见：

（1）与河西站类似，不计 THY07016 批次后半部分高凝点丘陵油以及 THY07020 批次前 5km 的高凝点段，玉门进站加剂吐哈原油的凝点大部分也在 5℃以下（占 85.0%）。鉴于最冷月（2 月份）玉门的平均地温约为 5℃，因此，添加降凝剂对提高管道运行的安全性有重要作用。

（2）不计 THY07016 批次的丘陵油，忽略少数极端数据，玉门进站加剂吐哈原油凝点的变化范围在-8～7℃，其中 73.9%的凝点测试结果在-3～5℃之间。

除了 THY07012 批次，其余各批次吐哈原油在玉门站都进行了重复加热（图 2-28）。除了少数极端情况，玉门出站凝点一般在-9～4℃之间（图 2-29）。可见如果加热温度达到或超过 50℃，则凝点降至 0℃以下，与鄯善出站凝点相近，说明降凝剂效果由于输送过程剪切等因素下降后，只要将原油重复加热到首站的处理温度（最优处理温度），降凝剂效果可以恢复。

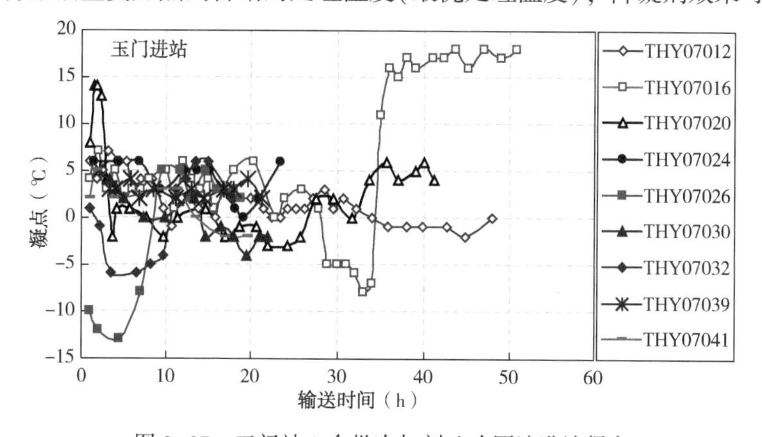


图 2-27　玉门站 9 个批次加剂吐哈原油进站凝点

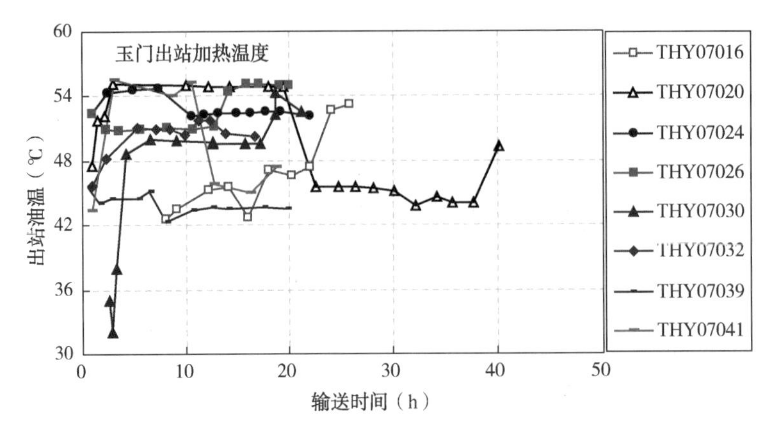


图 2-28　各批次吐哈原油在玉门站重复加热的温度

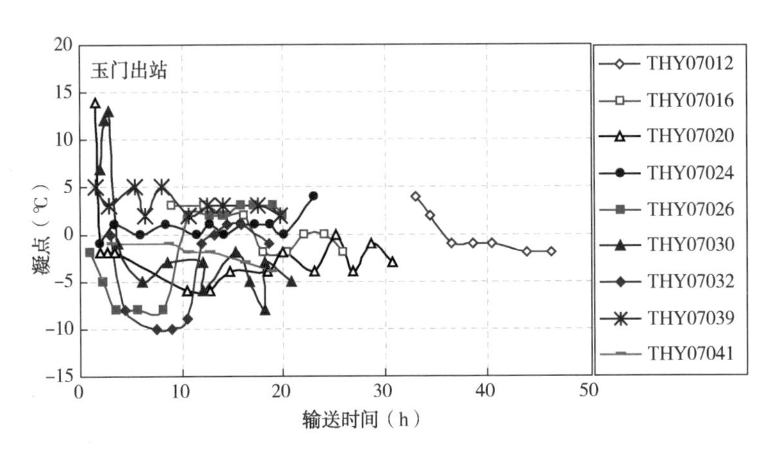


图 2-29　玉门站 9 个批次加剂吐哈原油出站凝点

3. 吐哈原油加剂降凝效果小结

剔除 THY07016 批次后半部分高凝点丘陵油以及其他批次个别异常数据（如降凝剂注入不稳定导致的凝点偏高等），鄯善、河西、玉门 3 站的凝点统计结果见表 2-53。表中，标准差为衡量数据发散性的统计学指标，标准差越大，数据发散性越强。

**表 2-53　各站加剂吐哈原油凝点统计结果**

| 站点 | 测试点数 | 凝点（℃） | | | | 各区间内的数据比例（%） | | |
|---|---|---|---|---|---|---|---|---|
| | | 最大值 | 最小值 | 平均值 $\mu$ | 标准差 $\sigma$ | $\mu\pm\sigma$ | $\mu\pm2\sigma$ | $\mu\pm3\sigma$ |
| 空白油 | 87 | 13 | 0 | 7.6 | 3.70 | 65.52 | 98.85 | 100 |
| 鄯善出站 | 113 | 3 | −12 | −2.9 | 2.67 | 68.14 | 97.35 | 99.12 |
| 河西进站 | 144 | 10 | −5 | 2.5 | 3.53 | 72.92 | 95.83 | 100 |
| 玉门进站 | 153 | 10 | −15 | 1.0 | 3.68 | 72.55 | 95.42 | 98.69 |
| 玉门出站 | 99 | 7 | −13 | −0.9 | 3.60 | 65.63 | 95.88 | 100 |

从表 2-53 可以看出：

（1）大部分吐哈原油在鄯善站经加剂改性处理后，凝点都能降至 0℃以下，平均降幅约为 10℃；

（2）加剂吐哈原油到达河西和玉门后，凝点都有不同程度的反弹，但是大多数凝点仍然在 5℃以下；

（3）由于玉门站的出站油温有时达不到鄯善站的出站油温，使得玉门出站处凝点的均值高于鄯善站凝点的均值，其标准差也大于鄯善出站凝点的标准差，即玉门出站凝点较鄯善出站凝点更为发散。

## 二、鄯兰干线加剂改性输送北疆原油

对鄯兰干线输送的第一批次的加剂北疆原油（BJY07022，加剂量约为 50mg/kg）的流动性进行了沿线跟踪分析。考虑到同一批次原油的物性本身就有差异、同一段加剂油输送过程中流动性参数也会变化，因此需要跟踪具体管段原油。但由于原油通过各站时输量不同，因此以“输送时间”为横坐标作图，比较原油通过各站时的物性（凝点、密度等）是不合理的。为此，按照所监测的油在该批次原油中的轴向位置（即距该批次“油头”的距离）对比各参数变化。

图 2-30 为所监测的加剂北疆原油经过沿线各站时的出站油温。从图中可以看出，其在沿线各站都进行了重复加热。该批次原油经过山丹站时，经历了两次停输，故有两个时段（对应于启输）的油温偏低。

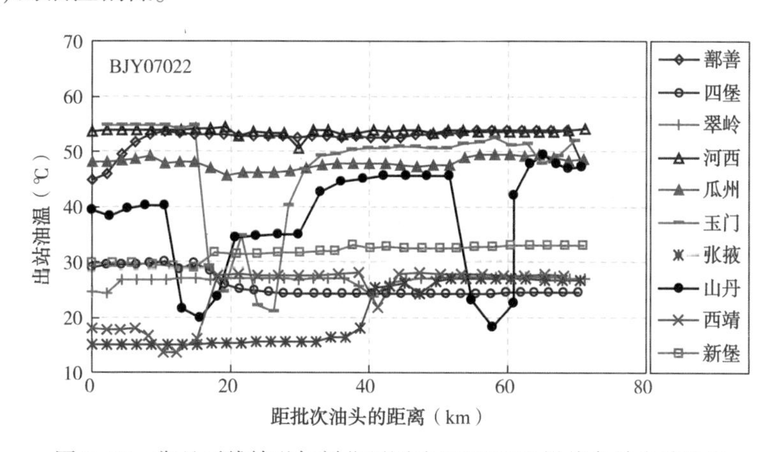


图 2-30　鄯兰干线输送加剂北疆原油 BJY07022 沿线各站出站油温

图 2-31 为该批次原油通过沿线各站的凝点对比。可以看出：

（1）该批次北疆原油在鄯善站加剂改性处理后，凝点从 4℃降至 -18℃，降凝幅度达 22℃，改性效果相当好。

（2）输送到河西后虽有一定反弹，但凝点依然在 -10℃以下。

（3）输送至玉门后凝点有进一步的反弹，但进站凝点仍然保持在 -3℃以下。

（4）输送至山丹后，凝点明显分为两段，前 20km 左右的凝点在 -15～-6℃的范围内变化，30km 以后油段的凝点升高至 2～5℃。这是由于前半段北疆原油在张掖未经重复加热，后半段原油在张掖出站时被重复加热至 27℃左右的结果（有关重复加热对加剂北疆原油改性效果的影响详见本节“五”）。

（5）输送至西靖、新堡时，凝点进一步反弹，甚至比鄯善站所测的空白油的凝点都高。

这主要是由于原油在上一站出站时经历了30℃左右的重复加热所致。

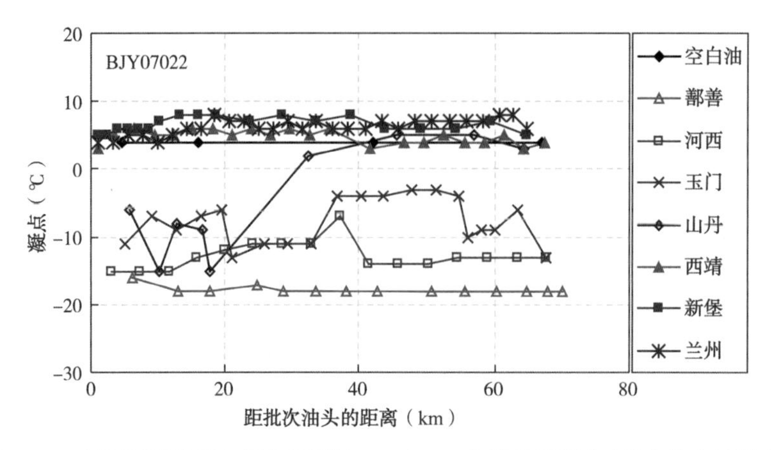


图2-31　鄯兰干线输送加剂北疆原油BJY07022各站进站凝点(鄯善为出站凝点)

## 三、鄯兰干线加剂改性输送哈国油

现场工业试验期间，对鄯兰干线输送的第一批次的加剂哈国油(HGY07036，加剂量约为50mg/kg)的流动性进行了沿线跟踪测试及分析。

图2-32为该批次哈国油经过沿线各站时的出站油温。可见该批次哈国油在沿线各站都进行了重复加热。其中，鄯善、河西、玉门、山丹等4个具备加剂改性处理能力的大站的出站油温都约为50℃，其他中间维温站的出站油温大都在40℃以下。

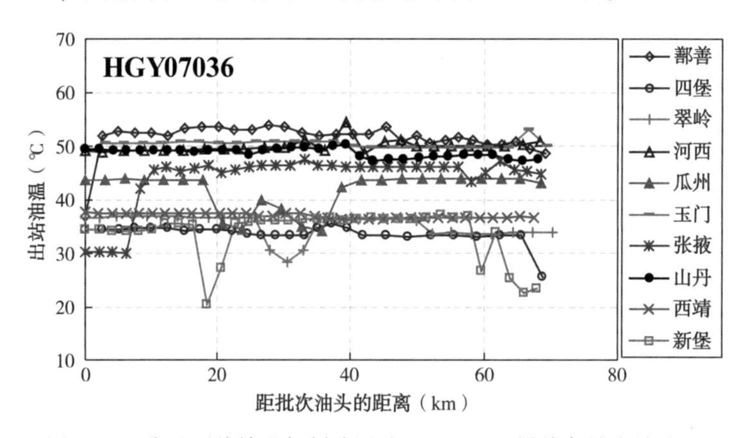


图2-32　鄯兰干线输送加剂哈国油HGY07036沿线各站出站油温

图2-33为该批次原油通过沿线各站的凝点对比。该批次哈国油的空白油凝点为5~8℃(乌鄯支干线来油凝点)，在鄯善经过添加约50mg/kg的降凝剂，约50℃处理的条件下，凝点降至-13~-7℃，降凝效果较好；输送至河西时，凝点有不同程度反弹，最高反弹至-3℃(对应于翠岭重复加热至30℃左右)；输送至玉门时，凝点没有进一步反弹，反而大部分时段的凝点有所下降，凝点在-10~-4℃的范围内变化，平均凝点约为-6.5℃，这与原油在瓜州被重复加热至40℃以上有关(有关重复加热对加剂哈国油改性效果的影响详见本节“五、重复加热对降凝剂改性效果的影响”)。在玉门以后，凝点反弹较快，输送至山丹时，

凝点反弹至0℃左右；输送至新堡时，凝点进一步反弹至2℃左右；到达兰州时，前40km原油的凝点约为0℃，后35km的凝点反弹至5~7℃，已接近空白油的凝点。

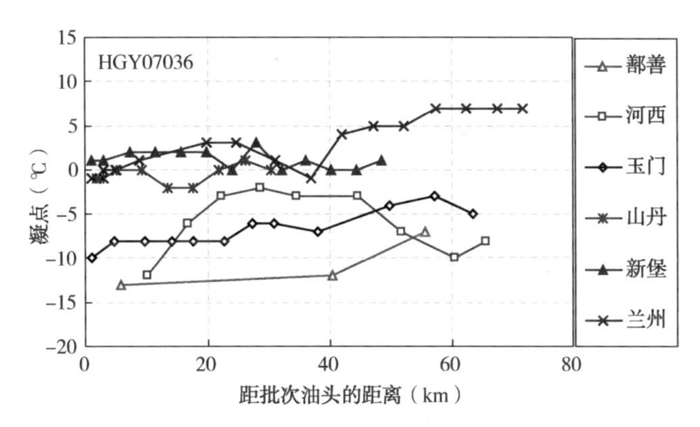


图2-33　鄯兰干线输送加剂哈国油HGY07036各站进站凝点(鄯善为出站凝点)

## 四、鄯兰干线加剂改性输送哈国—吐哈混合油

现场工业试验期间，对鄯兰干线输送的一个批次的加剂哈国—吐哈混合油(哈国油：吐哈原油=2.5：1，批次号为HGY—THY07053，加剂量约为50mg/kg)的流动性进行了沿线跟踪分析。

图2-34为该批次原油经过沿线各站时的出站油温。从图中可以看出，该批次原油在沿线各站都进行了重复加热。其中，鄯善、河西、玉门的加热温度约为50℃，山丹部分时段的加热温度也达到或超过了50℃；四堡的加热温度约为47℃；翠岭、瓜州、张掖的出站油温约为40℃；西靖、新堡大部分时段的出站油温约为30℃。

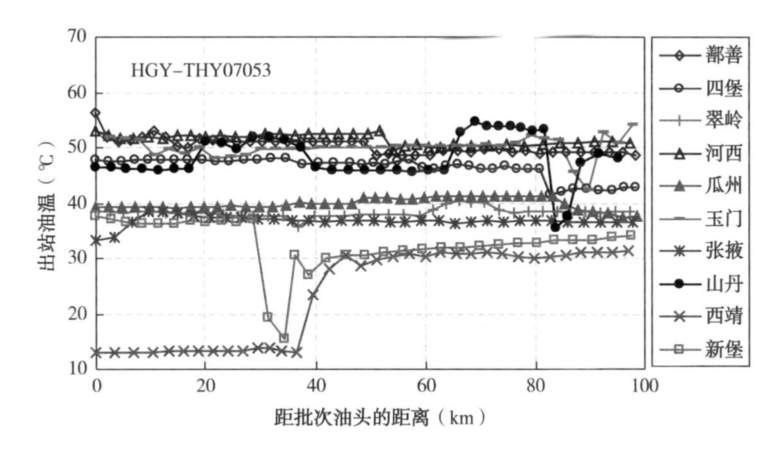


图2-34　鄯兰干线输送加剂哈国—吐哈混合油沿线各站出站油温

图2-35为该批次原油通过沿线各站的凝点对比图。该批次原油在鄯善出站的凝点为-3~0℃；输送至四堡站时，凝点约为-3℃；输送至河西站时，凝点上升至1℃左右；瓜州站的进站凝点约为2℃；张掖站的凝点约为1℃，西靖站的凝点约为-1℃；新堡站和兰州站(特别是兰州站)的凝点明显升高，这可能是西靖站、新堡站大部分时段的出站油温约为

30℃导致的。

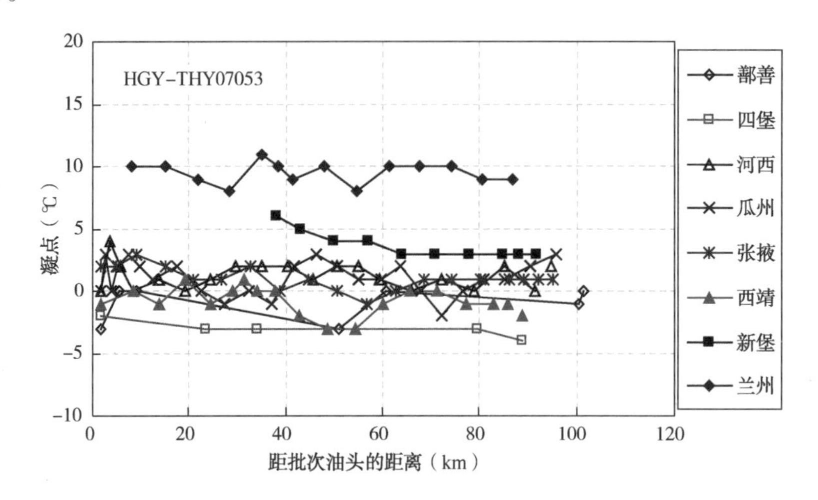


图 2-35　鄯兰干线输送加剂哈国—吐哈混合油各站进站凝点(鄯善为出站凝点)

## 五、重复加热对降凝剂改性效果的影响

西部原油管道在投产后首个冬季的运行中，为保证安全，各站加热炉都点炉运行。这就存在重复加热对加剂原油流动性影响的问题。以往大量生产实践和研究都表明，存在一个对降凝剂改性效果影响最大的重复加热温度范围，低于或高于这一温度范围，重复升温的影响都要小一些。若重复升温至首次处理的温度，一般可以获得相同的处理效果。结合加剂输送现场试验，就重复加热对几种原油的降凝剂改性效果的影响进行了系统研究，包括室内试验和现场测试。

1. 吐哈原油

1）室内试验

将温度降至室温(15℃以下)的 14 个加剂吐哈原油油样重新加热到不同温度后，测试其凝点，结果见图 2-36。不同重复加热温度下的凝点统计结果见表 2-54。

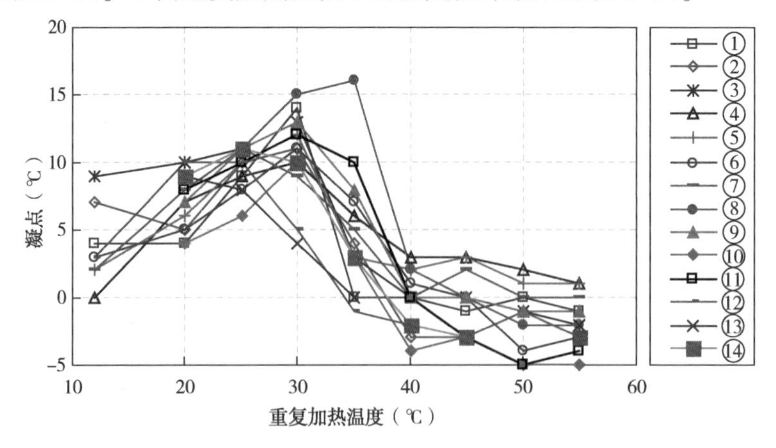


图 2-36　重复加热对加剂吐哈原油凝点的影响

表 2-54 重复加热至不同温度时加剂吐哈原油凝点测试结果统计

| 项目＼重复加热温度 | 12℃ | 20℃ | 25℃ | 30℃ | 35℃ | 40℃ | 45℃ | 50℃ | 55℃ |
|---|---|---|---|---|---|---|---|---|---|
| 样本数 | 8 | 14 | 14 | 14 | 14 | 13 | 13 | 11 | 14 |
| 最大值(℃) | 9 | 10 | 11 | 15 | 16 | 3 | 3 | 2 | 1 |
| 最小值(℃) | 0 | 4 | 6 | 4 | -1 | -4 | -3 | -5 | -5 |
| 平均值(℃) | 3.8 | 7.2 | 9.6 | 10.6 | 4.8 | -0.2 | -0.6 | -1.5 | -1.9 |
| 标准差(℃) | 2.92 | 2.12 | 1.50 | 3.10 | 4.49 | 2.05 | 2.29 | 2.34 | 1.77 |

从图 2-36 和表 2-54 可以看出：

（1）在 30℃以下，随着重复加热温度升高，加剂吐哈原油凝点上升。当加剂吐哈原油被重复加热到 30℃时，凝点达到最高，部分油样的凝点甚至比鄯善首站来油的凝点还高。

（2）当重复加热的温度达到 40℃时，加剂吐哈原油的凝点平均可降至-0.2℃；当重复加热的温度达到 50℃时，加剂吐哈原油的凝点平均可降至-1.5℃以下。

一般认为，只要重复加热温度低于首次处理温度，加剂改性原油流动性将出现反弹。将 55℃处理的加剂吐哈原油以(0.5~1)℃/min 的降温速率静态降温至不同温度后再重复升温测试其凝点，结果(图 2-37)表明：

（1）降温至 20℃以上的重复加热对加剂吐哈原油的凝点几乎无影响；

（2）降温至 20℃以下时，重复加热前油温越低，重复加热到相同温度时加剂改性原油凝点反弹越严重。

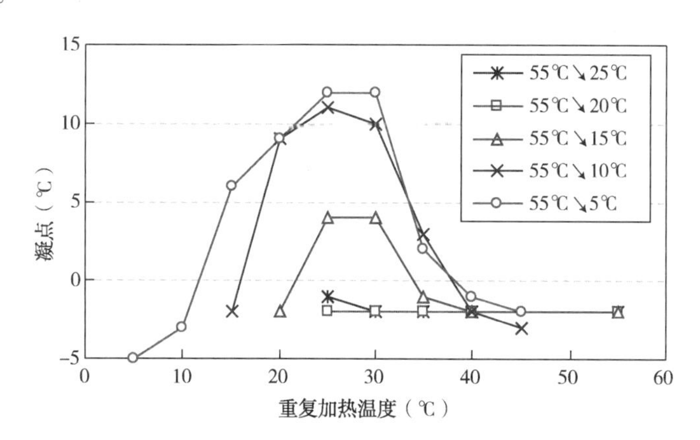


图 2-37 从 55℃降温至不同温度后重复加热对加剂吐哈原油凝点的影响

降温至不同温度后的重复升温对加剂改性效果影响不同可能与原油在降温过程中的析蜡特性有关。一般认为，要使降凝剂充分发挥作用，必须将原油加热至蜡晶全部溶解的温度，以便在降温过程中降凝剂分子与蜡分子发生“共晶”作用。若在重复加热之前的降温过程中原油中没有或只有极少量的蜡结晶析出，重复加热并不影响降凝剂与蜡的共晶作用。若在重复加热之前的降温过程中已有较多的蜡结晶析出，则在重复加热时，在降温过程中已结晶析出的蜡晶将重新溶解，使得原来与蜡共晶的降凝剂分子因蜡晶的溶解而游离出来。当重复加热的温度远低于蜡晶全部溶解的温度时，降凝剂分子与溶解出来的蜡分子重新结合使其共晶作用发生变化，在宏观上表现为加剂原油的低温流动性反弹(凝点上升)。对吐哈原油 DSC 析蜡特性(图 2-38)的试验结果表明，大部分吐哈原油的析蜡点在 20~24℃的范围内。由于 20℃以上，几乎没有蜡结晶析出，故降温至 20℃以上的重复加热对吐哈原油的加剂改性效果几乎无影响。

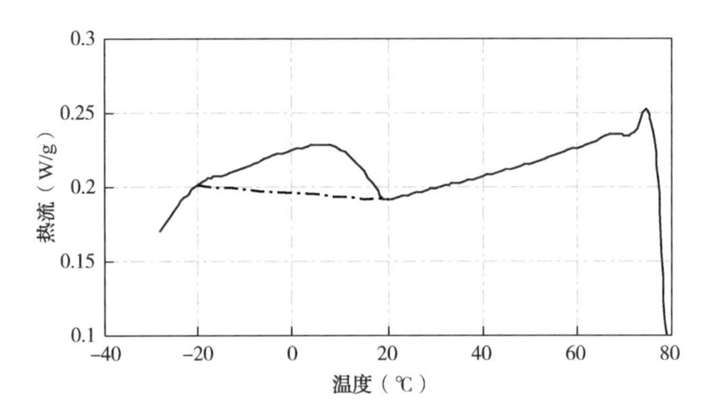


图 2-38　吐哈原油 DSC 析蜡特性曲线

2）现场测试结果分析

在本节“一、鄯兰干线加剂输送吐哈原油”9 个批次加剂吐哈原油中，除第一批次吐哈原油外，其余各批次加剂吐哈原油在输送过程中都有被重复加热的历史。根据各批次吐哈原油沿线凝点测试结果及出站油温的对比分析发现：

（1）当上一站的出站油温在 20~35℃的范围内，下一站进站凝点基本反弹至空白油凝点(表 2-55)，这与图 2-32 和表 2-52 的结果吻合。

（2）当玉门站的加热温度达到或超过鄯善站的出站油温时，其凝点测试结果与鄯善的凝点测试结果接近(表 2-56)。

根据以上分析，鄯兰原油管道输送加剂吐哈原油时，当中间加热站的进站温度低于 20℃时，出站的加热温度宜高于 40℃；若中间加热站加热温度在 20~35℃的范围内，下一站进站原油的凝点宜按空白油凝点考虑；当中间加热站的进站温度高于 20℃时，出站温度的高低对原油凝点无显著影响。

**表 2-55　各批次加剂吐哈原油凝点反弹至空白油凝点的站场及上一站出站油温**

| 原油批次号 | 进站凝点接近空白油凝点的站场 | 上一站出站油温 | | |
|---|---|---|---|---|
| | | 站场 | 出站油温(℃) | 平均出站油温(℃) |
| THY07016 | 兰州 | 新堡 | 28~35.6 | 29.8 |
| THY07020 | 山丹 | 张掖 | 15.6~31.8 | 26.7 |
| | 西靖 | 山丹 | 15.4~43.3 | 30.6 |
| | 新堡 | 西靖 | 13.8~26.9 | 20.6 |
| | 兰州 | 新堡 | 28.9~35.1 | 30.3 |
| THY07030 | 河西 | 翠岭 | 28.0~28.4 | 28.2 |
| THY07032 | 河西 | 翠岭 | 22.5~37.5 | 30.6 |

表 2-56　鄯善、玉门出站油温接近 50℃时改性效果的对比

| 原油批次号 | 鄯善 | | 玉门 | |
|---|---|---|---|---|
| | 平均出站油温(℃) | 平均凝点(℃) | 平均出站油温(℃) | 平均凝点(℃) |
| THY07016 | 52.7 | -2.9 | 49.4 | -1.2 |
| THY07024 | 52.8 | -1.8 | 53.0 | 0.5 |
| THY07026 | 49.1 | -2.3 | 52.3 | -1.3 |
| THY07030 | 52.8 | -3.8 | 50.6 | -4.1 |
| THY07032 | 50.4 | -3.9 | 50.7 | -4.1 |
| THY07041 | 52.6 | -3.4 | 50.5 | -2.2 |

2. 北疆原油

1）室内试验

重复加热对加剂北疆原油凝点影响的试验(图 2-39)表明：重复加热的温度在 25~35℃的温度区间内，加剂北疆原油的低温流动性显著恶化，其中 A、B 两个油样重复加热至 35℃时，原油凝点(5~6℃)甚至比鄯善站来油的凝点(4℃)都高。

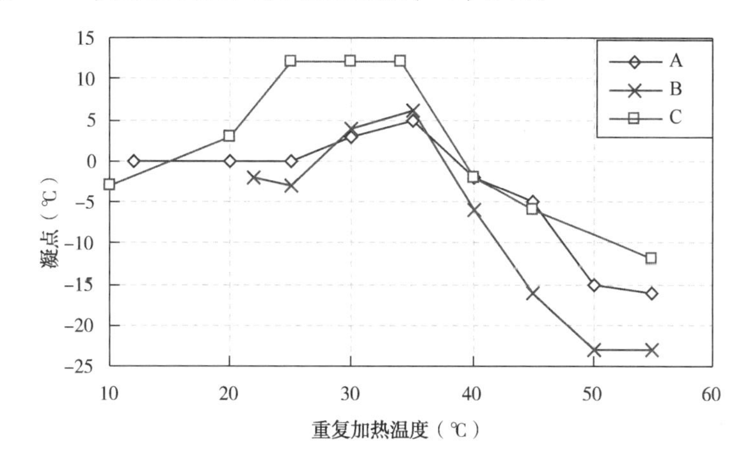


图 2-39　重复加热对加剂北疆原油凝点的影响

2）现场测试结果分析

鄯兰干线跟踪测试的加剂北疆原油 BJY07022 在沿线各站都进行了重复加热(图 2-30)。该批次北疆原油在西靖、新堡、兰州的凝点测试结果已完全反弹至空白油的凝点(图 2-31)，而其在上一站(山丹、西靖、新堡)的出站油温基本上在 20~40℃的范围内。

3. 哈国油

现场试验的唯一一个批次的加剂哈国油的重复加热的试验结果(图 2-40)表明，重复加热的温度在 20~30℃的温度区间内，该加剂油的低温流动性显著恶化。该批次加剂哈国油只有后半段在兰州站的进站凝点反弹至空白油凝点(图 2-33)，这段油在新堡对应的出站油温恰好在 20~30℃之间(图 2-32)。因此，西部原油管道冬季运行输送加剂哈国油时，管道中间站重复加热温度应避开 20~30℃这个温度范围。

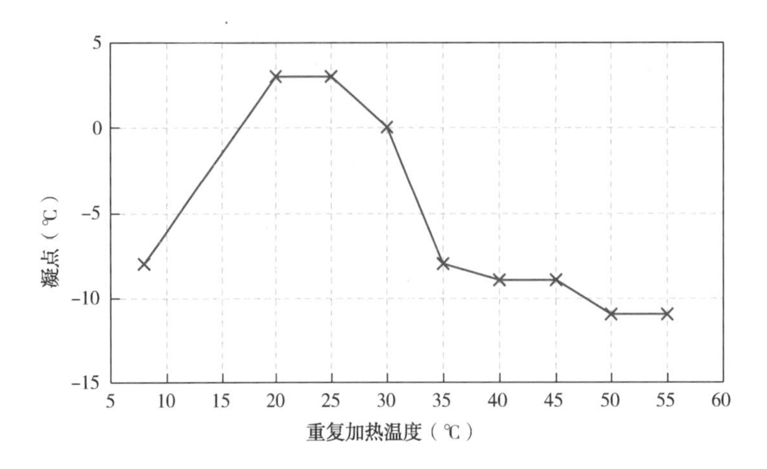


图 2-40　重复加热对加剂哈国油凝点的影响

## 六、高速剪切对降凝剂改性效果的影响

以往的生产实践和试验研究表明，对于某些加剂原油，过泵高速剪切可使其低温流动性严重反弹。结合现场试验，研究了高速剪切对加剂吐哈原油和加剂北疆原油低温流动性的影响。

1. 试验方法

过泵剪切模拟使用 IKA ULTRA TURRAX T-25 型高速搅拌器(其最高转速为 24000r/min)进行。试验时，首先将试验的加剂油样加热至 55℃，恒温 30min，然后按 0.7℃/min 降至不同温度，恒温 20min，取 75mL 放入烧杯保温，以 24000r/min 的转速对油样施以不同时间的高速剪切，测量高速搅拌前后原油的温度，并取样测试其凝点。平均剪切速率可根据剪切前后的温升计算[9]：

牛顿流体

$$\bar{\dot{\gamma}} = \sqrt{\frac{\rho c}{\mu} \cdot \frac{\Delta T}{\Delta t}} \tag{2-3}$$

幂律流体

$$\bar{\dot{\gamma}} = \left(\frac{\rho c}{K} \cdot \frac{\Delta T}{\Delta t}\right)^{\frac{1}{n+1}} \tag{2-4}$$

式中：$\bar{\dot{\gamma}}$为平均剪切速率，$s^{-1}$；$\rho$ 为剪切温度下原油的密度，$kg/m^3$；$c$ 为流体的比热容，J/(kg·K)；$\Delta T$ 为流体搅拌剪切后的温升，℃；$\Delta t$ 为搅拌剪切时间，s；$\mu$ 为牛顿流体的黏度，Pa·s；$K$ 为幂律流体的稠度系数，$Pa \cdot s^n$；$n$ 为幂律流体的流变行为指数，无量纲。

2. 吐哈原油

对 5 个不同批次加剂吐哈原油油样进行了高速剪切试验，结果见表 2-57。图 2-41 为在不同温度下高速剪切导致的凝点上升值。

表 2-57　高速剪切对加剂吐哈原油凝点影响的试验参数与结果

| 序号 | 剪切温度(℃) | 40 | 35 | 30 | 25 | 20 | 15 |
| --- | --- | --- | --- | --- | --- | --- | --- |
| Ⅰ | 黏度(mPa·s) | 2.5 | 3.0 | 3.6 | 4.5 | 5.9 | 8.3 |
|  | 剪切时间(s) | 10 | 10 | 10 | 10 | 10 | 10 |
|  | 剪切速率($s^{-1}$) | 9428 | 8673 | 7892 | 7059 | 6157 | 5163 |
|  | 剪切前凝点(℃) | -2 | -2 | -2 | -1 |  |  |
|  | 剪切后凝点(℃) | -2 | -2 | -2 | -1 | 0 | 0 |
|  | 凝点升高值(℃) | 0 | 0 | 0 | 0 |  |  |
| Ⅱ | 黏度(mPa·s) | 5.2 | 6.1 | 6.9 | 7.8 | 8.6 | 9.4 |
|  | 剪切时间(s) | 4 | 4 | 4 | 4 | 4 | 4 |
|  | 剪切速率($s^{-1}$) | 6987 | 6441 | 6030 | 5801 | 5741 | 5732 |
|  | 剪切前凝点(℃) | 0 | 0 | -1 | 0 | 0 | -1 |
|  | 剪切后凝点(℃) | -1 | -1 | 0 | 1 | 0 | 0 |
|  | 凝点升高值(℃) | -1 | -1 | 1 | 1 | 0 | 1 |
| Ⅲ | 黏度(mPa·s) | 4.6 | 6.0 | 7.4 | 8.8 | 10.3 | 11.7 |
|  | 剪切时间(s) | 7 | 7 | 7 | 7 | 7 | 7 |
|  | 剪切速率($s^{-1}$) | 7052 | 6175 | 5560 | 5099 | 4713 | 4422 |
|  | 剪切前凝点(℃) | -2 | -1 | -2 | -1 | 1 | 2 |
|  | 剪切后凝点(℃) | -2 | -2 | -1 | -1 | 3 | 0 |
|  | 凝点升高值(℃) | 0 | -1 | 1 | 0 | 2 | -1 |
| Ⅳ | 黏度(mPa·s) | 5.8 | 6.9 | 8.3 | 10.5 | 13.9 | 20.0 |
|  | 剪切时间(s) | 7 | 7 | 7 | 7 | 7 | 7 |
|  | 剪切速率($s^{-1}$) | 6662 | 6119 | 5553 | 4949 | 4300 | 3586 |
|  | 剪切前凝点(℃) | 1 | -1 | -1 | 0 | 0 | -1 |
|  | 剪切后凝点(℃) | 2 | 0 | 1 | 0 | 0 | -1 |
|  | 凝点升高值(℃) | 1 | 1 | 2 | 0 | 0 | 0 |
| Ⅴ | 黏度(mPa·s) | 3.9 | 4.3 | 4.7 | 5.2 | 6.0 | 7.2 |
|  | 剪切时间(s) | 7 | 7 | 7 | 7 | 7 | 7 |
|  | 剪切速率($s^{-1}$) | 8007 | 7654 | 7300 | 6902 | 6445 | 5900 |
|  | 剪切前凝点(℃) | -1 | 0 | 1 | 2 | 2 | 2 |
|  | 剪切后凝点(℃) | -1 | 0 | 2 | 5 | 5 | 6 |
|  | 凝点升高值(℃) | 0 | 0 | 1 | 3 | 3 | 4 |

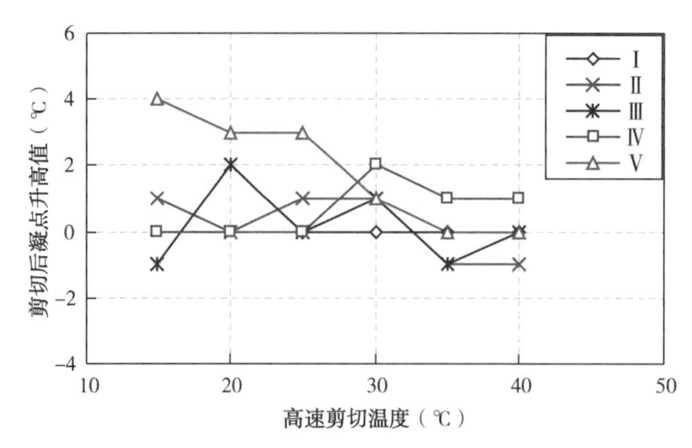


图 2-41　不同温度下高速剪切对加剂吐哈原油凝点的影响

从表 2-57 和图 2-41 可以看出，在 15~40℃的剪切温度、3500~9400$s^{-1}$的试验剪切速率范围内，前四个加剂吐哈原油样高速剪切前后凝点相差均在 2℃以内；而对于第五个加剂吐哈原油样，当剪切温度高于 30℃时，高速剪切对其影响不大，但当剪切温度低于 30℃时，高速剪切后的凝点有 3~4℃的升高。

3. 北疆原油

高速剪切对加剂北疆原油凝点影响的试验结果见表 2-58。可见在 15~40℃的剪切温度、1100~2500$s^{-1}$的剪切速率范围内，高速剪切使其凝点升高 2~5℃。

**表 2-58　高速剪切对加剂北疆原油凝点的影响**

| 剪切温度(℃) | 40 | 35 | 30 | 25 | 20 | 15 |
|---|---|---|---|---|---|---|
| 黏度(mPa·s) | 43.1 | 53.7 | 69.2 | 93.6 | 135.2 | 217.5 |
| 剪切时间(s) | 7 | 7 | 7 | 7 | 7 | 7 |
| 剪切速率($s^{-1}$) | 2501 | 2241 | 1974 | 1697 | 1412 | 1113 |
| 剪切前凝点(℃) | -16 | -17 | -16 | -16 | -16 | -17 |
| 剪切后凝点(℃) | -14 | -13 | -11 | -13 | -14 | -15 |
| 凝点升高值(℃) | 2 | 4 | 5 | 3 | 2 | 2 |

## 七、现场工业试验成果小结

历时两个月的西部原油管道加剂输送现场工业试验取得了重要成果：

(1) 发现了管输原油物性变化大的问题。如吐哈油 20℃密度在 800~855kg/$m^3$、凝点在-4~19℃的范围内变化(凝点标准差高达 3.7℃)，加剂吐哈原油凝点变化范围-12~3℃(标准差 2.7℃)。其原因是各油田原油来自多个不同区块，而不同区块原油物性差异明显，比例不稳定，进管输送时混合不均匀。为此，提出了冬季运行中必须把各区块原油按比例混合均匀的要求与技术措施。冬季运行中采取该措施后，吐哈原油凝点标准差减小至 2℃，加剂吐哈原油的凝点标准差减小至 1.5℃(其中 82.3%的凝点测试结果在-2~0℃之间)，原油物性的稳定性明显改善。

(2) 验证了降凝剂对吐哈原油、北疆原油和哈国油的改性效果。鄯善首站加剂并 55℃处理后，凝点基本都可降至 0℃以下，说明降凝剂处理对保证管道冬季安全运行有重要作用。但是，吐哈原油中的丘陵油不仅凝点高，而且对降凝剂的感受性差。为此，提出冬季运行中必须控制丘陵油的比例，并保证其与吐哈油田其他区块的原油混合均匀。

(3) 摸清了重复加热对管输原油加剂改性效果影响的规律。现场测试及研究发现，在一定温度范围内的重复加热可使加剂原油的凝点大幅上升，凝点甚至可升至高于首站来油凝点；对加剂吐哈原油和加剂北疆原油，20~35℃是最不利的重复加热温度范围，而对加剂哈国油则为20~30℃；除此之外，还首次发现重复加热的不良影响与重复加热前原油的温度有关，但油温在20℃以上时重复加热对加剂吐哈原油的凝点几乎无影响。为此，提出冬季运行中应尽可能避免将加剂原油重复加热到此不良温度范围。2008 年 1 月将乌鄯支干线达坂城站的加热温度由20~30℃调整至20℃以下，结果鄯善进站的平均凝点即由4~8℃降至0℃以下(进站温度仅由13~14℃略降至12℃)，不仅减小了加热能耗，还显著提高了管道运行的安全性。

(4) 摸清了管输过程中加剂原油流动性变化的规律。现场测试及研究表明，在长距离输送过程中经过多次中间泵站剪切和长时间管流剪切，加剂原油的凝点有所反弹，但差值不大，总体上比较稳定。根据大量统计数据，鄯善出站加剂吐哈原油的凝点平均为-2.9℃，玉门进站升至1.0℃。此结论得到随后冬季运行监测结果的验证，根据对2007 年 11 月 20 日—2008 年 3 月 31 日监测数据的统计，鄯善出站加剂吐哈原油的凝点平均为-0.9℃，四堡进站平均凝点-0.3℃，玉门进站平均凝点0.6℃。

(5) 明确了顺序输送最低运行输量。根据现场试验及随后的冬季运行检验，目前物性的管输原油采取降凝剂改性措施后，西部原油管道顺序输送冬季允许最低输量可由设计最低输量 $900\times10^4$t/a 降至 $730\times10^4$t/a。

现场工业试验圆满达到了预期目标。基于现场试验的成果，2007—2008 年冬季，西部原油管道在低于设计最低输量的情况下，实现了多品种多批次原油加剂改性顺序输送安全平稳运行，在 1838km 的管道上实现了多批次多种物性差异大的原油的降凝剂改性顺序输送，在国内外都属首次。

## 第五节　多品种多批次原油加剂改性顺序输送运行

加剂输送现场工业试验取得成功后，管道在最低设计输量以下实现了冬季安全运行。此后，不断总结经验，优化运行方案，节约运行能耗。

### 一、西部原油管道投产后首个冬季的运行

1. 控制外输吐哈原油中丘陵油比例并保证吐哈原油混合均匀

现场工业试验表明，降凝剂对吐哈原油有较明显的改性效果，但同一批次以及不同批次的加剂吐哈原油的凝点在一个较大的范围内波动，特别是丘陵油的凝点高且对降凝剂的感受性差。为确保管道的冬季安全运行，提出冬季运行不允许纯丘陵油进管输送，并严格控制进管吐哈原油中丘陵油的比例；尽可能保证吐哈原油混合均匀以及加剂处理条件(降凝剂注入量、加剂处理温度)稳定，以减小管输原油物性的波动范围。

基于以上建议，生产运行部门对外输吐哈原油中的丘陵油的比例进行了严格控制，并将拟输吐哈原油先在鄯善首站 4 号罐搅拌混匀后再进鄯兰管道外输，而不是吐哈支线来油直接进鄯兰管道外输。

实施以上措施后，2007—2008 年冬季运行期间空白吐哈原油和加剂吐哈原油的凝点波动范围都明显缩小(表 2-59)，且加剂改性效果更为稳定。与表 2-51 的现场试验期间加剂吐哈原油的凝点统计结果相比，冬季运行期间鄯善出站凝点的标准差显著下降，由 2.67℃减小至 1.48℃，其中 82.3%的凝点测试结果在-2～0℃之间。

**表 2-59 2007 年 11 月 20 日—2008 年 3 月 31 日冬季运行期间加剂吐哈原油凝点统计结果**

| 站点 | 统计批次数 | 测试点数 | 平均取样温度(℃) | 平均取样压力(MPa) | 凝点测试结果(℃) | | | |
|---|---|---|---|---|---|---|---|---|
| | | | | | 最大值 | 最小值 | 平均值 | 标准差 |
| 吐哈支线来油 | / | 242 | 31.7 | 0.40 | 13 | -4 | 5.1 | 3.82 |
| 鄯善首站4号罐油样 | / | 62 | / | / | 8 | 0 | 3.6 | 2.01 |
| 鄯善出站 | 24 | 186 | 53.1 | 3.49 | 3 | -10 | -0.9 | 1.48 |
| 四堡进站 | 21 | 67 | 23.6 | 2.78 | 5 | -5 | -0.3 | 1.93 |
| 四堡出站 | 20 | 65 | 42.5 | 5.04 | 11 | -11 | 0.4 | 3.26 |
| 河西进站 | 3 | 11 | 25.8 | 1.46 | 4 | -2 | 1.5 | 1.63 |
| 河西出站 | 3 | 11 | 51.3 | 4.16 | 2 | -2 | -0.5 | 1.69 |
| 玉门进站 | 23 | 107 | 23.4 | 2.24 | 8 | -8 | 0.6 | 2.56 |
| 玉门出站 | 22 | 45 | 50.8 | 6.60 | 4 | -4 | -0.2 | 1.87 |

从表 2-59 可以看出：

(1) 与鄯善出站凝点相比，四堡进站凝点平均仅升高 0.6℃，说明鄯善—四堡管段的管流剪切对所输吐哈混合油降凝剂改性效果影响较小。

(2) 四堡出站凝点的标准差明显高于其他站点的标准差，这是四堡出站油温波动范围较大(24～43℃)所致(出站油温波动大，导致凝点波动大)。

(3) 冬季运行期间，原油在沿线各站都被重复加热，其中河西、玉门重复加热的温度大都在 50～55℃的范围内，使得降凝剂改性效果基本得以恢复(凝点与鄯善出站接近)，其出站凝点也较进站凝点低。

2. 调整乌鄯支干线中间站达坂城的加热温度

研究和现场试验结果表明，油温降至 20℃以下再重复加热至一定温度范围可使加剂原油的凝点大幅上升。对于加剂北疆原油，在 20～35℃范围内的重复加热使其凝点明显升高；对于改性哈国油，20～30℃的重复加热使其凝点大幅上升。

2008 年 1 月 25 日前，由于乌鄯支干线中间站达坂城的重复加热温度在 20～30℃的范围内(图 2-42)，导致鄯善的进站凝点明显偏高(表 2-60 和表 2-61)，其中近 16%的凝点和进站油温的差值小于 3℃，管道的安全运行存在隐患。为此，向生产运行部门建议将中间热泵站达坂城的加热温度控制在 20℃以下。达坂城的出站油温降低后，鄯善的平均进站油温虽有近 2℃的下降，但鄯善的进站凝点基本保持在 0℃以下(表 2-62 和表 2-63)，进站油温与凝点的温差显著拉开，管道运行的安全性显著提高。这是运用研究结果既减少能耗、又大幅提高管道运行安全性的典型事例。

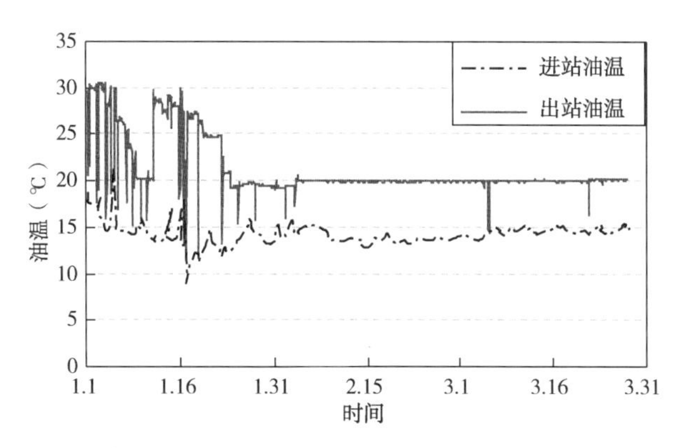


图 2-42　达坂城进出站油温趋势图(2008 年 1 月 1 日—3 月 28 日)

**表 2-60　乌鄯支干线加剂北疆原油凝点统计结果(达坂城出站油温 20~30℃)**

| 站点 | 测试时段 | 统计批次数 | 测试点数 | 平均取样温度(℃) | 平均取样压力(MPa) | 凝点测试结果(℃) | | | |
|---|---|---|---|---|---|---|---|---|---|
| | | | | | | 最大值 | 最小值 | 平均值 | 标准差 |
| 空白油(罐样) | 2008. 1. 1—1. 24 | / | 51 | / | / | 11 | 3 | 7. 0 | 1. 66 |
| 乌鲁木齐出站 | 2008. 1. 1—1. 24 | 6 | 35 | 53. 7 | 6. 28 | 3 | -12 | -5. 3 | 4. 42 |
| 鄯善进站 | 2008. 1. 9—1. 29 | 6 | 34 | 12. 7 | 4. 25 | 11 | -5 | 3. 9 | 5. 34 |

**表 2-61　乌鄯支干线输送哈国油凝点统计结果(达坂城出站油温 20~30℃)**

| 站点 | 测试时段 | 统计批次数 | 测试点数 | 平均取样温度(℃) | 平均取样压力(MPa) | 凝点测试结果(℃) | | | |
|---|---|---|---|---|---|---|---|---|---|
| | | | | | | 最大值 | 最小值 | 平均值 | 标准差 |
| 乌鲁木齐出站 | 2008. 11. 30—1. 21 | 13 | 76 | 50. 2 | 6. 15 | 12 | -10 | 3. 9 | 2. 39 |
| 鄯善进站 | 2008. 12. 8—1. 28 | 12 | 80 | 14. 2 | 4. 07 | 13 | -4 | 8. 5 | 2. 84 |

**表 2-62　乌鄯支干线加剂北疆原油凝点统计结果(达坂城出站油温 20℃以下)**

| 站点 | 测试时段 | 统计批次数 | 测试点数 | 平均取样温度(℃) | 平均取样压力(MPa) | 凝点测试结果(℃) | | | |
|---|---|---|---|---|---|---|---|---|---|
| | | | | | | 最大值 | 最小值 | 平均值 | 标准差 |
| 空白油(罐样) | 2008. 1. 25—4. 23 | / | 174 | / | / | 14 | 2 | 8. 9 | 3. 36 |
| 乌鲁木齐出站 | 2008. 1. 25—4. 23 | 21 | 273 | 55. 7 | 6. 17 | 5 | -12 | -4. 2 | 3. 34 |
| 鄯善进站 | 2008. 1. 30—4. 30 | 21 | 144 | 11. 9 | 4. 48 | 6 | -15 | -2. 3 | 3. 79 |

**表 2-63　乌鄯支干线输送哈国油凝点统计结果(达坂城出站油 20℃以下)**

| 站点 | 测试时段 | 统计批次数 | 测试点数 | 平均取样温度(℃) | 平均取样压力(MPa) | 凝点测试结果(℃) | | | |
|---|---|---|---|---|---|---|---|---|---|
| | | | | | | 最大值 | 最小值 | 平均值 | 标准差 |
| 乌鲁木齐出站 | 2008. 1. 25—4. 21 | 20 | 427 | 55. 7 | 6. 18 | 7 | -7 | 0. 5 | 2. 30 |
| 鄯善进站 | 2008. 2. 1—4. 29 | 20 | 215 | 11. 9 | 4. 31 | 7 | -7 | 0. 2 | 2. 81 |

## 二、2008 年春季运行

为确保管道在投产后的首个冬季安全运行，并摸索管道运行的规律，2007 年 11 月—

2008年3月西部原油管道采用站站点炉的加热方式，全线一直保持较大的热负荷运行，除了乌鲁木齐、鄯善、河西、玉门、山丹五个具备加剂热处理能力的大站保持较高的加热温度(50℃以上)外，各中间维温站也投运一定的热负荷用于提高输送油温。2007年11月—2008年3月的冬季运行监测结果表明，沿线各站的进站油温都比凝点高很多(鄯善—玉门段各站进站油温都比凝点高8~20℃)，输油温度有较大的降低空间。

2008年3月以后，随着气温的升高，管道沿线地温明显回升。为了实现经济运行，在保证管道安全输送的前提下，根据现场工业试验结果以及2007—2008年冬季管输原油凝点变化规律，通过多种工况模拟，提出"先停运鄯善—玉门管段的中间维温站(瓜州站、翠岭站、四堡站)，其次停运玉门—兰州管段的中间维温站(西靖站、新堡站、张掖站)，再停运具备加剂热处理能力的中间大站(河西站、山丹站、玉门站)，最后停运鄯善首站"的停炉方案，并从3月下旬开始陆续调减沿线各站的加热炉负荷。

加热炉停运后，管输原油经历多站间的长距离输送。对管输原油的流动性分析表明，油温较高(高于17℃)时，多站间的长距离输送对加剂吐哈原油和哈国油的流动性影响不大。以下给出2008年春季逐渐停炉期间，加剂吐哈原油的流动性统计分析结果。

1. 中间维温站停运，鄯善、河西两站点炉加剂改性输送吐哈原油的流动性

2008年4月12—28日，从鄯善外输的3个批次的加剂吐哈原油(批次号THY08079、THY08088、THY08093)在鄯善—玉门管段输送过程中，仅鄯善、河西两站点炉。这3个批次原油在各站的凝点统计见表2-64。可以看出：

(1) 河西进站凝点平均值仅比鄯善出站凝点平均值高约1℃；玉门进站处的凝点和河西出站处的凝点相当。这都说明油温高于18℃时的过泵高速剪切以及多站间的管流剪切对加剂吐哈原油的凝点影响不明显。

(2) 由于河西的出站油温在40~51℃波动，未达到鄯善的处理温度(约55℃)，故其出站凝点较鄯善的出站凝点略高。

**表2-64　鄯善—玉门管段仅鄯善、河西点炉时的加剂吐哈原油凝点统计**

| 站点 | 测试点数 | 平均取样温度(℃) | 平均取样压力(MPa) | 凝点测试结果(℃) | | | |
|---|---|---|---|---|---|---|---|
| | | | | 最大值 | 最小值 | 平均值 | 标准差 |
| 鄯善出站 | 22 | 55.0 | 3.20 | 1 | −3 | −1.2 | 1.15 |
| 河西进站 | 17 | 20.7 | 1.42 | 1 | −2 | −0.1 | 1.05 |
| 河西出站 | 17 | 47.9 | 3.93 | 3 | −1 | 1.2 | 1.30 |
| 玉门进站 | 37 | 18.2 | 2.04 | 3 | −2 | 0.9 | 1.26 |

2. 鄯善一站点炉加剂改性输送吐哈原油的流动性

2008年5月1—12日从鄯善外输的3个批次的加剂吐哈原油(批次号THY08097、THY08101、THY08106，其中THY08097的加剂量约为50mg/kg，THY08101和THY08106的加剂量约为25mg/kg)在鄯善—玉门管段输送过程中，仅鄯善一站点炉。这3个批次原油在各站的凝点统计见表2-65。可以看出：

(1) 在春季地温条件下，加剂量稳定在25mg/kg以上时，鄯善一站点炉(约55℃)的情况下，加剂改性输送吐哈原油可安全输送至玉门。

(2) 虽然经历多站间的管流剪切和4次过泵高速剪切，但沿线各站的凝点测试结果相

当，说明油温较高(高于17℃)时的剪切对加剂吐哈原油的凝点基本无影响。

**表2-65　2008年5月鄯善一站点炉加剂改性输送吐哈原油的凝点统计**

| 站点 | 测试点数 | 平均取样温度(℃) | 平均取样压力(MPa) | 凝点测试结果(℃) | | | |
|---|---|---|---|---|---|---|---|
| | | | | 最大值 | 最小值 | 平均值 | 标准差 |
| 鄯善出站 | 28 | 54.6 | 3.89 | 0 | -3 | -1.2 | 0.83 |
| 河西进站 | 17 | 20.5 | 1.51 | 1 | -1 | -0.1 | 0.75 |
| 河西出站 | 17 | 21.4 | 3.79 | 1 | -1 | 0.1 | 0.86 |
| 玉门进站 | 43 | 17.9 | 2.03 | 1 | -4 | -1.5 | 1.14 |

## 三、加剂改性顺序输送方案的优化

在2007—2008年冬季运行中，沿线各站均点炉，沿线各站的进站油温都比凝点高15℃以上(剔除异常数据)，进站油温有较大的降低空间。另外，2007年现场试验和2007—2008年运行表明，当维温站进站油温20℃以下再重复加热至20~40℃，往往使加剂油的凝点反弹至空白油凝点。维温站的加热虽然能使下一站的进站油温有小幅提升，但同时使加剂油凝点的大幅反弹，反而不利于管道安全。

在总结管输原油凝点变化规律的基础上，对西部原油管道冬季加剂改性顺序输送的方案进行了优化，提出停运维温站加热炉，并且缩短鄯善、河西、玉门、山丹四站的点炉时间。2008年11月初至12月中旬，鄯兰原油管道采用优化后的运行方案，在保证管道安全运行的前提下，大大降低了能耗。与2007—2008年同期相比，共节约燃料原油约7196t。2008年11月—2009年4月，乌鄯支干线采用加剂改性顺序优化方案，停运达坂城的加热炉，由此比上年同期节约燃料油665t。

1. 管道总传热系数的确定

管道的总传热系数$K$可由温降公式反算：

$$K=\frac{Gc}{\pi D l_R}\ln\frac{T_R-T_0-b}{T_z-T_0-b} \tag{2-5}$$

$$a=\frac{K\pi D}{Gc},\quad b=\frac{giG}{K\pi D}$$

式中：$G$为油品的质量流量，kg/s；$c$为输油平均温度下油品的比热容，J/(kg·℃)；$D$为管道外径，m；$l_R$为站间距，m；$T_0$为管中心埋深处自然地温,℃；$T_R$为出站油温,℃；$T_z$为进站油温,℃；$g$为重力加速，m/s$^2$；$i$为油流水力坡降。

式(2-5)是基于埋地管道稳态传热推导出来的公式。实际管道运行中，因输量或出站温度调节、管道停输等因素均可使管道的传热在一定时期内进入非稳态。此时，由式(2-5)计算得到的$K$值应该称为"当量总传热系数"。

2007年10—11月，西部原油管道干线的各站加热炉逐渐开启运行，土壤温度场相当不稳定，由此阶段运行参数反算的$K$值不反映真实情况；2008年4月加热站开始逐渐停炉，土壤温度场又处于不稳定状态中。因此，使用2007年12月—2008年3月的生产运行参数对沿线各站间的总传热系数进行计算和分析，所得到的管道沿线各站间的总传热系数$K$见表2-66。从中可以看出：

(1) 鄯善—玉门管段各站间的当量总传热系数在 1.18~1.53W/(m²·℃)之间，这与相应条件埋地热油管道的总传热系数相当，而玉门—兰州管段各站间的当量总传热系数明显偏高，在 1.84~2.39W/(m²·℃)之间，这主要是玉门—兰州管段频繁停输所致。

(2) 乌鲁木齐—达坂城的总传热系数为 1.92W/(m²·℃)，也比相应条件的埋地热油管道的总传热系数高，这是管道在达坂城进站附近穿越河流湿地(乌鄯支干线在达坂城进站处附近穿越白杨河，穿越长度约 1.6km)的结果。

**表 2-66　西部原油管道当量总传热系数反算结果**

| 站间 | 有效数据(组) | 当量总传热系数[W/(m²·℃)] | | | |
|---|---|---|---|---|---|
| | | 最大值 | 最小值 | 平均值 | 标准差 |
| 乌鲁木齐—达坂城 | 1758 | 3.93 | 1.02 | 1.92 | 0.3064 |
| 达坂城—鄯善 | 1590 | 2.38 | 0.21 | 0.84 | 0.1884 |
| 鄯善—四堡 | 1403 | 1.89 | 0.89 | 1.18 | 0.1179 |
| 四堡—翠岭 | 1604 | 1.96 | 0.93 | 1.53 | 0.1042 |
| 翠岭—河西 | 1430 | 1.90 | 0.81 | 1.37 | 0.1493 |
| 河西—瓜州 | 1554 | 1.70 | 1.00 | 1.24 | 0.1244 |
| 瓜州—玉门 | 1331 | 1.90 | 0.92 | 1.40 | 0.1056 |
| 玉门—张掖 | 1079 | 2.99 | 1.27 | 1.84 | 0.1982 |
| 张掖—山丹 | 1061 | 2.96 | 1.14 | 2.39 | 0.2583 |
| 山丹—西靖 | 1052 | 3.89 | 1.20 | 2.28 | 0.2480 |
| 西靖—新堡 | 934 | 3.80 | 1.10 | 2.02 | 0.4013 |
| 新堡—兰州 | 982 | 3.26 | 1.06 | 2.16 | 0.2350 |

为验证所确定的 $K$ 值的可靠性，选取了 2007—2008 年度冬季 2、3 月份地温最低时，部分站间在平均流量约为 1300m³/h 的一段时期内的 SCADA 系统数据与计算结果进行了比较，结果(表 2-67)表明，各站的进站油温计算值和现场监测值的偏差在 1℃以内，说明所确定的 $K$ 值可靠。

**表 2-67　2008 年 2—3 月部分站间进站油温与计算结果比较**

| 站间 | 数据个数 | 平均流量(m³/h) | 平均出站温度(℃) | 平均进站油温(℃) | | |
|---|---|---|---|---|---|---|
| | | | | SCADA 系统监测值 | 计算值 | 偏差① |
| 鄯善—四堡 | 415 | 1353.7 | 52.4 | 23.5 | 23.8 | 0.3 |
| 河西—瓜州 | 348 | 1310.8 | 51.7 | 22.5 | 23.0 | 0.5 |
| 玉门—张掖 | 347 | 1298.9 | 53.3 | 11.0 | 11.3 | 0.3 |
| 山丹—西靖 | 301 | 1254 | 52.8 | 10.6 | 11.3 | 0.7 |

①偏差=计算值-SCADA 系统监测值。

2. 加剂改性顺序输送优化方案

基于 2007 年 9 月—2008 年 5 月西部原油管道顺序输送的运行实践以及管输加剂油的凝点变化规律，对鄯兰干线顺序输送吐哈原油、哈国油、塔里木原油、塔里木—北疆混合油，以及乌鄯支干线顺序输送北疆原油和哈国油的运行方案进行了调整优化。

1）乌鄯支干线

2007年11月—2008年5月乌鄯支干线顺序输送北疆原油和哈国油时，根据来油凝点不同和各月份地温不同，采用加热或加剂输送工艺(表2-68)，并采用乌鲁木齐一站点炉的运行方案。

**表2-68　乌鄯支干线冬季各月份输送方式选择**

| 月份 | 最低油温(℃) | 来油凝点(℃) | 输送方式 |
|---|---|---|---|
| 2007年11月 | 15.0 | ≤12 | 加热 |
| | | >12 | 加剂 |
| 2007年12月 | 11.7 | ≤8 | 加热 |
| | | >8 | 加剂 |
| 2008年1月 | 9.0 | ≤6 | 加热 |
| | | >6 | 加剂 |
| 2008年2月 | 7.3 | ≤4 | 加热 |
| | | >4 | 加剂 |
| 2008年3月 | 8.0 | ≤5 | 加热 |
| | | >5 | 加剂 |
| 2008年4月 | 8.7 | ≤5 | 加热 |
| | | >5 | 加剂 |
| 2008年5月 | 11.4 | ≤8 | 加热 |
| | | >8 | 加剂 |

2）鄯兰干线

根据管输原油的物性，2007年11月—2008年5月鄯兰干线加剂改性顺序输送沿线各站的点炉方案见表2-69。为确保降凝剂的改性效果，鄯善、河西、玉门、山丹四个具备加剂热处理能力的大站的出站温度应达到50~55℃。由于哈国油在境外或乌鲁木齐已加剂，可在鄯善加热至50~55℃后直接外输，吐哈原油需加剂25mg/kg以上外输。

**表2-69　不同点炉方式下管输原油的凝点要求**

| 月份 | 点炉站场 | 原油在鄯善出站的凝点要求(℃) | | | |
|---|---|---|---|---|---|
| | | 加剂吐哈原油 | | 哈国油 | 塔里木原油、塔里木—北疆混合油 |
| | | 输往玉门 | 输往兰州 | | |
| 2007年11月 | 鄯善 | ≤6 | ≤1 | ≤3 | ≤8 |
| | 鄯善、玉门 | | 1~3 | 1~3 | |
| | 鄯善、玉门、山丹 | | 3~6 | 3~6 | |
| | 鄯善、河西、玉门、山丹 | 6~12 | 3~6 | 3~6 | |
| 2007年12月 | 鄯善、玉门 | ≤4 | ≤2 | ≤2 | ≤5 |
| | 鄯善、玉门、山丹 | | 2~6 | 2~6 | |
| | 鄯善、河西、玉门、山丹 | 4~9 | 2~6 | 2~6 | |

续表

| 月份 | 点炉站场 | 原油在鄯善出站的凝点要求(℃) | | | |
|---|---|---|---|---|---|
| | | 加剂吐哈原油 | | 哈国油 | 塔里木原油、塔里木—北疆混合油 |
| | | 输往玉门 | 输往兰州 | | |
| 2008年1月 | 鄯善、玉门、山丹 | ≤2 | ≤2 | ≤2 | ≤4 |
| | 鄯善、河西、玉门、山丹 | ≤5 | ≤2 | ≤2 | |
| | 全线各站 | 5~8 | 2~6 | 2~6 | |
| 2008年2、3月 | 鄯善、玉门、山丹 | ≤0 | ≤0 | ≤0 | ≤3 |
| | 鄯善、河西、玉门、山丹 | ≤4 | ≤2 | ≤2 | |
| | 全线各站 | 4~7 | 2~5 | 2~5 | |
| 2008年4月 | 鄯善、玉门、山丹 | ≤4 | ≤4 | ≤4 | ≤7 |
| | 鄯善、河西、玉门、山丹 | 4~8 | ≤4 | ≤4 | |
| | 全线各站 | 4~8 | 4~7 | 4~7 | |
| 2008年5月 | 鄯善 | ≤4 | ≤2 | ≤2 | ≤8 |
| | 鄯善、玉门 | ≤4 | 2~5 | 2~5 | |
| | 鄯善、玉门、山丹 | ≤4 | 5~7 | 5~7 | |
| | 鄯善、河西、玉门、山丹 | 4~10 | 5~7 | 5~7 | |

根据表2-69，对于当前物性的管输原油(加剂吐哈原油和哈国油在鄯善的出站凝点保持在0℃以下，塔里木原油和塔里木—北疆混合油的凝点也在0℃以下)，可以采取11、5月份鄯善一站热处理；12月份鄯善、玉门两站热处理；1—4月份鄯善、玉门、山丹三站热处理，其余加热站可停运。

*3. 加剂改性顺序输送优化方案应用*

2008年11月1日—12月20日，采用上述优化的顺序输送方案，乌鄯支干线实行一站点炉，鄯兰干线实行11月份鄯善一站加热、12月份鄯善和玉门两站加热的优化方案，不仅保证了管道安全运行，而且降低了能耗。

1）采用优化方案运行时加剂吐哈原油的流动性

2008年11—12月，鄯兰干线共输送了7个批次的加剂吐哈原油。这7个批次的加剂吐哈原油均为鄯善一站点炉，玉门全分输的运行方式，其中前两个批次的吐哈原油由于在鄯善站的降凝剂注入量不稳定，其加剂改性效果较差，后5个批次的吐哈原油在鄯善的加剂量稳定在40mg/kg左右。这期间管输加剂吐哈原油的沿线凝点统计见表2-70。鄯兰干线在冬季采用鄯善一站点炉输送方式下的凝点预测参考值见表2-71。

采用经优化的运行方案后，管输加剂吐哈原油的凝点测试平均值与预测参考值的对比见图2-43。可以看出，加剂吐哈原油凝点预测值与实际测试值在各站间变化趋势相似，但测试的平均值仍比凝点参考值低约1.5℃，即根据管输原油凝点变化规律提出的各站凝点数据偏保守。

表 2-70　2008 年 11—12 月鄯兰干线管输加剂吐哈原油凝点统计

| 站点 | 统计批次数 | 测试点数 | 平均取样温度(℃) | 凝点测试结果(℃) | | | | 备注 |
|---|---|---|---|---|---|---|---|---|
| | | | | 最大值 | 最小值 | 平均值 | 标准差 | |
| 鄯善出站 | 7 | 64 | 52.7 | 9 | -3 | -0.6 | 1.81 | 所有 |
| | 5 | 42 | 52.4 | -3 | 0 | -1.3 | 0.89 | 剔除加剂不稳定数据 |
| 四堡进站 | 6 | 78 | 23.1 | 7 | -7 | 0.3 | 2.50 | 所有 |
| | 4 | 50 | 23.5 | 1 | -7 | -0.8 | 1.44 | 剔除加剂不稳定数据 |
| 四堡出站 | 6 | 66 | 23.9 | 9 | -4 | 2.2 | 2.31 | 所有 |
| | 4 | 44 | 24.5 | 4 | -4 | 1.3 | 1.38 | 剔除加剂不稳定数据 |
| 翠岭进站 | 6 | 53 | 19.8 | 6 | -4 | 1.0 | 2.69 | 所有 |
| | 4 | 27 | 19.5 | 2 | -4 | -0.9 | 1.38 | 剔除加剂不稳定数据 |
| 翠岭出站 | 6 | 45 | 21.6 | 8 | -2 | 2.6 | 2.91 | 所有 |
| | 4 | 22 | 21.0 | 3 | -2 | 0.7 | 1.35 | 剔除加剂不稳定数据 |
| 河西进站 | 7 | 85 | 18.2 | 6 | -3 | 0.7 | 2.02 | 所有 |
| | 5 | 54 | 17.9 | 3 | -3 | -0.5 | 0.96 | 剔除加剂不稳定数据 |
| 河西出站 | 7 | 74 | 19.1 | 9 | -2 | 2.6 | 2.56 | 所有 |
| | 5 | 45 | 18.8 | 4 | 0 | 1.2 | 1.05 | 剔除加剂不稳定数据 |
| 瓜州进站 | 2 | 22 | 16.7 | 12 | -2 | 5.9 | 3.85 | 所有 |
| | 1 | 6 | 14.4 | 3 | -2 | 1.0 | 1.63 | 剔除加剂不稳定数据 |
| 瓜州出站 | 2 | 19 | 17.3 | 12 | 2 | 6.6 | 2.72 | 所有 |
| | 1 | 5 | 14.9 | 4 | 2 | 3.4 | 0.80 | 剔除加剂不稳定数据 |
| 玉门进站 | 7 | 62 | 15.1 | 10 | -2 | 5.7 | 2.56 | 所有 |
| | 5 | 40 | 14.6 | 6 | -2 | 4.3 | 1.90 | 剔除加剂不稳定数据 |
| 玉门出站 | 7 | 15 | 29.7 | 7 | 0 | 3.7 | 3.00 | 所有 |
| | 5 | 6 | 44.6 | 1 | 0 | 0.2 | 0.37 | 剔除加剂不稳定数据 |

表 2-71　加剂吐哈原油在鄯善一站点炉工况下各站的凝点参考值(单位:℃)

| 鄯善出站 | 四堡进站 | 四堡出站 | 翠岭进站 | 翠岭出站 | 河西进站 | 河西出站 | 瓜州进站 | 瓜州出站 | 玉门进站 |
|---|---|---|---|---|---|---|---|---|---|
| -1 | 0 | 1 | 1 | 2 | 2 | 3 | 4 | 5 | 5 |

2）采用优化方案运行时加剂哈国油的流动性

2008 年 11—12 月，鄯兰干线共顺序输送 10 个批次的哈国油。该时段管输哈国油的沿线凝点统计见表 2-72。鄯兰干线在冬季输送哈国油采用不同优化方案的凝点预测参考值见表 2-73。

采用优化运行方案后的管输哈国油的凝点测试平均值与预测参考值的对比见图 2-44。可以看出，哈国油凝点测试数据低于制定方案所用的凝点参考值，尤其是玉门站后，实测凝点平均比凝点参考值低约 5℃。这与 2007—2008 年冬季加热方式和 2008—2009 年冬季加热方式有较大差异有直接关系。用于制定方案的凝点参考取值偏于保守，说明哈国原油的输送尚有节能空间。

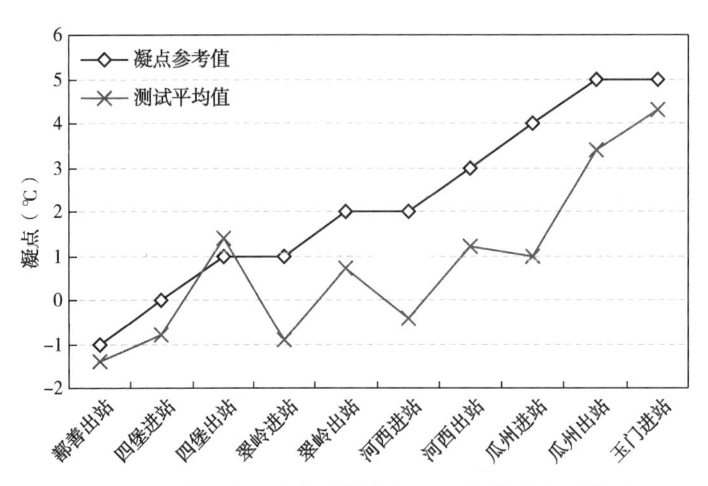


图 2-43　加剂吐哈原油参考凝点与 2008 年冬季实测值对比

**表 2-72　2008 年 11—12 月鄯兰干线管输哈国油凝点统计**

| 站点 | 统计批次数 | 测试点数 | 平均取样温度(℃) | 凝点测试结果(℃) | | | | 备注 |
|---|---|---|---|---|---|---|---|---|
| | | | | 最大值 | 最小值 | 平均值 | 标准差 | |
| 鄯善出站 | 10 | 62 | 50. 9 | 10 | −4 | 0. 0 | 2. 09 | |
| 河西进站 | 2 | 19 | 18. 8 | 3 | −6 | −2. 8 | 2. 50 | |
| 河西出站 | 2 | 18 | 19. 6 | 4 | −4 | −0. 8 | 2. 29 | |
| 玉门进站 | 9 | 79 | 15. 7 | 7 | −6 | −0. 7 | 3. 88 | |
| 玉门出站 | 5 | 17 | 16. 8 | 5 | −5 | −1. 7 | 2. 56 | 玉门加热 |
| | 4 | 28 | 51. 4 | 6 | −3 | 1. 5 | 2. 38 | 玉门不加热 |
| 张掖进站 | 2 | 19 | 12. 7 | 5 | −7 | −2. 2 | 3. 71 | |
| 张掖出站 | 2 | 18 | 13. 5 | 4 | −2 | 0. 3 | 1. 63 | |
| 山丹进站 | 3 | 33 | 11. 1 | 4 | −7 | −3. 3 | 1. 95 | |
| 山丹出站 | 2 | 21 | 13. 4 | 6 | −5 | −0. 6 | 2. 50 | 山丹加热 |
| | 1 | 12 | 48. 6 | 6 | −2 | 1. 5 | 2. 14 | 山丹不加热 |
| 西靖进站 | 2 | 18 | 10. 6 | 2 | −8 | −1. 8 | 4. 22 | |
| 西靖出站 | 2 | 18 | 10. 8 | 3 | −6 | 0. 0 | 3. 11 | |
| 新堡进站 | 2 | 28 | 10. 0 | 2 | −9 | −4. 2 | 3. 59 | |
| 新堡出站 | 2 | 25 | 11. 4 | 4 | −7 | −2. 0 | 3. 67 | |
| 兰州进站 | 2 | 26 | 12. 3 | −4 | −8 | −6. 4 | 0. 92 | |

**表 2-73　哈国油在各加热工况下到达各站进站凝点参考值(单位:℃)**

| 加热站点 \ 进站处 | 四堡 | 翠岭 | 河西 | 瓜州 | 玉门 | 张掖 | 山丹 | 西靖 | 新堡 | 兰州 |
|---|---|---|---|---|---|---|---|---|---|---|
| 鄯善 | −1 | 0 | 0 | 2 | 3 | 5 | 6 | 6 | 6 | 6 |
| 鄯善、玉门 | −1 | 0 | 0 | 2 | 3 | −1 | 0 | 2 | 3 | 4 |

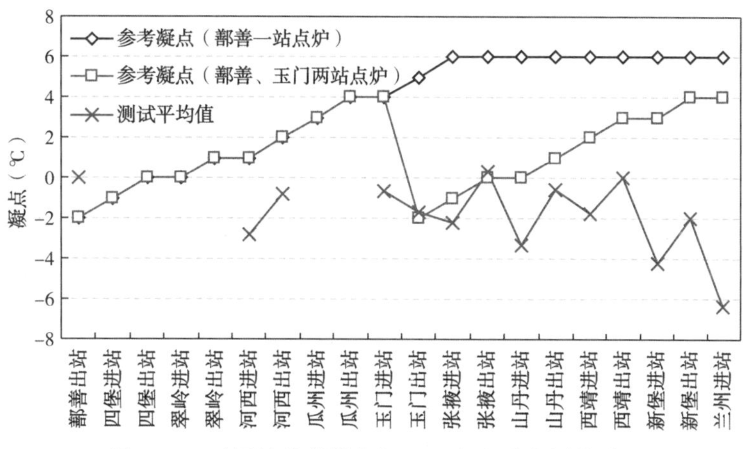


图 2-44 哈国油参考凝点与 2008 年冬季实测值对比

3）优化运行的经济效益

2008 年 11—12 月，鄯兰管道采用优化的顺序输送方案运行，相比上年同期站站点炉加热的运行，停运了四堡、翠岭、瓜州、张掖、西靖、新堡各站加热炉，并且缩短了鄯善、河西、玉门、山丹四站的点炉时间。经核算，2008 年 11—12 月，鄯兰干线比 2007 年同期节省燃料油 7196t，折合人民币 1541 万元(按当时平均油价 45 美元/桶计算)；因停运加热炉，约节电 $296\times10^4$kW · h，折合人民币 207 万元[平均电价 0.7 元/(kW · h)]。

2008 年 11 月—2009 年 4 月，乌鄯支干线采用加剂改性顺序优化方案，停运达坂城的加热炉，由此比上年同期节约燃料油 665t，折合人民币 142 万元(按油价 45 美元/桶计算)；节电 $51\times10^4$kW · h，折合人民币 25 万元[达坂城平均电价 0.5 元/(kW · h)]。

## 参 考 文 献

[1] 李闯文 . 混合原油流变性及其配伍规律的研究[D]. 北京：中国石油大学(北京)，1992.

[2] 杨筱蘅 . 输油管道设计与管理[M]. 东营：中国石油大学出版社，2006.

[3] ASTM D97-96a Standard Test Method for Pour Point of Petroleum Products[S].

[4] ASTM D5853-95 Standard Test Method for Pour Point of Crude Oils[S].

[5] IP15-95 Petroleum Products—Determination of Pour Point[S].

[6] IP411-95 Determination of the Pour Point of Crude Oil[S].

[7] ISO 3016-94 International Standards：Petroleum Products—Determination of Pour Point[S].

[8] JIS K 2269-87 Japanese Industrial Standard：Testing Method for Pour Point and Cloud Point of Crude Oil and Petroleum Products[S].

[9] 张劲军，张帆，黄启玉，等 . 绝热搅拌槽内流体平均剪切速率的一种计算方法[J]. 工程热物理学报，2002，23(6)：703-706.

# 第三章　同沟敷设管道热力影响数值模拟技术

西部原油管道与成品油管道并行敷设，同时施工。为了保护西部地区脆弱的生态环境并节约耕地，节省建设费用，西部管道工程实行原油管道与成品油管道双管同沟敷设，见图3-1。此前，我国没有长距离输油管道同沟敷设的工程经验，也没有开展同沟敷设管道间热力影响的研究。经文献检索，也没有发现国外文献有相关研究的报道。由于西部原油管道存在热力条件约束，常温输送的成品油管道对原油管道的热力工况有多大影响，换言之，原油管道的加热炉功率按何方法确定，成为制约管道设计的又一个难题。

图3-1　西部管道同沟敷设施工

## 第一节　双管同沟敷设的数学模型及数值计算方法

关于同沟敷设管道间的热力影响规律，难以获得解析解，需要进行数值求解。

### 一、数学模型

对于埋地输油管道，管内的油品、土壤和大气构成了一个热力系统，因而对其热力问题的完整描述，应包括管内油品的传热和管外土壤的导热两部分。总的计算思路是应用特征线法推导出描述管内非稳定流动及油流温度分布的特征线方程，并通过差分法求出管道各节点温度的表达式。对于管内油流的传热与土壤中导热的耦合，可利用管道内流体换热量与土壤中导热量的平衡关系在两者之间建立联系。所采用的计算模型作如下假定：

(1) 认为管内原油和成品油的温度在同一截面上是均匀的，即管内原油和成品油温度只是时间和管道轴向位置的函数；

(2) 将管道周围各向异性的土壤介质简化为各向同性的均匀介质；

(3) 对于原油管道的冷热油交替输送，不考虑冷热油交界面处的导热和混油段，即认为是“活塞型”驱油；

(4) 忽略土壤轴向温降，将土壤的三维不稳定传热问题简化为二维传热问题；

(5) 引入热力影响区，认为受原油管道影响的土壤区域在 10m 以内。

基于上述假设，参照图 3-2，综合考虑管道横截面上原油、成品油、结蜡层、钢管、防腐层、土壤(管道热力影响区)和大气之间的相互影响，得到数学模型。

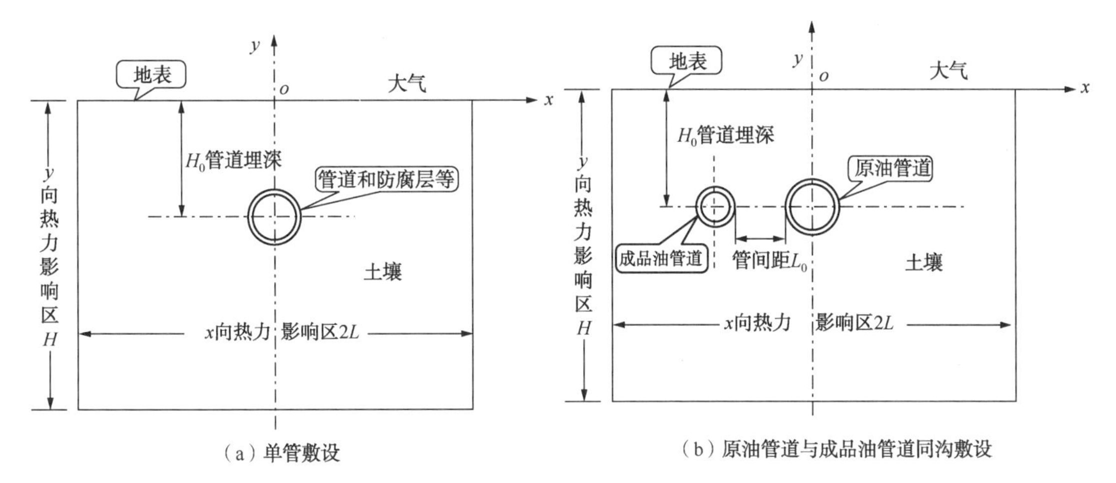


图 3-2　埋地管道示意图

对原油管道，有如下描述管流的连续性方程、动量方程和能量方程：

$$\frac{\partial}{\partial \tau}(\rho A)+\frac{\partial}{\partial z}(\rho v A)=0 \tag{3-1}$$

$$\frac{\partial v}{\partial \tau}+V\frac{\partial v}{\partial z}=-g\sin\alpha-\frac{1}{\rho}\frac{\partial p}{\partial z}-\frac{f}{D}\frac{v^2}{2} \tag{3-2}$$

$$\frac{\partial}{\partial \tau}\left[(\rho A)\left(u+\frac{v^2}{2}+gs\right)\right]+\frac{\partial}{\partial z}\left[(\rho v A)\left(h+\frac{v^2}{2}+gs\right)\right]=-\pi D q \tag{3-3}$$

由式(3-1)、式(3-2)和式(3-3)得到油流的换热方程：

$$C_p\frac{\mathrm{d}T}{\mathrm{d}\tau}-\frac{T}{\rho}\beta\frac{\mathrm{d}p}{\mathrm{d}\tau}-\frac{fv^3}{2D}=-\frac{4q}{\rho D} \tag{3-4}$$

结蜡层、管壁和防腐层的导热方程：

$$\rho_i C_i\frac{\partial T_i}{\partial \tau}=\frac{1}{r}\frac{\partial}{\partial r}(\lambda_i r\frac{\partial T_i}{\partial r})+\frac{1}{r^2}\frac{\partial}{\partial \theta}(\lambda_i\frac{\partial T_i}{\partial \theta})\quad i=1,\ 2,\ 3 \tag{3-5}$$

边界条件：

当 $r=D/2$ 时，$\lambda_1\frac{\mathrm{d}T_1}{\mathrm{d}r}=-\alpha_0(T-T_0)$　(3-6)

式中：$\rho$ 为原油密度，kg/m$^3$；$A$ 为管流断面面积，m$^2$；$\tau$ 为时间，s；$v$ 为油流平均速度，m/s；$z$ 为油管轴向位置，m；$g$ 为重力加速度，m/s$^2$；$\alpha$ 为油管轴向与水平方向的夹角；$p$ 为油流截面平均压力，Pa；$f$ 为达西摩阻系数；$C_p$ 为原油定压比热容，J/(kg·℃)；$u$ 为原油比内能，J/kg；$s$ 为原油比熵，J/(kg·K)；$h$ 为原油比焓，J/kg；$D$ 为管道内直径，m；$q$ 为单位时间内原油在单位管壁面积上的散热量，W/m$^2$；$\pi$ 为圆周率；$T$ 为原油温度,℃；$\beta$ 为原油膨胀系数,℃$^{-1}$；$\rho_i$ 为第 $i$ 层(结蜡层、管壁和防腐层)的密度，kg/m$^3$；$C_i$ 为第 $i$ 层(结蜡层、管壁和防腐层)的比热容，J/(kg·℃)；$T_i$ 为第 $i$ 层(结蜡层、管壁和防腐层)的温度,℃；$\lambda_i$ 为第 $i$ 层(结蜡层、管壁和防腐层)的导热系数，W/(m·℃)；$r$ 为径向位置，m；$\theta$ 为环向弧度；$\alpha_0$ 为油流对管内壁的放热系数，W/(m$^2$·℃)；$T_0$ 为管内壁温度,℃。

对成品油管道，有类似原油管道的描述管流的连续性方程、动量方程和能量方程，在此不再列出。

土壤导热方程：

$$\rho_s C_s \frac{\partial T_s}{\partial \tau} = \frac{\partial}{\partial x}\left(\lambda_s \frac{\partial T_s}{\partial x}\right) + \frac{\partial}{\partial y}\left(\lambda_s \frac{\partial T_s}{\partial y}\right) \tag{3-7}$$

边界条件：

当 $y=0$ 时，

$$\lambda_s \frac{dT_s}{dy} = \alpha_a (T_a - T_s) \tag{3-8}$$

当 $x=\pm L$ 时，

$$\frac{\partial T}{\partial x} = 0 \tag{3-9}$$

当 $y=-H$ 时，

$$T_s = T_n \tag{3-10}$$

式中：$\rho_s$ 为土壤密度，kg/m$^3$；$C_s$ 为土壤比热容，J/(kg·℃)；$T_s$ 为土壤温度,℃；$\lambda_s$ 为土壤导热系数，W/(m·℃)；$x$ 为垂直于轴向的水平位置，m；$y$ 为深度，m；$\alpha_a$ 为地表向大气的放热系数，W/(m$^2$·℃)；$T_a$ 为大气温度,℃；$T_n$ 为恒温层温度,℃。

## 二、计算区域离散化

### 1. 区域离散化方法及计算区域的选取

所谓区域离散化(domain discretization)实质上就是用一组有限个离散点来代替原来的连续空间。我们把节点看成控制容积的代表。控制容积与子区域并不总是重合的。在区域离散化过程开始时，由一系列与坐标轴相应的直线或曲线簇所划分出来的小区域称为子区域。区域离散化的一般实施过程是：把所计算的区域划分成许多互不重叠的子区域；确定每个子区域中的节点位置及该节点所代表的控制容积。区域离散化过程结束后，可以得到以下几个几何要素：

(1) 节点，即需要求解的未知物理量的几何位置；

(2) 控制容积，即应用控制方程或守恒定律的最小几何单位；

(3) 界面，它规定了与各节点相对应的控制容积的分界面位置。

在区域离散化时针对不同研究对象用不同的网格进行离散。开发出自动化程度高、贴体性好的非结构化网格生成程序，可以对选定的土壤计算区域进行有效离散。使用极坐标结构化网格离散结蜡层、钢管壁、防腐层。贴体性要求是求解所必须的，两根管道中的油温、管壁及防腐层温度和土壤温度场要耦合求解。由于土壤被两管道分为极其不规则的多连通区域，要准确求解温度场就要对土壤进行贴体性划分。

一般认为管道热力影响区的范围不超过 10m，因此计算区域选取如图 3-2(b)所示的矩形区域。其中原油管道位于该矩形区域的 $x$ 方向对称轴 $y$ 轴上，成品油管道位于原油管道左侧一定距离。坐标范围：$-10\text{m} \leqslant x \leqslant 10\text{m}$，$0 \leqslant y \leqslant 10\text{m}$。

2. 网格生成

在选定上述计算区域后，对于土壤区域采用 DELAUNAY 三角化方法进行网格自动生成，输入管道埋深(管中心至地表的距离)和管道最外层半径，软件即可自动对土壤计算区域进行划分，生成直角坐标系下的非结构化三角形网格，如图 3-3 所示。

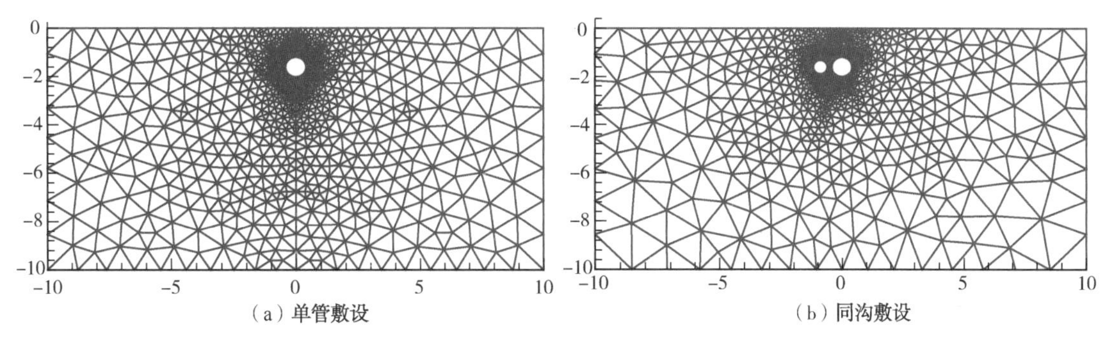


(a) 单管敷设　　(b) 同沟敷设

图 3-3　土壤非结构化网格

整个土壤区域划分成许多个互不重叠的三角形网格，每个三角形对应一个节点，节点温度代表了整个三角形的温度。由于管中心附近温度梯度变化大，而离管道越远，土壤温度受热油管道影响越小，温度梯度变化越小，因此在管道附近网格划分得比较密，离管道越远网格越稀疏，以准确地模拟出温度场。对于钢管壁、结蜡层、沥青层采用极坐标进行结构化网格划分，其局部放大图如图 3-4 所示。其中原油管道网格划分，共分三层，由内向外依次为结蜡层、钢管壁、防腐层。成品油管道不存在结蜡现象，故只有钢管壁和防腐层两层。

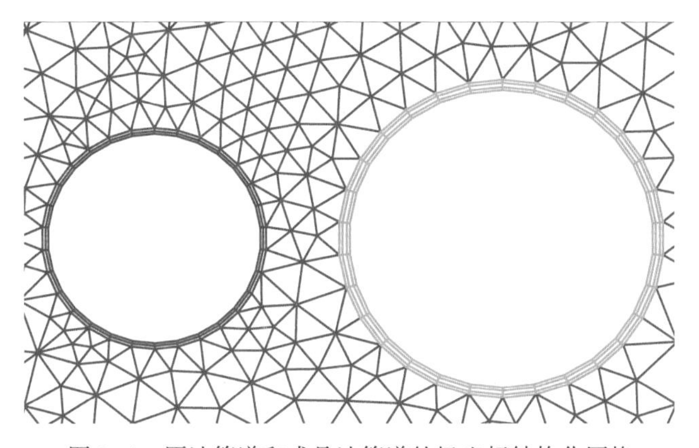

图 3-4　原油管道和成品油管道的极坐标结构化网格

## 三、数值计算方法

本研究的数值计算方法采用有限容积法，既保证了精确度，又保证了物理量的守恒特性。由于上述区域离散化时采用了两种网格，所以控制方程的离散也需要在两种坐标系下进行。土壤导热方程用直角坐标离散，结蜡层、钢管壁和防腐层区域控制方程用极坐标离散。由于极坐标系下的离散方程和直角坐标下的离散方程计算方法相同，下面重点介绍直角坐标下土壤温度场在三角形网格上的离散过程，对极坐标下的控制方程简要给出离散结果。

1. 直角坐标下控制方程的离散

将计算节点置于三角形的重心，如图 3-5 所示，节点 $P_0$可看成是打阴影线的三角形区域的代表，在有限容积法中称这个三角形为 $P_0$点的控制容积。对导热方程进行离散，就是要建立起计算节点 $P_0$的温度与其周围邻点 $P_1$、$P_2$和 $P_3$的温度之间的代数关系式。为离散的方便，导热方程可以针对任意的控制容积写成积分的形式如下：

$$\int_V \frac{\partial T}{\partial t}\mathrm{d}V = \int_A \frac{\lambda}{\rho c_p} \nabla T \cdot \mathrm{d}A \tag{3-11}$$

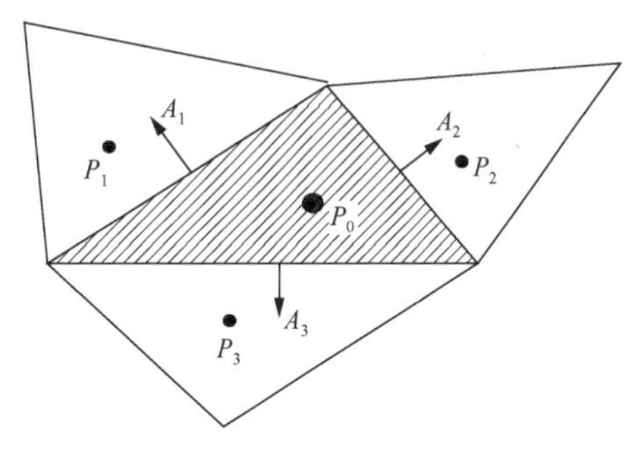

图 3-5　三角形控制容积

式中：$V$ 为控制容积的体积(对二维导热问题为控制容积的面积)；$A$ 为控制容积界面的面积矢量，其正方向与外法线单位矢量一致，如图 3-5 所示。

将式(3-11)应用于如图 3-5 所示的三角形控制容积，可得：

$$\frac{T_{P_0} - T_{P_0}^0}{\Delta t}A_{P_0} = \frac{\lambda}{\rho c_p}\sum_{j=1}^{3} (\nabla T)_j \cdot A_j \tag{3-12}$$

式中：$A_{P_0}$为重心为 $P_0$的三角形的面积；$T_{P_0}$和 $T_{P_0}^0$分别为时间间隔 $\Delta t$ 的当前时层和上一时层 $P_0$点的温度值；$(\nabla T)_j$ 为界面 1，2，3 上的平均温度梯度。

界面上的平均温度梯度$(\nabla T)_j$ 可以通过节点上的温度梯度线性插值得到：

$$(\nabla T)_j = \omega_{P_0}(\nabla T)_{P_0} + \omega_{P_j}(\nabla T)_{P_j} \tag{3-13}$$

式中：$\omega_{P_0}$和 $\omega_{P_j}$为插值因子。

从上面的推导可知，只要确定了节点上的温度梯度，离散方程就可以完全确定下来。可以采用最小二乘法来确定温度梯度$(\nabla T)_{P_0}$如下：

$$\frac{\partial}{\partial (\nabla T)_{P_0}^i}\sum_{j=1}^{3}\frac{1}{|d_j|}\left\{\frac{T_{P_j} - T_{P_0}}{|d_j|} - (\nabla T)_{P_0}\frac{d_j}{|d_j|}\right\}^2 = 0 \quad i = 1，2 \tag{3-14}$$

式中：$(\nabla T)_{P_0}^i$表示 $P_0$节点的温度梯度在 $i$ 坐标轴上的分量；$d_j$ 为从 $P_0$到 $P_j$的有向线段。

代数方程(3-14)可以用矩阵来表示

$$(\nabla T)_{P_0} = G^{-1}h \tag{3-15}$$

其中，矩阵 $G$ 的 4 个分量和列矢量 $h$ 的 2 个分量分别为(式中，$d_j^k$ 是矢量 $d_j$ 的第 $k$ 个分量)：

$$g_{kl} = \sum_{j=1}^{3}\frac{d_j^k \times d_j^l}{|d_j|^3} \qquad k = l = 1，2$$

$$h_k = \sum_{j=1}^{3}\frac{T_{P_j} - T_{P_0}}{|d_j|}\cdot\frac{d_j^k}{|d_j|^2} \qquad k = 1，2 \tag{3-16}$$

求出了节点的温度梯度就很容易用式(3-13)求出界面的温度梯度。但直接采用式(3-13)有可能引起方程的失耦问题，可以采用显式修正的方式复耦：

$$(\nabla T)_j = [\omega_{P_0}(\nabla T)_{P_0} + \omega_{P_j}(\nabla T)_{P_j}]\left(1 - \frac{d_j}{|d_j|}\frac{d_j}{|d_j|}\right) + \frac{T_{P_j} - T_{P_0}}{|d_j|}\frac{d_j}{|d_j|} \tag{3-17}$$

将式(3-17)代入式(3-12)整理得到离散方程：

$$\begin{gathered} a_{p_0}T_{p_0} = \sum_{j=1}^{3} a_{p_j}T_{p_j} + b \\ a_{p_j} = \frac{\lambda}{\rho c_p}\frac{d_j \cdot A_j}{|d_j|^2} \qquad i = 1,\ 2,\ 3 \\ a_{p_0} = \sum_{j=1}^{3} a_{p_j} + \frac{A_{P_0}}{\Delta t} \\ b = \frac{T_{p_0}^0 A_{P_0}}{\Delta t} + \frac{\lambda}{\rho c_p}\sum_{j=1}^{3}[\omega_{P_0}(\nabla T)_{P_0} + \omega_{P_j}(\nabla T)_{P_j}]\left(1 - \frac{d_j}{|d_j|}\frac{d_j}{|d_j|}\right) \end{gathered} \tag{3-18}$$

以上代数方程为一个主对角占优的方程，采用 Gauss-Seidel 迭代、共轭梯度法等方法求解即可得到各节点的温度。当网格足够密时，所有节点上的温度值就代表了土壤的温度场。

2. 极坐标系下控制方程的离散

采用有限容积法在时间 $\tau$ 至 $\tau+\Delta\tau$ 间隔内，对式(3-5)在二维极坐标网格(图 3-6)上用隐式格式进行积分可得：

$$\begin{aligned} \int_{\tau}^{\tau+\Delta\tau}\int_{s}^{n}\int_{w}^{e} r\rho c\frac{\partial T}{\partial\tau}\mathrm{d}\theta\mathrm{d}r\mathrm{d}\tau &= \int_{\tau}^{\tau+\Delta\tau}\int_{s}^{n}\int_{w}^{e}\partial\left(r\lambda\frac{\partial T}{\partial r}\right)\mathrm{d}\theta\mathrm{d}\tau \\ &\quad + \int_{\tau}^{\tau+\Delta\tau}\int_{s}^{n}\int_{w}^{e}\partial\left(\frac{\lambda}{r}\frac{\partial T}{\partial\theta}\right)\mathrm{d}r\mathrm{d}\tau \end{aligned} \tag{3-19}$$

$$\begin{aligned} (\rho c)_P(T_P - T_P^0)\frac{r_n + r_s}{2}\Delta r\Delta\theta &= \left[r_n\lambda_n\frac{T_N - T_P}{(\delta_r)_n} - r_s\lambda_s\frac{T_P - T_S}{(\delta_r)_s}\right]\Delta\theta\Delta\tau \\ &\quad + \left[\frac{\lambda_e}{r_e}\frac{T_E - T_P}{(\delta_\theta)_e} - \frac{\lambda_w}{r_w}\frac{T_P - T_W}{(\delta_\theta)_w}\right]\Delta r\Delta\tau \end{aligned} \tag{3-20}$$

$$\begin{aligned} (\rho c)_P(T_P - T_P^0)\frac{r_n + r_s}{2}\Delta r\Delta\theta &= -\left[\frac{r_n\lambda_n}{(\delta_r)_n}\Delta\theta\Delta\tau + \frac{r_s\lambda_s}{(\delta_r)_s}\Delta\theta\Delta\tau\right]T_P \\ &\quad - \left[\frac{\lambda_e}{r_e(\delta_\theta)_e}\Delta r\Delta\tau + \frac{\lambda_w}{r_w(\delta_\theta)_w}\Delta r\Delta\tau\right] + \frac{r_n\lambda_n}{(\delta_r)_n}\Delta\theta\Delta\tau T_N \\ &\quad + \frac{r_s\lambda_s}{(\delta_r)_s}\Delta\theta\Delta\tau T_S + \frac{\lambda_e}{r_e(\delta_\theta)_e}\Delta r\Delta\tau T_E + \frac{\lambda_w}{r_w(\delta_\theta)_w}\Delta r\Delta\tau T_W \end{aligned} \tag{3-21}$$

将上式整理成通用的离散化方程形式：

$$a_P T_P = a_E T_E + a_W T_W + a_N T_N + a_S T_S + b \tag{3-22}$$

式中：

$$a_E=\frac{\Delta r}{r_e\,(\delta_\theta)_e/\lambda_e},\ a_W=\frac{\Delta r}{r_w\,(\delta_\theta)_w/\lambda_w},\ a_N=\frac{r_n\Delta\theta}{(\delta_r)_n/\lambda_n},\ a_S=\frac{r_s\Delta\theta}{(\delta_r)_s/\lambda_s},$$

$$a_P^0=\frac{0.5\,(\rho c)_P(r_n+r_s)\Delta r\Delta\theta}{\Delta\tau},\ a_P=a_E+a_W+a_N+a_S+a_P^0,\ b=a_P^0T_P^0$$

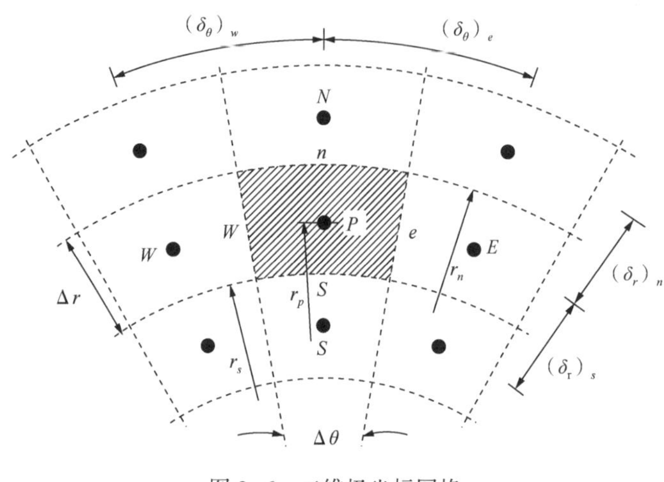


图 3-6　二维极坐标网格

# 第二节　西部管道同沟敷设系统热力计算及分析

西部原油管道既可能对原油进行加热或添加降凝剂改性输送，也可能对不同性质的油品实行冷热油交替输送。因此，既要研究成品油管道对热油管道的影响，又要研究成品油管道对冷热交替输送原油管道的影响。同时，还要研究热原油管道对成品油管道的影响。经分析可知，两管间距及管道的相对埋深是影响传热的两个主要因素，因此着重研究不同管间距和两管相对埋深条件下，常温输送成品油管道与原油管道间的热力影响。

## 一、管间距的影响

本计算所使用的参数均取自西部管道初步设计，原油管道为 $\phi$813×11mm，成品油管道为 $\phi$559×7mm。原油物性取北疆原油，成品油物性取 90#汽油。为了便于研究各种因素的影响，首先选定了一个典型算例作为基准算例，主要的计算参数和条件如下：管线长度为 240km，两管埋深均为 1.6m，埋深处地温为 1.6℃。原油管道输量为 $1000\times10^4$t/a，出站温度为60℃；成品油管道输量为 $800\times10^4$t/a，出站温度为5℃。结蜡层厚度和防腐层厚度均假定为 8mm。计算了管间距 $l_0$为 0.2m、0.6m、0.9m、1.2m、2.4m、4.8m 及单管敷设 7 种工况。这里，管间距定义为原油管道外壁与成品油管道外壁之间的最小水平距离，见图 3-2。

首先，研究了基准条件下不同管间距对土壤温度场、原油管道散热、地表散热(大气环境吸热)和原油与成品油沿线温度等的影响。

此外，围绕基准条件，改变参数，研究了其他不同条件下管间距的影响。具体包括：

（1）轴线错位：指两管轴线不在同一水平面上。在此，仅研究两条管道的底部在同一水平面上的情况。

（2）改变管道埋深：双管埋深由 1.6m 变为 1.0m，埋深处地温变为 1.0℃。

（3）改变土壤物性：土壤导热系数由 1.28W/(m·℃)增大为 1.8W/(m·℃)。

（4）改变原油出站温度：原油出站温度由 60℃分别升高、降低 15℃。

（5）改变原油输量：原油输量从 $1000\times10^4$t/a 提高到 $2000\times10^4$t/a。

（6）改变原油及成品油输量：双管输量均提高一倍。

（7）改变埋深处地温：由 1.6℃分别变为-5℃和 8℃。

研究管间距变化的影响时，详细分析基准条件下的算例，对轴线错位和变埋深条件给出比较详细的结果，其他条件下的结果以表格形式给出。

图 3-7 为基准条件下不同管间距计算区域网格划分图。图 3-8 和图 3-9 分别为单管敷设和同沟敷设时上站出站处和下站进站处的土壤温度场的模拟结果。

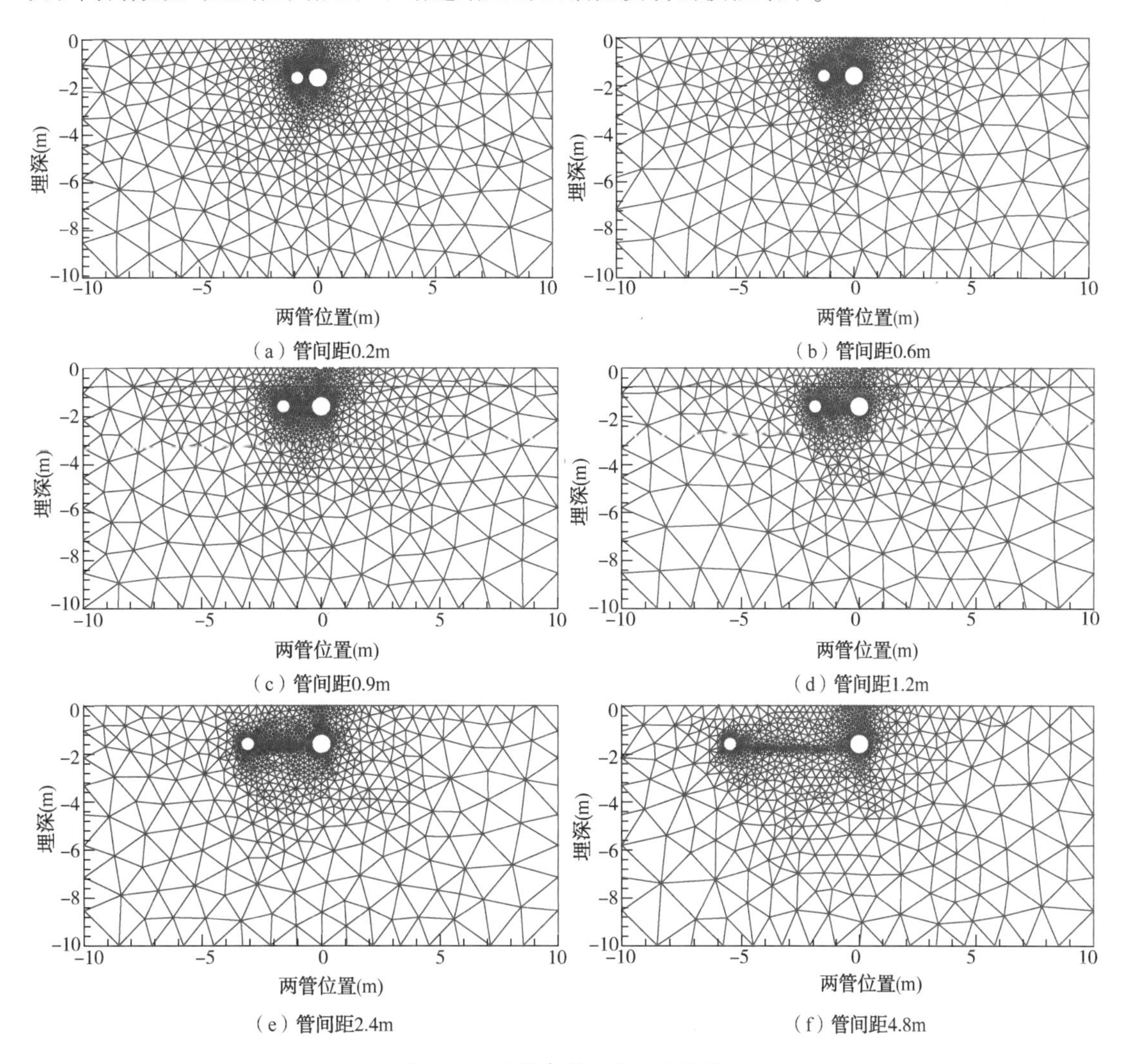


图 3-7　基准条件下的网格划分

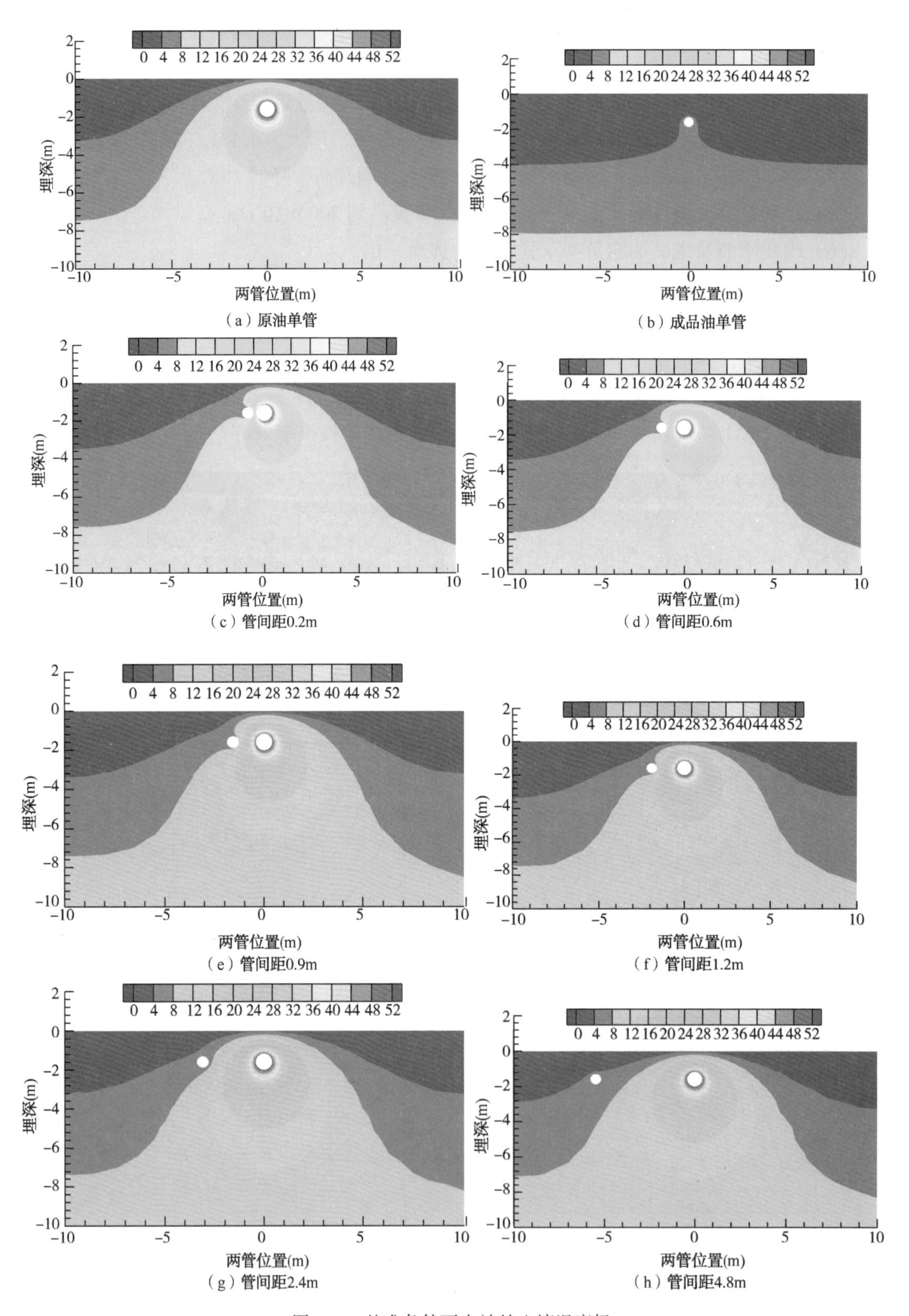


图 3-8　基准条件下出站处土壤温度场

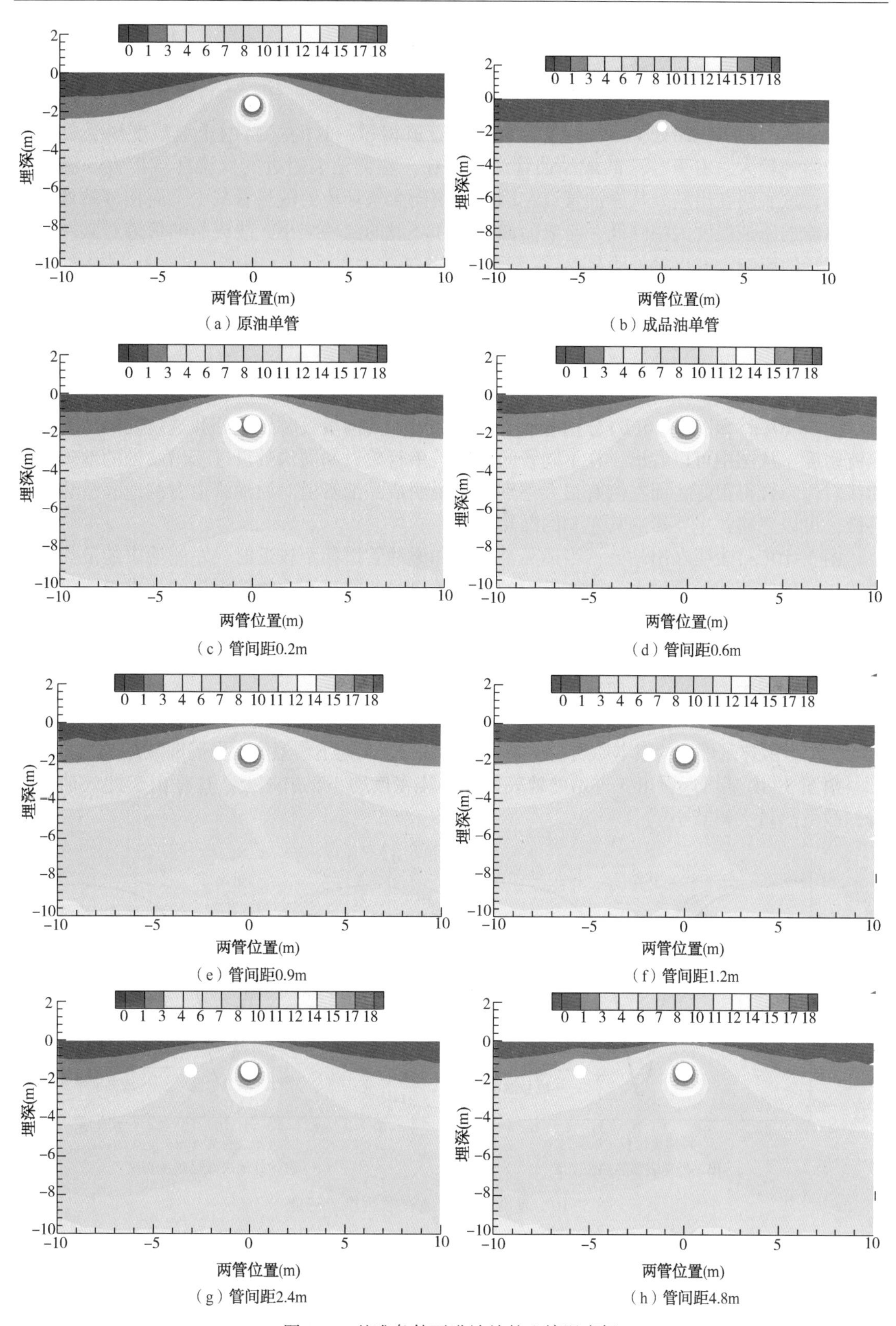


图 3-9　基准条件下进站处的土壤温度场

由图 3-8 和图 3-9 可以看出：

(1) 单管敷设和同沟敷设时，进、出站处原油管道右侧的土壤温度分布基本相同，说明成品油管道对另一侧(右侧)原油管道的温度场影响很小。

(2) 同沟敷设出站处，原油管道与成品油管道相邻一侧(左侧)的土壤温度场受成品油管道的影响较大，由于“冷”的成品油管道的存在，左侧地表附近的低温区域扩大，温度梯度减小，这表明在出站处从原油管道左侧的土壤向大气环境的散热量减少。而在进站处，经长距离输送原油温度大幅降低，与成品油管道和环境的温差减小，故成品油管道对其左侧土壤温度场的影响没有出站处明显。

(3) 随着管间距增大，原油管道周围高温区扩大，原油管道两侧的温度场的对称性也越来越好，说明成品油管道从原油管道吸热越来越少。管间距增大到 4.8m 时，与单管敷设的原油管道相比，其出站处紧邻地表的左侧等温线平均上移约 0.4m，温度梯度增大，这表明地表的散热量增大，此时成品油管道由吸热变为放热。

图 3-10(a) 和图 3-10(b) 分别对比了单管敷设和同沟敷设时出站处和进站处的地表散热热流密度。从图中可以看出，在不同管间距下，单管敷设和同沟敷设进、出站处的地表散热曲线右侧吻合得很好，而左侧有很大差别。这说明成品油管道对原油管道右侧地表散热影响甚微，可以忽略，主要影响其左侧的散热。

图 3-10(a) 表明在出站处，当成品油管道和原油管道相距较近时，左侧地表的散热量大幅减小。随着管间距的增大，同沟敷设的地表散热量曲线逐渐向单管敷设的地表散热量曲线靠拢，到 4.8m 时散热量还略有增大。散热量的增加是由于成品油管道由吸热转变为放热，这是因为热原油管道对土壤的加热能力有限，当成品油管道离原油管道较远时，成品油的温度高于当地的土壤温度，从而放热。

由图 3-10(b) 可见，在进站处，同沟敷设系统中原油管道散热量与原油管道单管敷设相比有所增加。散热量增加的根本原因在于成品油温度高于当地土壤温度，向周围散热造成的。

由图 3-10 还可以看出，进站处地表散热热流密度均小于出站处。这是由于此处油温下降，故散热量大幅减小。

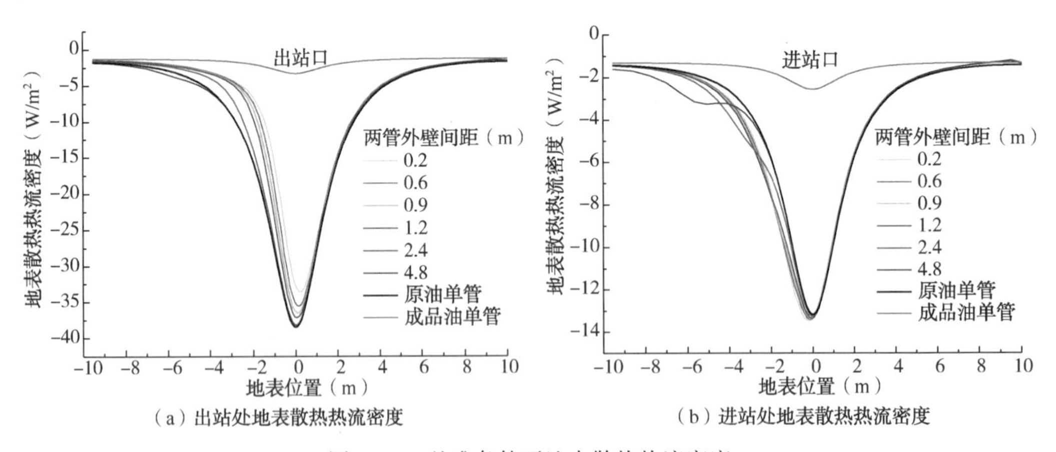


(a) 出站处地表散热热流密度

(b) 进站处地表散热热流密度

图 3-10 基准条件下地表散热热流密度

定义散热为正，吸热为负，大气环境吸热量等于地表散热量。表 3-1 至表 3-5 给出了沿线热流密度和油品温度。原油管道沿线散热线热流密度定义为 $2\pi Rq_1$，其中，$R$ 为原油管轴心至结蜡层内壁的距离，$q_1$ 为原油管道周向平均热流密度；同样，成品油沿线吸热线热流

密度定义为 $2\pi r q_2$，其中 $r$ 为成品油管道内径，$q_2$ 为成品油管道周向平均热流密度；地表散热线热流密度定义为 $2qL$，其中 $q$ 为地表平均热流密度，$2L$ 如图 3-2 所示。

**表 3-1　原油沿线散热线热流密度(单位：W/m)**

| 里程(km) \ 管间距(m) | 0.2 | 0.6 | 0.9 | 1.2 | 2.4 | 4.8 | ∞y |
|---|---|---|---|---|---|---|---|
| 0 | 288.5 | 240.7 | 227.1 | 219.5 | 209.8 | 207.8 | 208.7 |
| 76 | 149.3 | 147.6 | 146.3 | 145.4 | 144.3 | 144.2 | 145.0 |
| 80 | 144.4 | 144.1 | 143.1 | 142.4 | 141.5 | 141.5 | 142.2 |
| 84 | 140.0 | 140.6 | 140.0 | 139.4 | 138.8 | 138.9 | 139.6 |
| 240 | 52.5 | 59.6 | 62.1 | 63.7 | 66.0 | 66.7 | 67.0 |

**表 3-2　成品油沿线吸热线热流密度(单位：W/m)**

| 里程(km) \ 管间距(m) | 0.2 | 0.6 | 0.9 | 1.2 | 2.4 | 4.8 | ∞c |
|---|---|---|---|---|---|---|---|
| 0 | -132.8 | -75.1 | -54.7 | -40.6 | -14.0 | 3.1 | 11.1 |
| 76 | -27.0 | -19.2 | -14.2 | -10.1 | -0.8 | 5.9 | 9.1 |
| 80 | -23.8 | -17.3 | -12.8 | -9.0 | -0.2 | 6.0 | 9.0 |
| 84 | -20.8 | -15.7 | -11.6 | -8.0 | 0.2 | 6.0 | 8.9 |
| 240 | 20.6 | 14.6 | 12.3 | 10.9 | 8.6 | 7.2 | 6.8 |

**表 3-3　沿线地表散热线热流密度(单位：W/m)**

| 里程(km) \ 管间距(m) | 0.2 | 0.6 | 0.9 | 1.2 | 2.4 | 4.8 | ∞y | ∞c |
|---|---|---|---|---|---|---|---|---|
| 0 | -139.0 | -147.6 | -153.1 | -155.7 | -171.3 | -182.4 | -181.2 | -34.7 |
| 76 | -115.5 | -120.2 | -123.0 | -122.8 | -131.7 | -136.3 | -133.3 | -33.1 |
| 80 | -114.3 | -118.9 | -121.7 | -121.3 | -129.9 | -134.4 | -131.3 | -33.0 |
| 84 | 113.2 | -117.7 | -120.3 | -119.8 | -128.2 | -132.4 | -129.3 | -33.0 |
| 240 | -79.1 | -79.8 | -80.0 | -77.5 | -79.8 | -79.1 | -75.1 | -31.4 |

**表 3-4　原油管道沿线油温(单位：℃)**

| 里程(km) \ 管间距(m) | 0.2 | 0.6 | 0.9 | 1.2 | 2.4 | 4.8 | ∞y |
|---|---|---|---|---|---|---|---|
| 0 | 60.0 | 60.0 | 60.0 | 60.0 | 60.0 | 60.0 | 60.0 |
| 76 | 38.4 | 40.6 | 41.2 | 41.6 | 42.1 | 42.2 | 42.2 |
| 80 | 37.7 | 39.8 | 40.5 | 40.9 | 41.4 | 41.5 | 41.4 |
| 84 | 36.9 | 39.0 | 39.7 | 40.1 | 40.6 | 40.7 | 40.7 |
| 240 | 19.8 | 20.5 | 20.7 | 20.9 | 21.0 | 21.0 | 20.9 |

**表 3-5　成品油管道沿线油温(单位：℃)**

| 里程(km) \ 管间距(m) | 0.2 | 0.6 | 0.9 | 1.2 | 2.4 | 4.8 | ∞c |
|---|---|---|---|---|---|---|---|
| 0 | 5.0 | 5.0 | 5.0 | 5.0 | 5.0 | 5.0 | 5.0 |
| 76 | 16.1 | 12.0 | 10.4 | 9.1 | 6.7 | 5.1 | 4.3 |
| 80 | 16.3 | 12.2 | 10.5 | 9.2 | 6.8 | 5.1 | 4.3 |
| 84 | 16.5 | 12.4 | 10.6 | 9.4 | 6.8 | 5.1 | 4.3 |
| 240 | 15.8 | 12.7 | 11.1 | 9.7 | 6.7 | 4.6 | 3.6 |

图 3-11 对比了单管敷设和同沟敷设管道沿线的线热流密度。由图可见，总散热量(原油散热)与总吸热量(成品油吸热和环境吸热)大体平衡(向恒温层的传热量可以忽略)，符合能量守恒。图 3-12 为沿线油品温度分布。图 3-13 比较了各种管间距下沿线油品温差。图 3-13 中，原油温降定义为单管敷设时原油管道沿线油温减去同沟敷设时相同里程处原油管道油温；成品油温升定义为同沟敷设时成品油管道沿线油温减去单管敷设时相同里程处成品油管道油温。

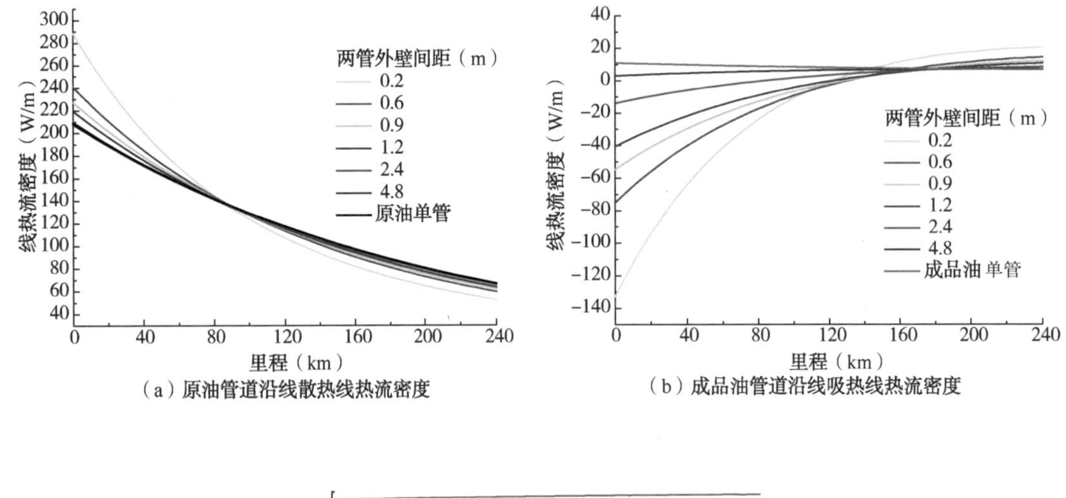


（a）原油管道沿线散热线热流密度　（b）成品油管道沿线吸热线热流密度

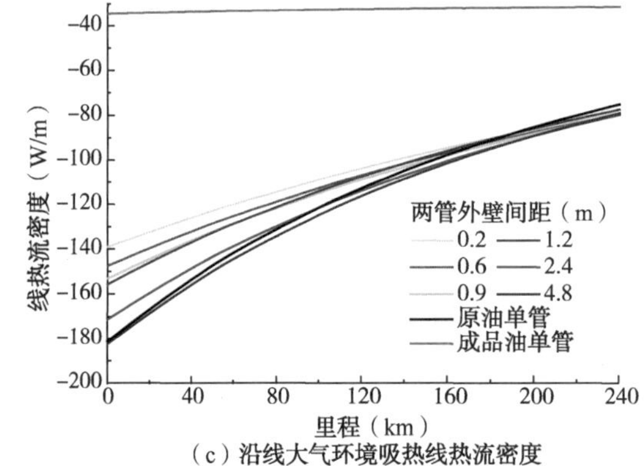


（c）沿线大气环境吸热线热流密度

图 3-11　基准条件下管道沿线的线热流密度

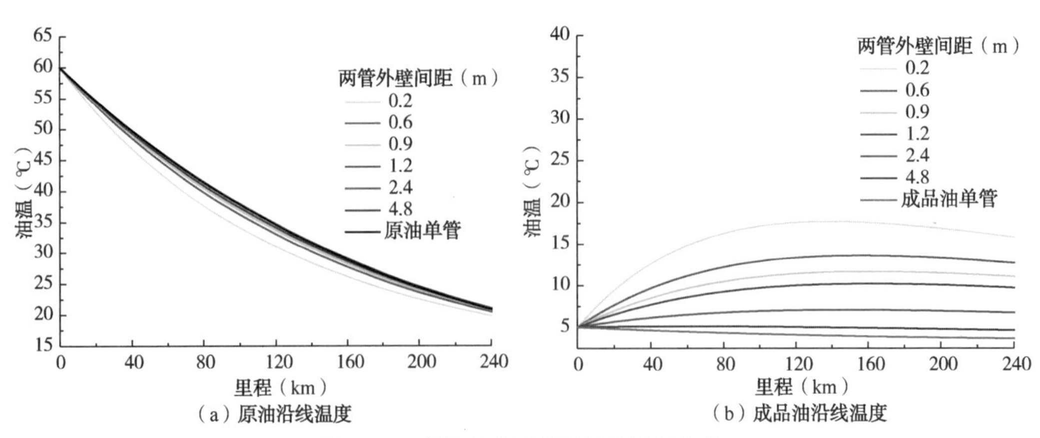


（a）原油沿线温度　（b）成品油沿线温度

图 3-12　基准条件下管道沿线油温分布

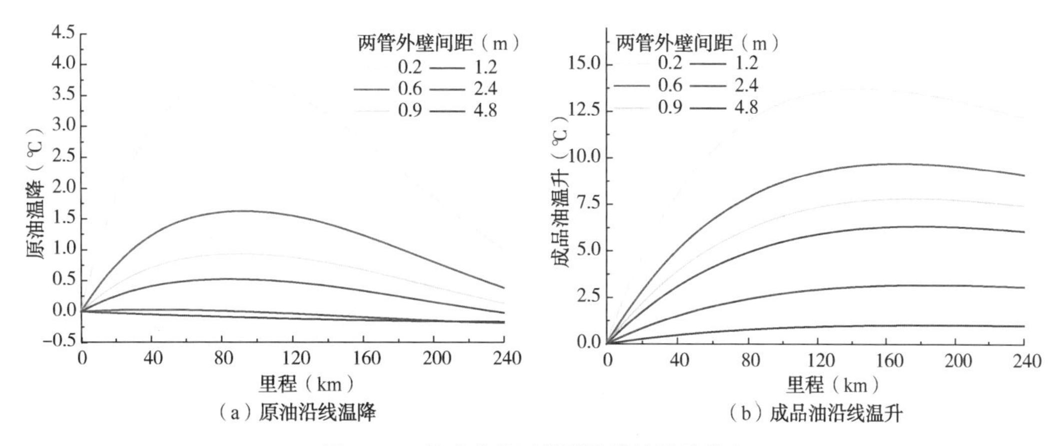

（a）原油沿线温降　　（b）成品油沿线温升

图 3-13　基准条件下管道沿线油温差分布

分析表 3-1 至表 3-5 和图 3-11、图 3-12，有如下结论：

（1）从表 3-1 至 3-3 可见，管间距为 0.2m 时，出站处“冷”成品油的大量吸热（132.8W/m）使得同沟敷设原油管道散热量（288.5W/m）较单管敷设原油管道散热量（208.7W/m）增加 38.2%。“冷”成品油吸热量（132.8W/m）较原油散热的增加量（79.8W/m）大很多，能量平衡（因为原油的散热量基本等于成品油的吸热量和地表的散热量，而向恒温层的传热量较小可以忽略）的结果是地表的散热减小（42.2W/m）。随着管间距的增加，成品油的吸热量逐渐减小，到管间距为 1.2m 时成品油的吸热量减少到 40.6W/m，同沟敷设原油管道的散热量（219.5W/m）较单管敷设原油管道散热量仅增加 10.8W/m。管间距为 2.4m 时，成品油的吸热量为 14.0W/m，但此时同沟敷设原油管道的散热量（209.8W/m）基本和单管敷设原油管道的散热量相同，成品油吸热量基本等于地表减少的散热量。管间距为 4.8m 时，成品油管道向外散热（3.1W/m）加热土壤使得原油管道的散热量（207.8W/m）减少。由于原油温度沿管流方向逐渐下降，因而原油散热量逐渐减小[图 3-11（a）]，同时成品油的吸热量也逐渐减小[图 3-11（b）]。

（2）沿线同沟敷设原油管道散热的平均增加率（相对于单管敷设原油管道）在管间距 0.2m 时最大（为 2.6%），且随着管间距的增大迅速减小，在 1.2m 以后原油散热反而略有减少。原油总的散热量基本不变，但散热渠道发生了较大变化，由单管敷设时的完全向环境散热变为部分向环境散热、部分向成品油管道散热。

（3）图 3-11（a）显示，在距出站处 80~100km 以前，当管间距小于 2.4m 时，同沟敷设原油管道的散热量较单管敷设原油管道散热量大，距离出站处大于 80~100km 以后散热量反而变小。原因主要有两个：①在 80~100km 以前原油和成品油之间有较大温差，成品油带走了大量的热，80~100km 以后成品油吸热量变得很小，甚至散热[大约 140~160km 以后，见图 3-11（b）]。②由于同沟敷设原油管道在 80~100km 以前散热较多，油温下降得比单管敷设时大，这以后的散热能力较单管敷设时小，因而散热也会减慢。

（4）管间距为 2.4m、4.8m 时，同沟敷设系统中原油管线散热曲线与单管敷设时几乎完全重合[图 3-11（a）]，说明此时成品油管道对相邻原油管道基本没有影响。由于散热量基本相同，同沟敷设系统中原油管线沿线温度与单管敷设时原油温度基本重合。由表 3-2 和表 3-4 具体数据可知，管间距为 4.8m 时成品油管道略微散热，对原油管道产生有利影响，使得原油进站温度微升 0.1℃。

（5）由表 3-4 和图 3-13(a)可见，距离出站处在 80km 附近，沿线温差最大，随后温差逐渐缩小。因为在此之前成品油以吸热为主，加剧了原油的沿线温降。而 80km 以后成品油吸热大幅减小甚至转为散热[图 3-11(b)]，原油温降减慢。由图 3-12 还可看出，虽然各种间距下进站处同沟敷设油温与单管敷设相比下降不超过 1℃（间距 0.2m 时最大，为 1℃），但是间距 0.2m 时在 76km 处同沟敷设原油温度比单管下降了 3.8℃左右。

（6）由图 3-13(b)可见，在不同管间距下，成品油沿线温差均为正，说明同沟敷设系统中成品油温度相对于单管敷设升高，且管间距越小温升幅度越大，管间距为 0.2m 时温升最大为 13.8℃。大部分管间距下，成品油沿线温差先升高后降低，说明成品油由吸热逐步转变为散热。

## 二、轴线错位条件下管间距的影响

“轴线错位”是指同沟敷设系统中两管轴线不在同一水平面的情况。此处仅研究两条管道的底部放置在同一水平面上的情况，这也是工程实际中最可能采用的同沟敷设方式。其他计算参数与基准条件相同。此时计算区域的网格见图 3-14。

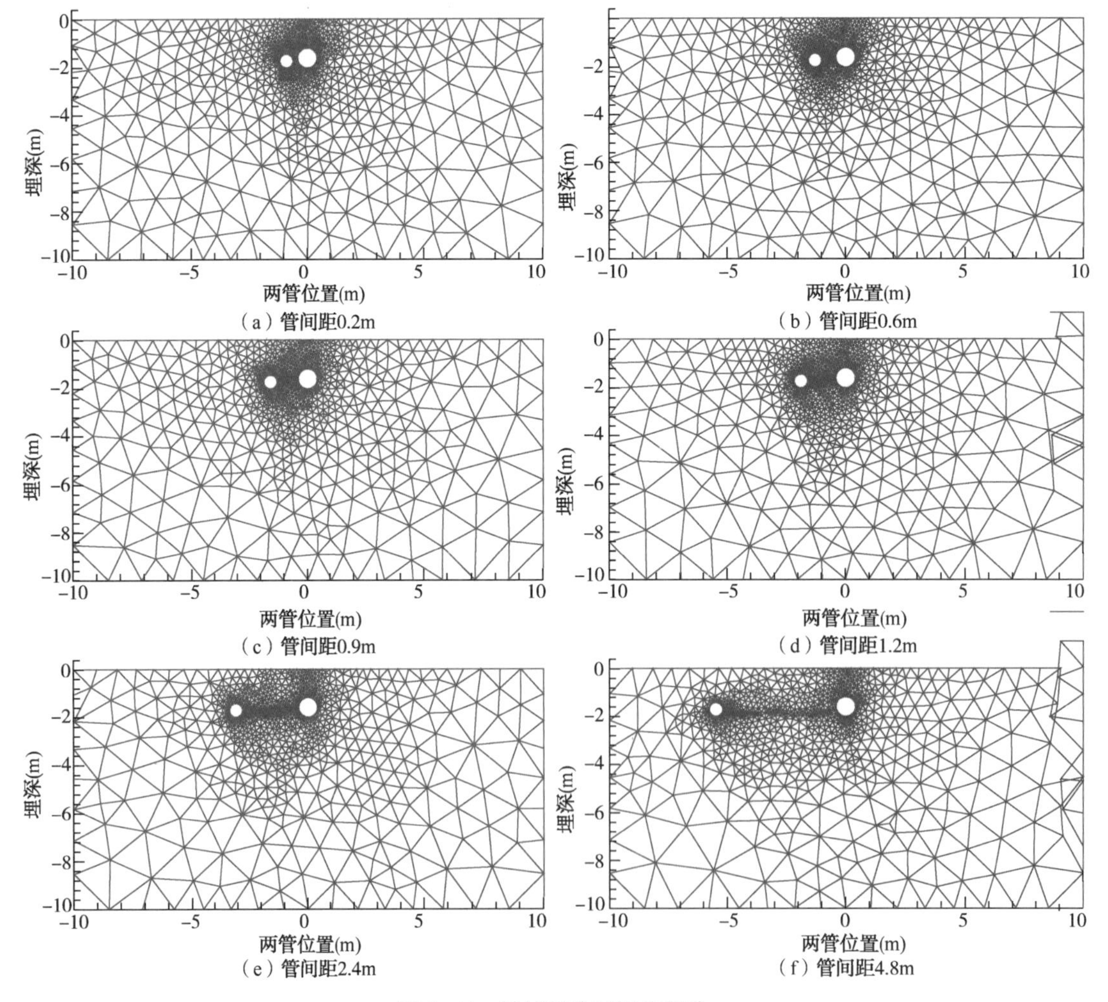


图 3-14　轴线错位时网格划分

图 3-15 和图 3-16 分别对比了单管敷设和同沟敷设管道轴线错位放置时，上站出站处和下站进站处的土壤温度场。从图中可以看出，虽然此时土壤网格已有较大变化，两管轴心已不在同一水平面上，但是土壤温度的分布规律与基准条件相比没有太大区别。

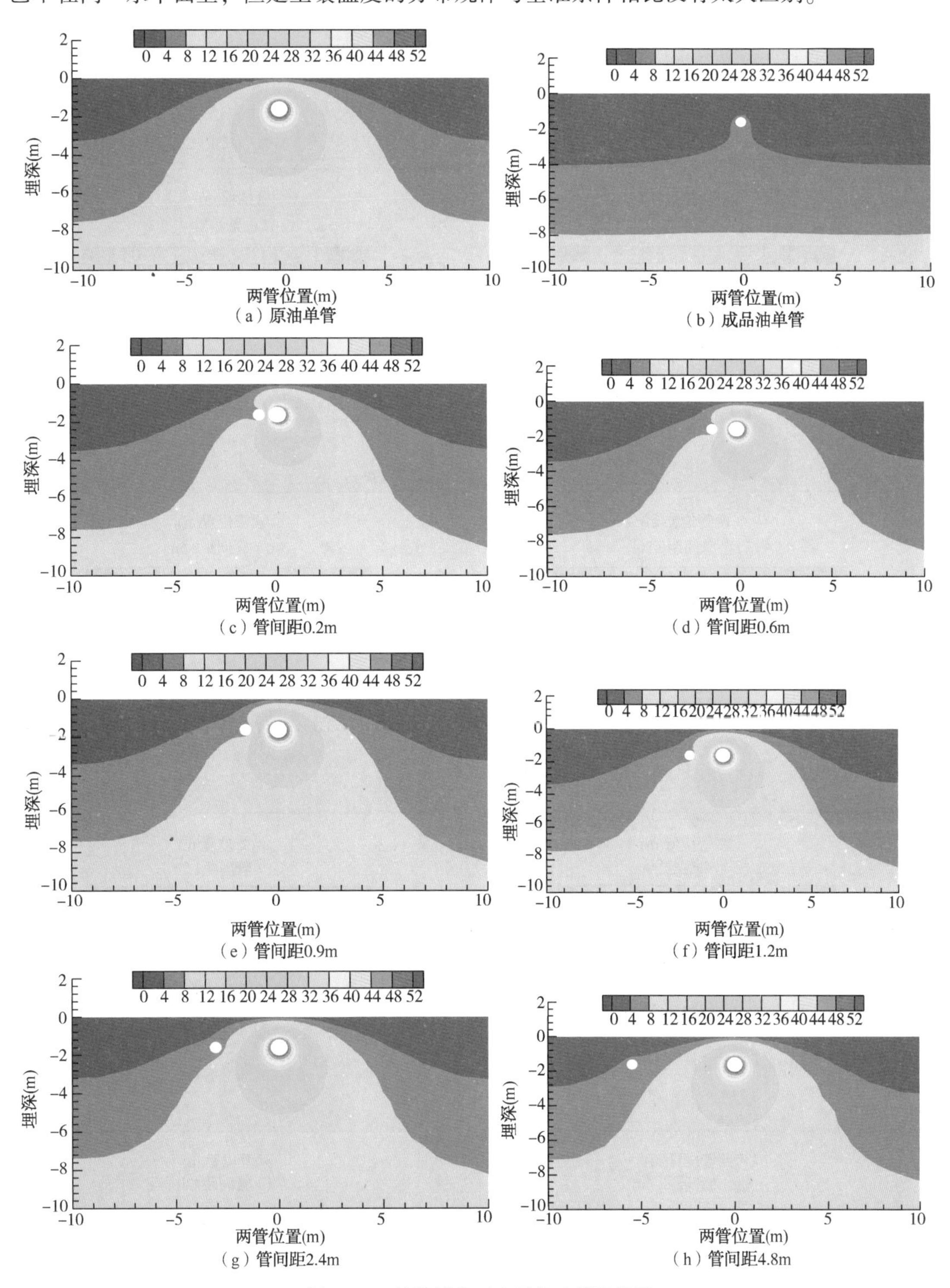


图 3-15　轴线错位时出站处土壤温度场

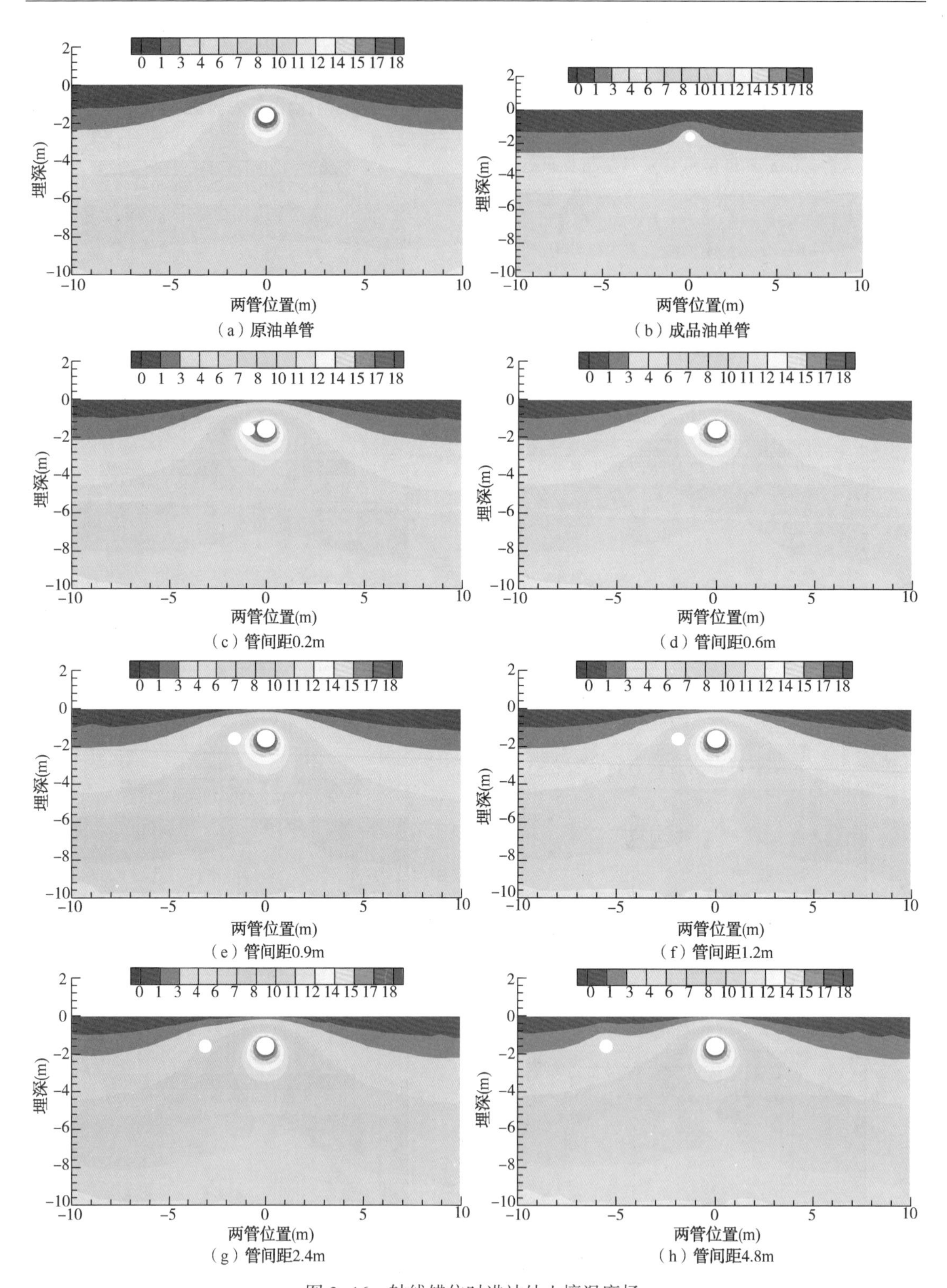


（a）原油单管 （b）成品油单管
（c）管间距0.2m （d）管间距0.6m
（e）管间距0.9m （f）管间距1.2m
（g）管间距2.4m （h）管间距4.8m

图 3-16 轴线错位时进站处土壤温度场

图3-17(a)和图3-17(b)分别对比了单管敷设和同沟敷设双管轴线错位时，位于出站处和进站处的管中心区域地表散热热流密度。由图可见，进、出站处地表散热热流密度的分布

规律也与基准条件下大致相同。

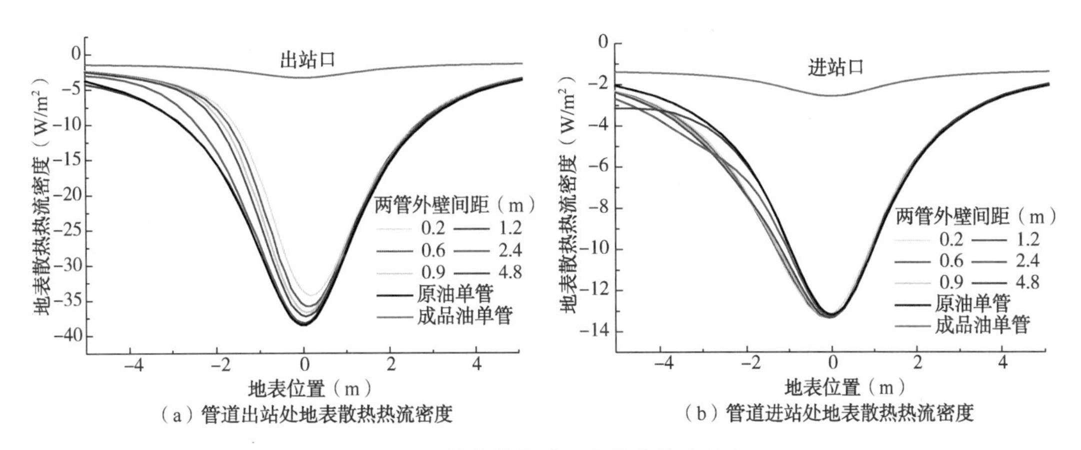


（a）管道出站处地表散热热流密度　　（b）管道进站处地表散热热流密度

图 3-17　轴线错位时地表散热热流密度

图 3-18、图 3-19 和图 3-20 比较了单管敷设和同沟敷设双管轴线错位时沿线线热流密度、沿线油品温度分布和油品温差的变化规律，该变化规律与基准条件的变化规律一致。

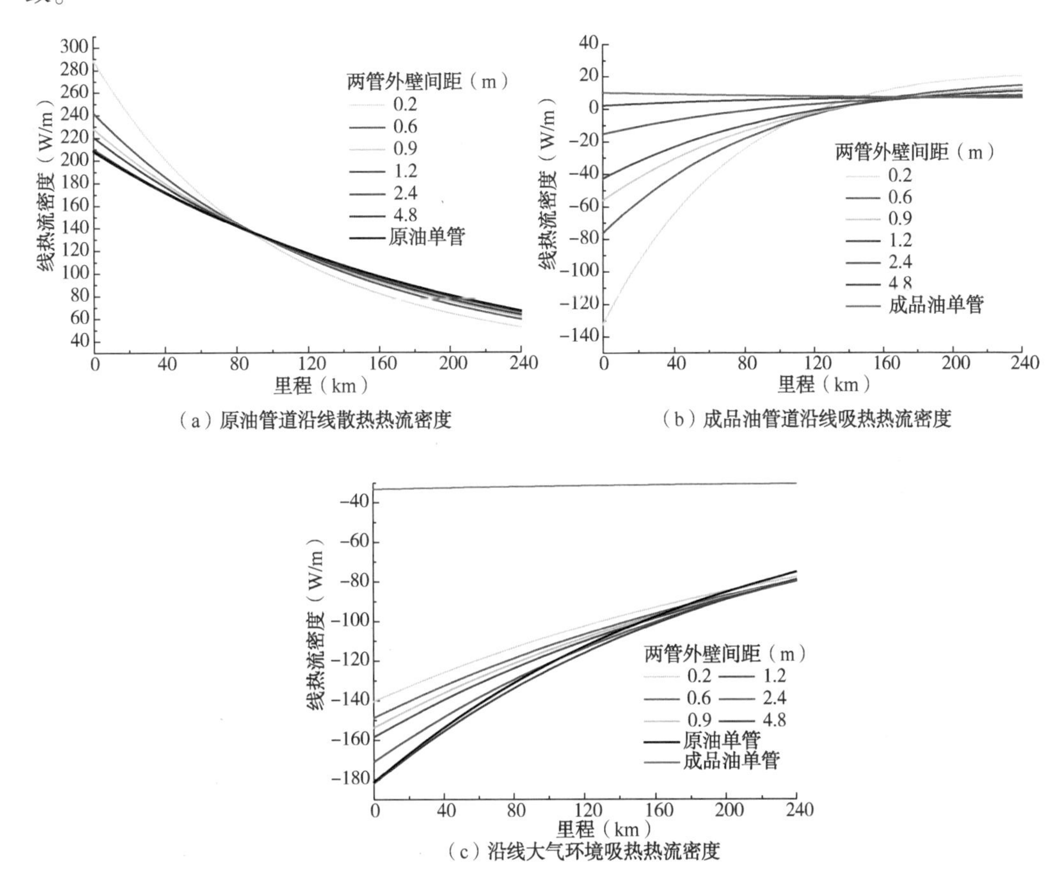


（a）原油管道沿线散热热流密度　　（b）成品油管道沿线吸热热流密度

（c）沿线大气环境吸热热流密度

图 3-18　轴线错位时管道沿线的线热流密度

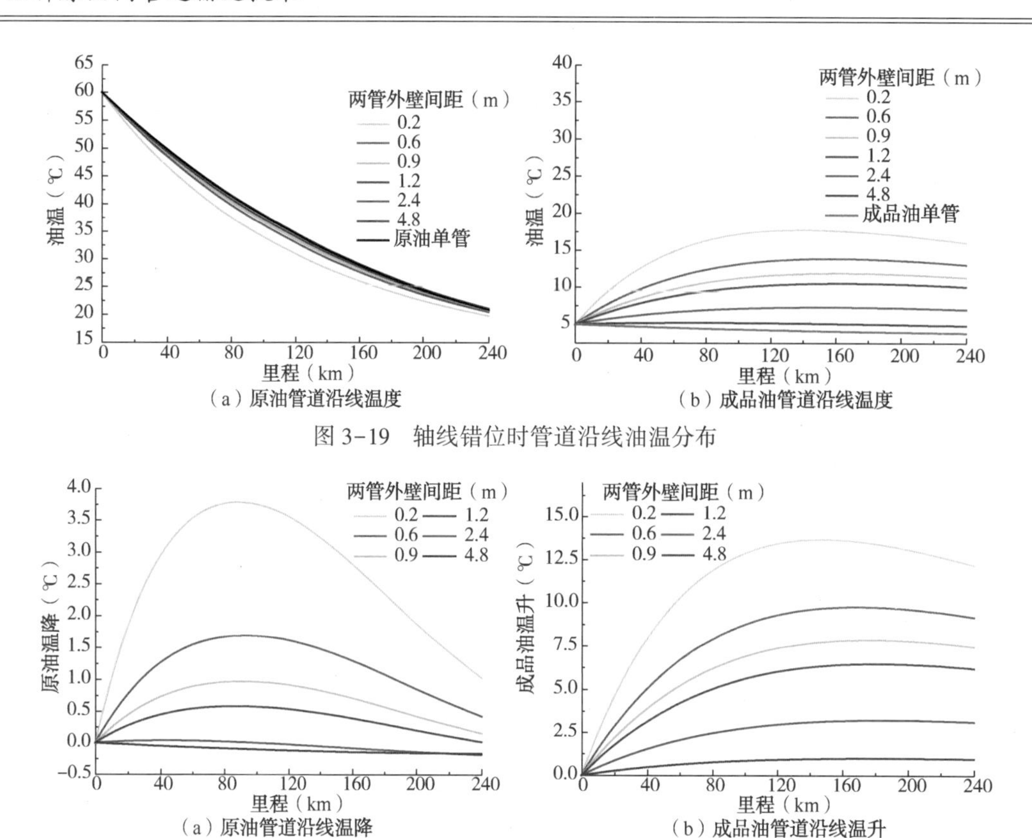


（a）原油管道沿线温度　（b）成品油管道沿线温度

图 3-19　轴线错位时管道沿线油温分布

（a）原油管道沿线温降　（b）成品油管道沿线温升

图 3-20　轴线错位时管道沿线油品温差分布

## 三、改变埋深条件下管间距的影响

将基准条件下的双管埋深由 1.6m 变为 1.0m，即轴线在同一水平面，但减小了管道埋深。土壤网格划分见图 3-21。

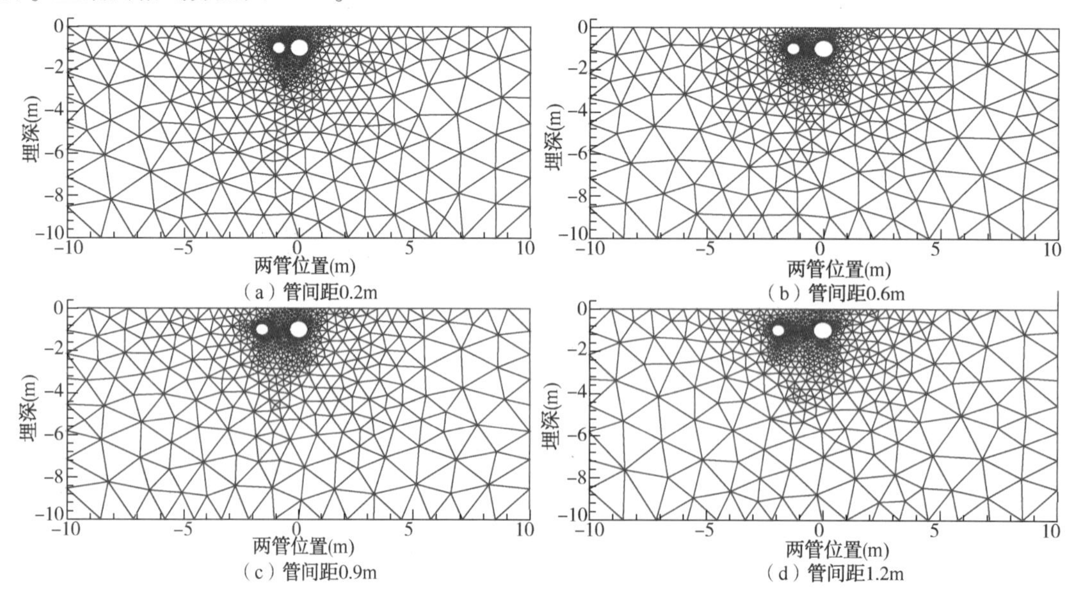


（a）管间距0.2m　（b）管间距0.6m

（c）管间距0.9m　（d）管间距1.2m

图 3-21　变埋深 1m 时土壤网格划分

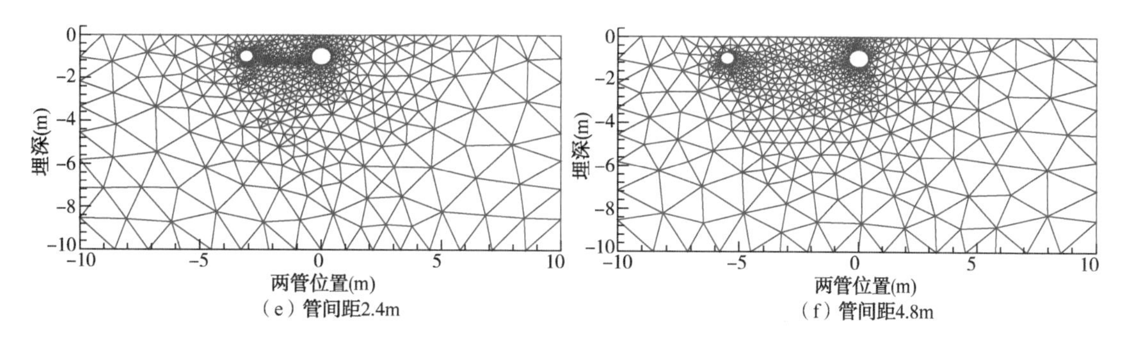


图 3-21　变埋深 1m 时土壤网格划分(续图)

图 3-22 和图 3-23 分别比较了变埋深单管敷设和变埋深同沟敷设时，管道出站处和进站处的土壤温度场。由图可以看出，此时变化趋势与前两种情况相比没有太大区别。

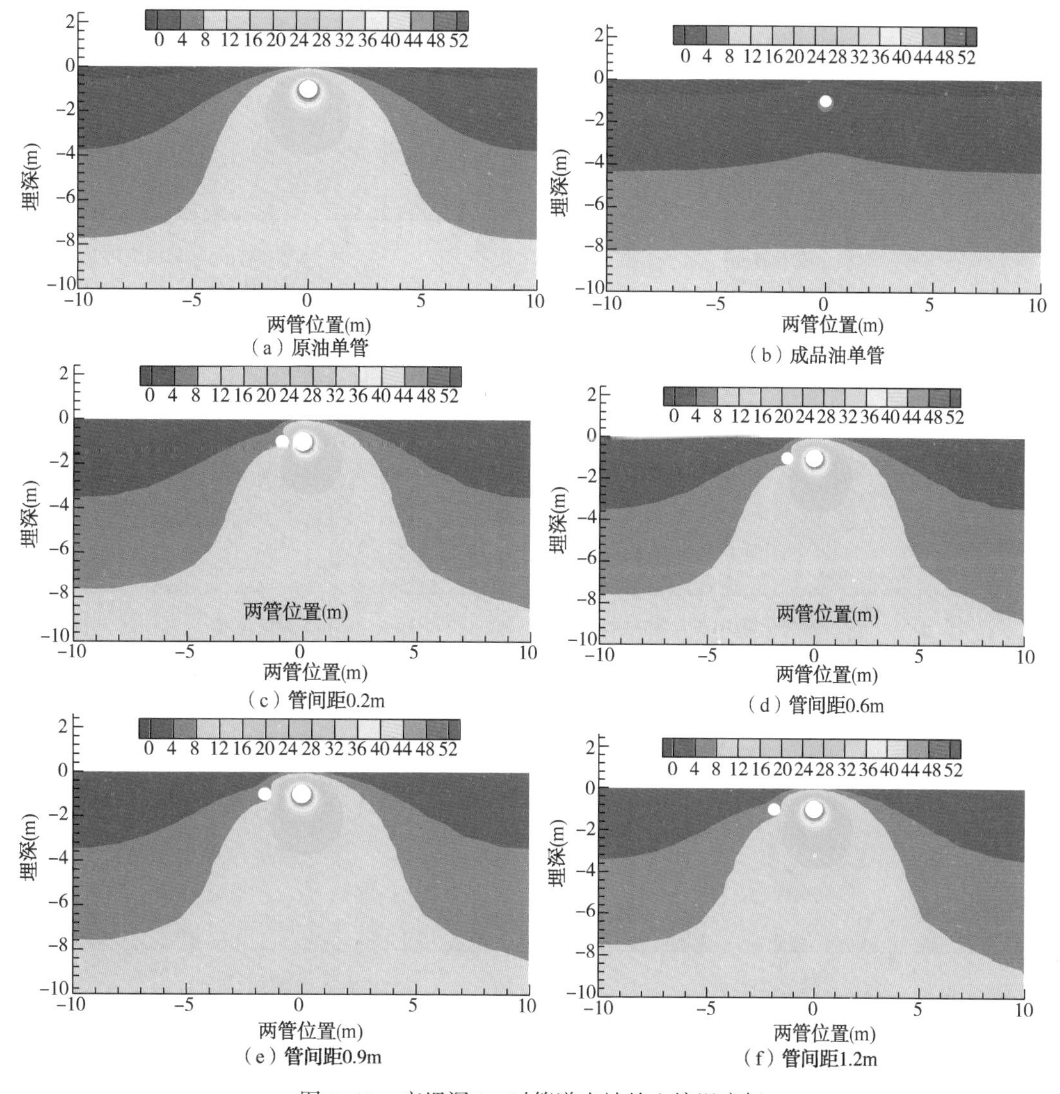


图 3-22　变埋深 1m 时管道出站处土壤温度场

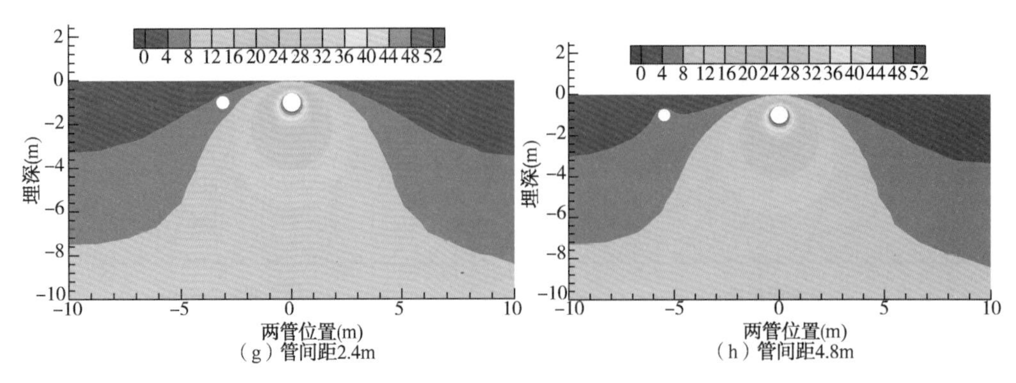


图 3-22　变埋深 1m 时管道出站处土壤温度场(续图)

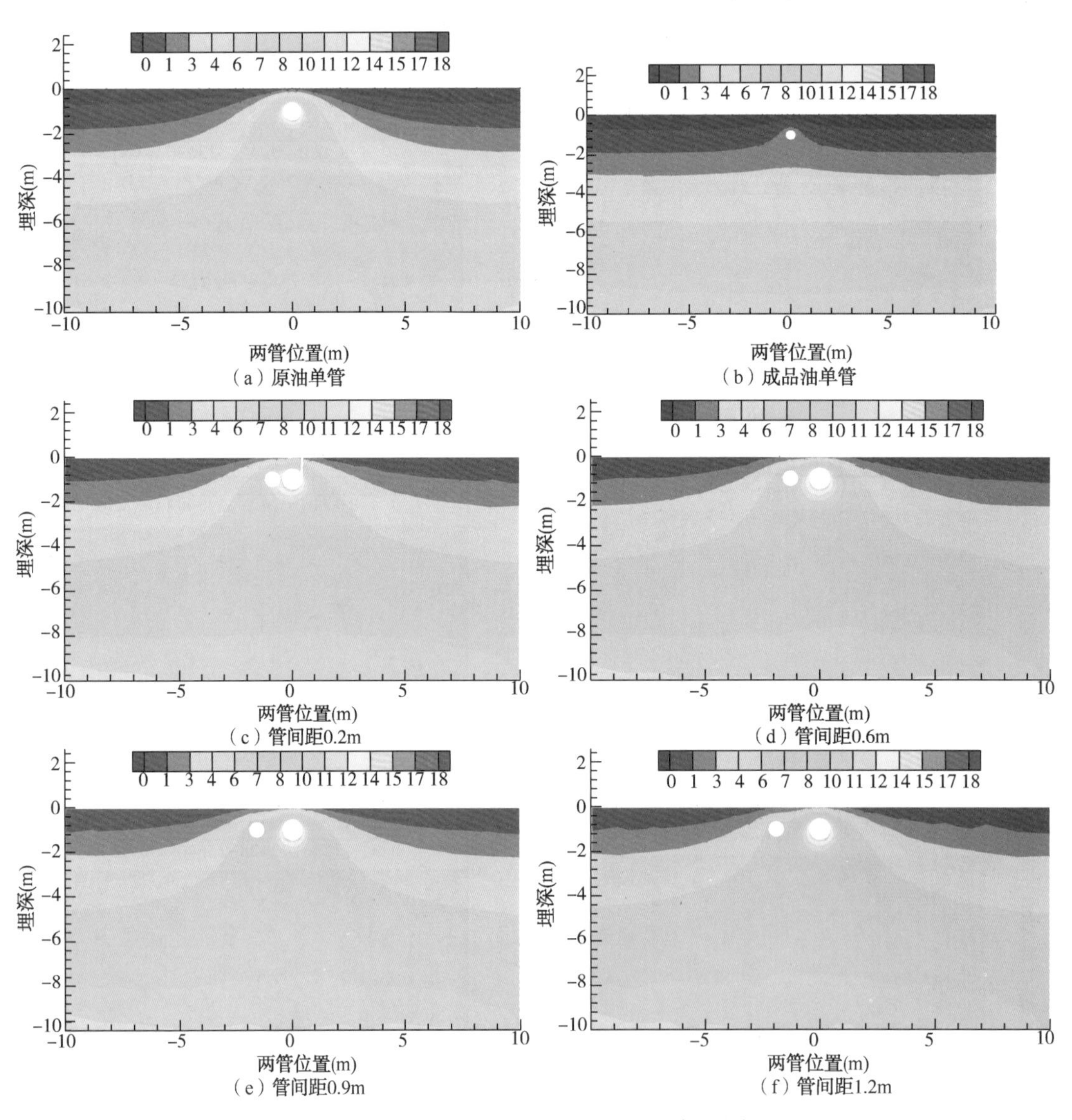


图 3-23　变埋深 1m 时管道进站处土壤温度场

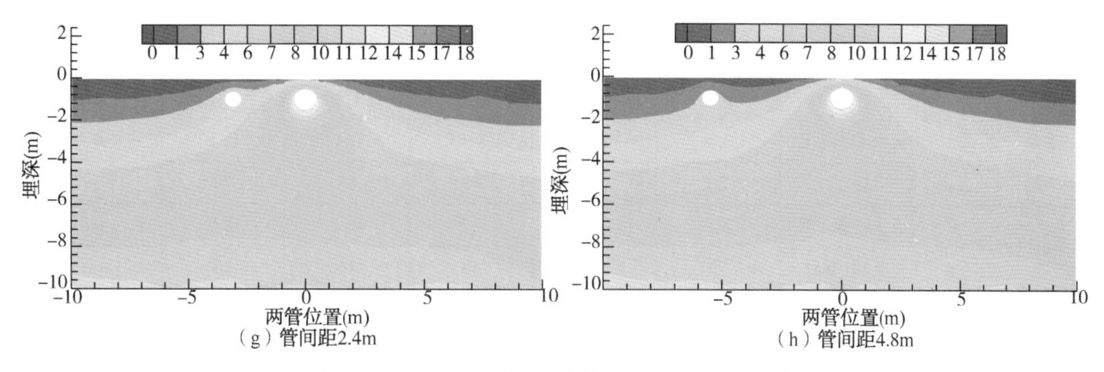

（g）管间距2.4m　（h）管间距4.8m

图 3-23　变埋深 1m 时管道进站处土壤温度场(续图)

图 3-24(a)和图 3-24(b)比较了进出站处变埋深条件下单管敷设和同沟敷设地表散热热流密度，总体变化趋势基本不变，与图 3-10 和图 3-17 比较可得：

(1) 进出站处散热曲线更陡峭，热流密度范围更大。这说明埋深变浅使原油管道周围温度梯度增大，散热加剧。

(2) 在不同管间距条件下，出站处原油管中心散热量差值减小。说明埋深变浅时环境的影响增强，管间距变化带来的影响减弱。当管间距为 4. 8m 时，两种不同的管道敷设方式左侧散热曲线差异变大，这是由于此时同沟敷设系统中成品油管道的散热增强。

(3) 当管间距 2. 4m 时，出站处原油管道左侧散热量就已出现较大增长，此时成品油管道在出站不久即由吸热转变为放热。而对于本节“一、管间距的影响和二、轴线错位条件下管间距的影响”中两个算例，这种情况只在间距增大到 4. 8m 时才出现。这说明埋深变浅后，环境的影响使同沟敷设管道在较短的间距时即出现成品油管道由吸热到放热的转变。

表 3-6 为原油与成品油管道同沟敷设相对于单管敷设原油管道的最大温降；图 3-25 为变埋深 1m 时同沟敷设管道与单管敷设管道沿线油温差值分布。

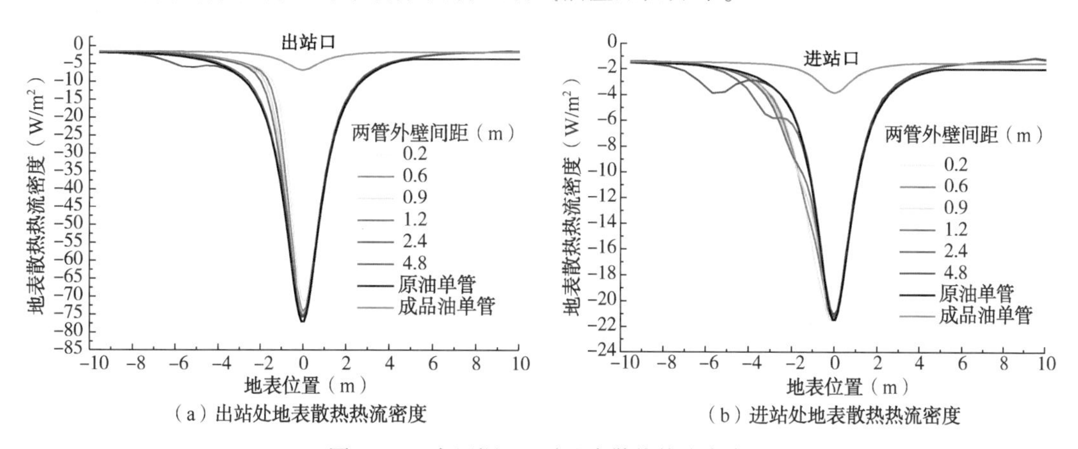

（a）出站处地表散热热流密度　（b）进站处地表散热热流密度

图 3-24　变埋深 1m 时地表散热热流密度

**表 3-6　原油与成品油管道同沟敷设相对于单管敷设原油管道的最大温降**

| 算例 | | 管间距(m) | | | | | |
|---|---|---|---|---|---|---|---|
| | | 0. 2 | 0. 6 | 0. 9 | 1. 2 | 2. 4 | 4. 8 |
| 基准条件 | 最大温降(℃) | 3. 8 | 1. 6 | 1. 0 | 0. 6 | 0. 1 | 0. 0 |
| | 里程(km) | 76 | 84 | 84 | 84 | 84 | — |

续表

| 算例 | | 管间距(m) | | | | | |
|---|---|---|---|---|---|---|---|
| | | 0.2 | 0.6 | 0.9 | 1.2 | 2.4 | 4.8 |
| 轴线错位 | 最大温降(℃) | 3.8 | 1.7 | 1.0 | 0.6 | 0.1 | 0.0 |
| | 里程(km) | 86 | 88 | 88 | 88 | 76 | — |
| 埋深变为1.0m | 最大温降(℃) | 2.5 | 0.7 | 0.3 | 0.1 | 0.0 | 0.0 |
| | 里程(km) | 80 | 92 | 48 | 16 | 16 | - |
| 土壤导热系数变为1.8W/(m·℃) | 最大温降(℃) | 3.3 | 1.5 | 0.9 | 0.5 | 0.1 | 0.0 |
| | 里程(km) | 62 | 68 | 62 | 60 | 28 | - |
| 原油出站温度降为45℃ | 最大温降(℃) | 2.6 | 1.1 | 0.6 | 0.4 | 0.0 | 0.0 |
| | 里程(km) | 80 | 80 | 82 | 92 | 46 | - |
| 原油出站温度升为75℃ | 最大温降(℃) | 5.0 | 2.2 | 1.3 | 0.8 | 0.1 | 0.0 |
| | 里程(km) | 94 | 96 | 94 | 74 | 160 | - |
| 原油输量提高1倍 | 最大温降(℃) | 2.9 | 1.3 | 0.8 | 0.5 | 0.1 | 0.0 |
| | 里程(km) | 128 | 130 | 130 | 128 | 122 | - |
| 埋深处地温变为-5℃ | 最大温降(℃) | 3.2 | 1.2 | 0.5 | 0.3 | 0.0 | 0.0 |
| | 里程(km) | 76 | 66 | 66 | 46 | — | — |
| 埋深处地温变为8℃ | 最大温降(℃) | 1.0 | 0.0 | 0.0 | 0.0 | 0.0 | 0.0 |
| | 里程(km) | 38 | — | — | — | — | — |

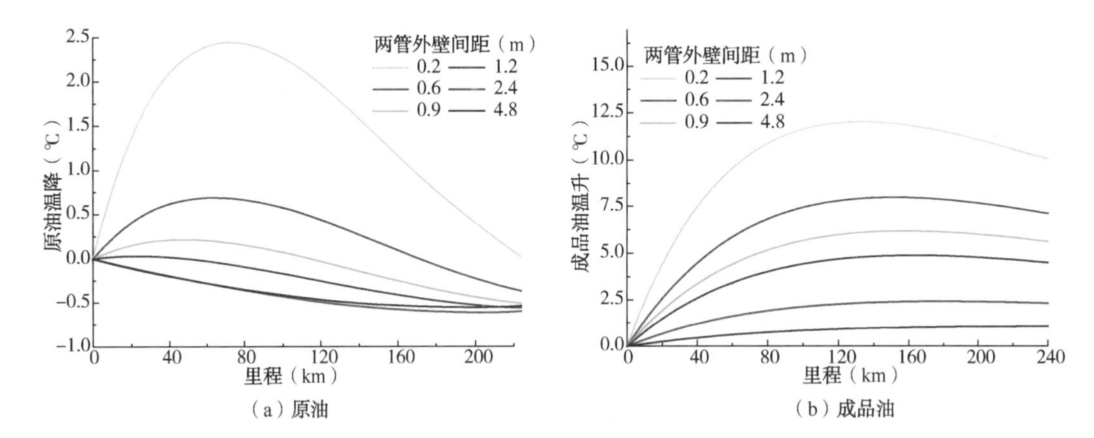


图3-25 变埋深1m时同沟敷设管道与单管敷设管道沿线油温差值分布

由表3-6图3-25可以看出，各种管间距下的同沟敷设原油管道相对于单管敷设的最大温差已从约3.8℃减小至约2.5℃。管间距2.4m以上时，成品油管道沿线温度分布规律与单管敷设成品油管道大致相同。以上变埋深情况下的规律均说明，埋深变浅时，环境对双管同沟敷设系统的影响增强，而管间距的影响被削弱。

## 四、其他算例中管间距的影响

从以上对三种典型算例的详细分析可见，所有算例的计算结果十分类似，因此下文对于其他算例的结果仅以表的形式给出。输油工艺中最关键的是原油温度，下面重点讨论各种因素对同沟敷设原油管道油温分布的影响。

表 3-6 给出了各算例同沟敷设相对于单管敷设原油管道的最大温降及出现最大温降的里程。图 3-26 直观地给出了不同计算条件下原油最大温降。从表 3-6 和图 3-26 中可看出：

（1）不管其他参数如何变化，管间距 4.8m 时，同沟敷设相对于单管敷设均没有温降。实际上，在这种情况下出现了温升；

（2）管间距 1.2m 和 2.4m 时，各参数变化引起的最大温降不超过 1℃，且差异不大；

（3）管间距 1.2m 以下时，各参数的变化引起的最大温降变化明显，普遍超过 1℃，最大达到 5℃。总之，当管间距小于 1.2m 时，同沟敷设对原油温度的影响较大。

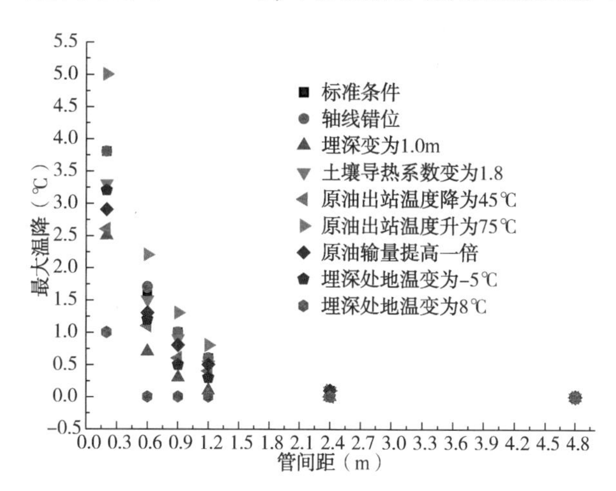


图 3-26　不同管间距下同沟敷设相对于单管敷设原油管道的最大温降

## 五、两管相对埋深的影响

以上分析计算了不同管间距下，成品油管道与原油管道间的热力影响，其中涉及轴线错位情况。考虑到施工中两管埋深不一定能精确一致，所以研究两管相对埋深(两管相对埋深定义为成品油管道埋深 $H_p$ 与原油管道埋深 $H_c$ 之差，见图 3-28)的影响。选取两管埋深的以下四种典型情况加以分析，其中，$H_p-H_c=0$(原油管道与成品油管道的轴心在同一水平面上)是对比的基准；$H_p-H_c=(D_c-D_p)/2$(原油管道与成品油管道的底部在同一水平面上)是工程中最有可能采用的敷设方式；$H_p-H_c=(D_c+D_p)/2$(成品油管道顶部与原油管道底部在同一水平面上)和 $H_p-H_c=-(D_c+D_p)/2$(成品油管道底部与原油管道顶部在同一水平面上)是成品油管道可能对原油管道造成较大影响的两种极限情况。

成品油出站温度比原油低得多，而在输送过程中由于不断换热，到进站处成品油与原油的温度差已经没有出站处这么大了，因此冷成品油对出站处土壤温度场的影响较大。为此，下面仅比较同沟敷设两管埋深相对变化时，热原油管道出站处土壤温度场的变化情况，并与原油管道单管敷设时进行比较。图 3-27 为两管相对埋深变化时的土壤网格划分；图 3-28 为两管埋深相对变化时同沟敷设管道出站处土壤温度场。

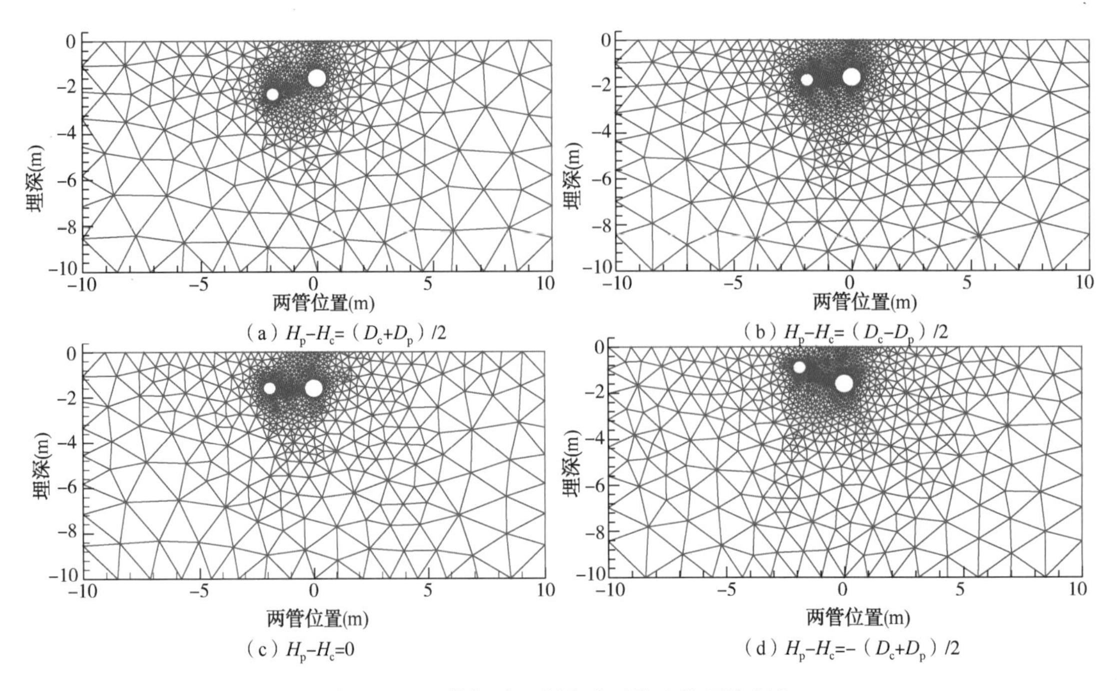

（a）$H_p-H_c=(D_c+D_p)/2$　（b）$H_p-H_c=(D_c-D_p)/2$

（c）$H_p-H_c=0$　（d）$H_p-H_c=-(D_c+D_p)/2$

图 3-27　两管相对埋深变化时的土壤网格划分

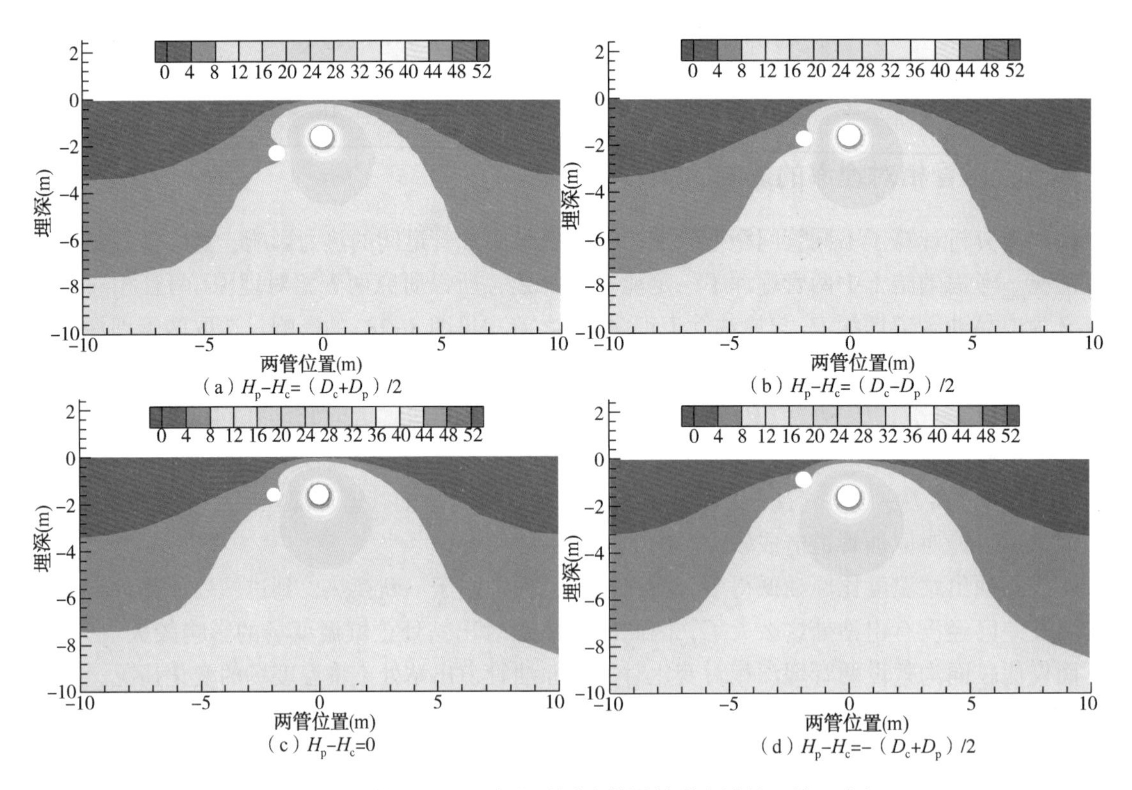

（a）$H_p-H_c=(D_c+D_p)/2$　（b）$H_p-H_c=(D_c-D_p)/2$

（c）$H_p-H_c=0$　（d）$H_p-H_c=-(D_c+D_p)/2$

图 3-28　两管埋深相对变化时同沟敷设管道出站处土壤温度场

从图 3-15(a)和图 3-28 可以看出：

(1) 两管埋深相对变化时，出站处原油管道远离成品油管道一侧的土壤温度场与原油管道单管敷设时基本一致，邻近成品油管道一侧的土壤温度场较原油管道单管敷设有所改变；

(2) 成品油管道相对原油管道埋深有较大变化时[图 3-29(a)~(d)]，原油管道邻近成品油管道一侧的土壤温度场的变化并不显著，说明出站处土壤温度场对两管埋深相对变化并不十分敏感。

图 3-29 比较了不同埋深条件下，沿线原油散热线热流密度。可见，由于成品油管道的吸热，热原油管道在出站处的散热量较单管略有增大，且随着两管相对埋深的增加而增加。两管相对埋深的改变对原油沿途散热的影响不大，都表现为在 80~100km 以前，同沟敷设的原油管道散热量较单管敷设时原油管道散热量大，80~100km 以后其散热量较单管小。原因主要是：在 80~100km 以前热原油和冷成品油之间有较大温差，成品油带走了大量的热，使成品油升温以及原油降温，导致在 80~100km 以后二者温差显著缩小，成品油吸热量变得很小，甚至散热。

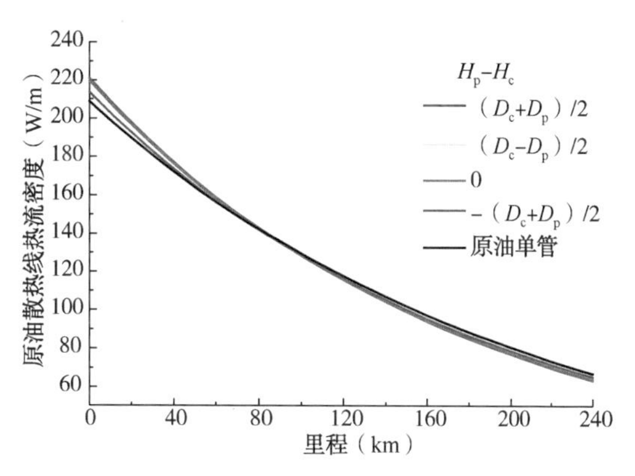


图 3-29　两管埋深相对变化时沿线原油散热线热流密度

图 3-30 和图 3-31 分别对比了不同相对埋深条件下，沿线油品温度和温降。可以看出，成品油管道对原油管道温度影响较小，反而是成品油管道存在较大温升。这是由于成品油从原油大量吸热而使自身温度升高，同时减小了成品油管道一侧的土壤温度梯度，延缓了原油向土壤散热量的增加，即改变了原油的散热渠道，使原油从单纯向土壤散热转变为向土壤和成品油散热。两管相对埋深越大时，成品油侧向地表散热越少，而仍然从原油大量吸热，所以温度升高越多。

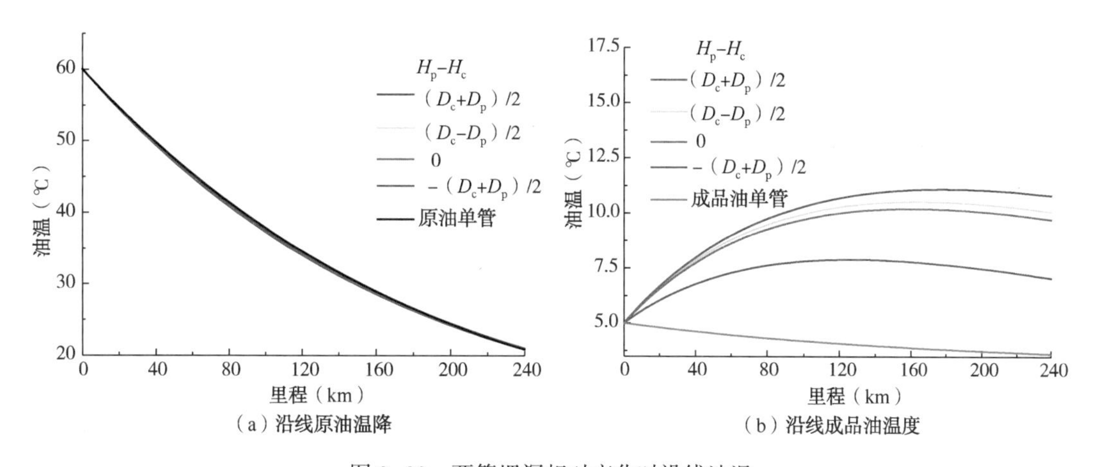


图 3-30　两管埋深相对变化时沿线油温

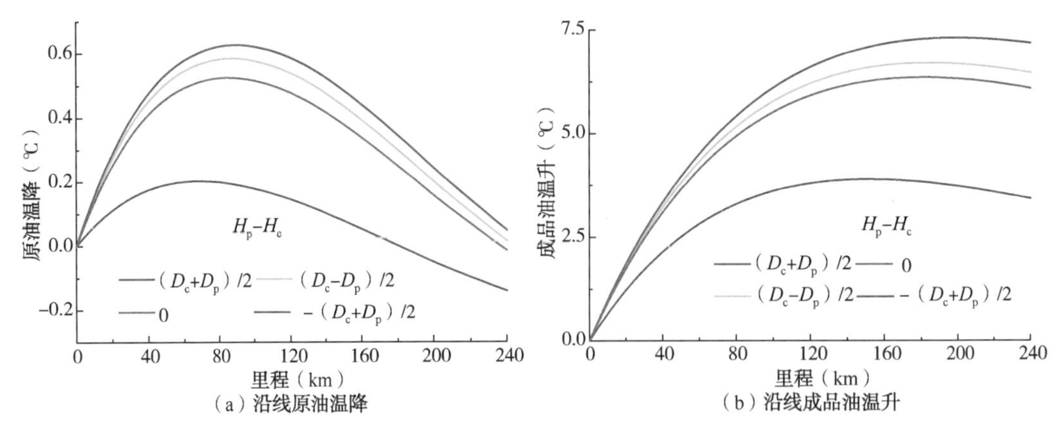


(a) 沿线原油温降　　(b) 沿线成品油温升

图 3-31　两管埋深相对变化时沿线油品温差

表 3-7 列出了同沟敷设系统相对于单管敷设管道的原油最大温降以及出现最大温降点的里程。可以看出，同沟敷设管道两管相对埋深变化时，成品油管道的存在最多使原油温度较单管敷设降低了 0.6℃。而且，发生最大温降的地点集中在前半段(120km 以前)，在此之后由于原油和成品油已经经过了较长距离的换热，温度差缩小，对下一站原油进站温度的影响不大。

**表 3-7　同沟敷设相对于单管敷设的原油最大温降**

| $H_p-H_c$① | $(D_c+D_p)/2$② | $(D_c-D_p)/2$③ | 0④ | $-(D_c+D_p)/2$⑤ |
|---|---|---|---|---|
| 同沟敷设相对于单管敷设的最大温降(℃) | 0.6 | 0.6 | 0.6 | 0.2 |
| 发生最大温降点的里程(km) | 94 | 88 | 84 | 74 |

①$H_p-H_c$ 为成品油管道埋深 $H_p$ 与原油管道埋深 $H_c$ 之差。

②$H_p-H_c=(D_c+D_p)/2$ 表示成品油管道顶部与原油管道底部在同一水平面上。

③$H_p-H_c=(D_c-D_p)/2$ 表示原油管道与成品油管道的底部在同一水平面上。

④$H_p-H_c=0$ 表示原油管道与成品油管道的轴心在同一水平面上。

⑤$H_p-H_c=-(D_c+D_p)/2$ 表示成品油管道底部与原油管道顶部在同一水平面上。

# 第四章　长距离管道冷热油交替输送技术

西部原油管道管输原油的物性差异显著(表4-1)，其中塔里木原油凝点在-3℃以下，可以全年常温输送，而吐哈原油、哈国油等在冬季需要加热或加降凝剂改性处理。这样就会出现冷热油交替顺序输送的情况。

**表4-1　西部原油管道管输原油物性**

| 物性参数＼原油 | 塔里木原油 | 吐哈原油 | 北疆原油 | 哈国油 |
|---|---|---|---|---|
| 20℃密度($kg/m^3$) | 850~870 | 780~870 | 850~880 | 810~850 |
| 凝点(℃) | -11~-3 | -4~19 | 2~14 | -12~22 |
| 15℃黏度(mPa·s) | 20~50 | 5~50 | 30~250 | 5~80 |

2007年6月西部原油管道投产后，采用顺序输送方式输送塔里木原油、塔里木—北疆混合油、吐哈原油和哈国油。其中，塔里木原油、塔里木—北疆混合油凝点在0℃以下，可以全年常温输送。显然，把占输量比例60%~70%的这两种管输原油加热到与吐哈原油、哈国油相同的温度出站并非必需，而且要消耗大量的燃料。而不同原油出站温度不同(所谓"冷热油交替输送")，则必须面对非常复杂的非稳态流动与传热问题——在整个输送过程中，管道油温、压力等运行参数以及土壤蓄热量始终处于复杂的交变过程中，而且水力、热力参数相互影响(即水力—热力耦合)。

冷热油交替输送是国际上新兴的输油技术。最早应用冷热油交替输送技术的管道是1999年投产的位于美国加利福尼亚州的太平洋管道系统(The Pacific Pipeline System)。该管道对五种不同品质原油在不同的温度下进行顺序输送，管道的运行温度范围从环境温度(18.8℃)到82.2℃[1-4]。该管道长209km，管径$\phi$508mm，输量17800t/d。管输原油的物性见表4-2。但是，所发表的文献均未给出详细的技术性报道。

长期以来，我国原油管道对不同品质的原油主要采用混合输送工艺，更没有对不同品质的原油实行不同出站温度的"冷热油交替输送"。进入21世纪以来，随着我国进口原油量的不断增加，以及炼油企业对加工成本和产品品质要求的提高，对不同品质的原油分储分输的呼声日渐高涨，采用顺序输送工艺的管道逐渐增加。

**表4-2　美国太平洋管道5种管输原油的物性**

| 油品 | 15.5℃密度 | | 不同温度下的黏度($mm^2/s$) | | | | | |
|---|---|---|---|---|---|---|---|---|
| | $kg/m^3$ | °API | 21.1℃ | 32.2℃ | 37.7℃ | 43.3℃ | 54.2℃ | 82.2℃ |
| OCS原油 | 940 | 20.1 | — | 369 | — | — | — | 46 |
| SJVH重油 | 979 | 13.1 | — | 19610 | — | — | — | 199 |

续表

| 油品 | 15.5℃密度 | | 不同温度下的黏度($mm^2/s$) | | | | | |
|---|---|---|---|---|---|---|---|---|
| | $kg/m^3$ | °API | 21.1℃ | 32.2℃ | 37.7℃ | 43.3℃ | 54.2℃ | 82.2℃ |
| SJV 原油 | 979 | 13.1 | — | — | — | 733 | 449 | — |
| KERN 原油 | 978 | 13.2 | — | 3757 | — | — | — | 89 |
| LITE 轻油 | 893 | 27.0 | 35 | — | 20 | — | — | — |

冷热油交替输送时，由于管输原油处于周期性更替变化中，且各种原油的出站温度及物性有较大差异，冷热原油交替顺序输送管道一直处于不稳定的运行状态中，冷热交替顺序输送期间土壤蓄热量、管内原油运行参数、站场参数也始终处于复杂的交变过程中。因此，要成功实行冷热油交替输送，必须解决以下问题：不同原油进出站温度、压力的交变规律如何？采用何种加热方案可以最大限度地节约加热能耗(即如何控制出站温度)？如何评价停输再启动的安全性？冷热油交替产生的热应力对管道结构及防腐层有何不利影响？显然，采用普通热油管道的计算方法不能解决这些问题，现有的液体管道仿真商业软件(如 TLNET 和 SPS 等)也无法解决这些问题。针对这些问题，我们进行了系列的研究[5-15]，并应用于西部原油管道。

# 第一节　水力、热力分析数学模型及数值算法

## 一、数学模型

冷热原油交替顺序输送时埋地管道的热力、水力计算非常复杂。为便于数学模型的建立与求解，作如下简化：

(1) 认为管内原油的温度在同一截面上是均匀的，即管内原油温度只是时间和管轴向的函数。

(2) 将管道周围各向异性的土壤介质简化为各向同性的均匀介质。

(3) 热力计算时不考虑冷热油交界面处的导热和混油段，即认为是“活塞型”驱油。

(4) 忽略轴向传热，将三维不稳定传热问题简化为二维不稳定传热问题。

(5) 热油管道的热力影响区设为 10m。

采用数值方法求解土壤温度场之前，首先要确定计算的区域和边界条件。理论上讲，计算区域应该为半无限大土壤介质区域，但实际上离开热油管道一定距离后，土壤温度基本不受管道影响，这就是“管道热力影响区”。即在管道的热力影响区内，土壤温度场受到管道热力变化的影响，而在此区域之外，这种影响可以忽略。这样就把半无限大区域的导热问题转化为对有限区域的求解，大大减小了计算量。

西部原油管道与成品油管道并行敷设，管道间距(两管道横截面中心所在水平线上管道外壁间的最小距离)为 1.2m，根据第三章的分析结果，成品油管道对原油管道基本没有影响，因此求解区域与图 3-2(a)相同。

根据以上分析及对求解区域的处理方案，建立冷热原油交替输送过程的水力热力数学模型。

1. 管流方程

设管道内半径为 $R$，直径为 $D$，管道中心与地面相距 $h$；把管道的轴线作为 $Z$ 轴，其方向与原油流动的方向相同，如图 4-1 所示。以管内油流的连续性方程、动量方程和能量方程描述冷热油交替输送过程中的水力、热力特征。

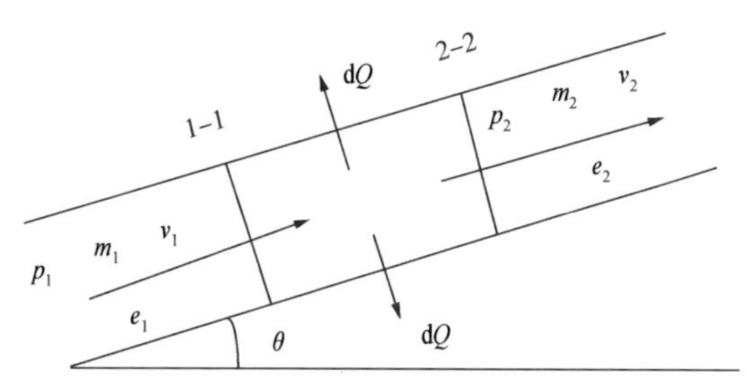


图 4-1　管道微元分析示意图

若原油运动的速度为 $v$，在 $Z=z$ 处，长为 d$z$ 的一段液柱满足：

连续性方程：

$$\frac{\partial}{\partial \tau}(\rho A)+\frac{\partial}{\partial z}(\rho v A)=0 \tag{4-1}$$

动量方程：

$$\frac{\partial v}{\partial \tau}+v\frac{\partial v}{\partial z}=-g\sin\theta-\frac{1}{\rho}\frac{\partial p}{\partial z}-\frac{\lambda}{D}\frac{v^2}{2} \tag{4-2}$$

能量方程：

$$\frac{\partial}{\partial \tau}\left[(\rho A)\left(u+\frac{v^2}{2}+gs\right)\right]+\frac{\partial}{\partial z}\left[(\rho v A)\left(h+\frac{v^2}{2}+gs\right)\right]=-\pi D q \tag{4-3}$$

由式(4-1)～式(4-3)得到油流的换热方程：

$$C_p\frac{\mathrm{d}T}{\mathrm{d}\tau}-(T+273.15)\left(\frac{\partial_v}{\partial T}\right)_\beta\frac{\mathrm{d}p}{\mathrm{d}\tau}-\frac{\lambda v^3}{2D}=-\frac{4q}{\rho D} \tag{4-4}$$

式中：$q$ 为原油在单位管壁面积上单位时间的散热量，W/m$^2$；$v$ 为油流速度，m/s；$D$ 为管道的内直径，m；$A$ 为油流的横截面积，m$^2$；$C_p$ 为原油的比热容，J/(kg·℃)；$T$ 为原油温度,℃；$\tau$ 为时间，s；$\lambda$ 为达西摩阻系数；$\beta$ 为热膨胀系数。

2. 结蜡层、管壁和防腐层的传热方程

$$\rho_n C_n\frac{\partial T_n}{\partial \tau}=\frac{1}{r}\frac{\partial}{\partial r}\left(\lambda_n r\frac{\partial T_n}{\partial r}\right)+\frac{1}{r^2}\frac{\partial}{\partial \theta}\left(\lambda_n\frac{\partial T_n}{\partial \theta}\right)\quad n=1,\ 2,\ 3 \tag{4-5}$$

式中，$\rho_n$、$C_n$、$\lambda_n$ 及 $T_n$ 分别为第 $n$ 层的密度、比热容、导热系数和温度。$n$=1，2，3 分别表示结蜡层、管壁及防腐层。

3. 土壤导热方程

$$\rho_s C_s\frac{\partial T_s}{\partial \tau}=\frac{\partial}{\partial x}\left(\lambda_s\frac{\partial T_s}{\partial x}\right)+\frac{\partial}{\partial y}\left(\lambda_s\frac{\partial T_s}{\partial y}\right) \tag{4-6}$$

式中，$\rho_s$ 为土壤密度；$C_s$ 为土壤比热容；$\lambda_s$ 为土壤导热系数；$T_s$ 为土壤温度。

4. 连接条件

管内原油、结蜡层、管壁、防腐层以及土壤的传热过程是相互关联的。

$$-\lambda_1 \frac{\partial T_1}{\partial r}\Big|_{r=R_0^-}=\alpha(T_o-T_1) \tag{4-7}$$

$$\lambda_n \frac{\partial T_n}{\partial r}\Big|_{r=R_n^-}=\lambda_{n+1}\frac{\partial T_{n+1}}{\partial r}\Big|_{r=R_n^+} \quad n=1,\ 2,\ \cdots,\ N+1 \tag{4-8}$$

式中，$R_n$ 为第 $n$ 层外半径。

$$T_n\big|_{r=R_n^-}=T_{n+1}\big|_{r=R_n^+} \quad n=1,\ 2,\ \cdots,\ N-1 \tag{4-9}$$

$$\lambda_N \frac{\partial T_N}{\partial r}\Big|_{r=R_n^-}=\lambda_s \frac{\partial T_s}{\partial r}\Big|_{r=R_N^+} \tag{4-10}$$

$$T_N\big|_{r=R_N^-}=T_s\big|_{r=R_N^+} \tag{4-11}$$

$$\text{当 } x=0\begin{cases}0\leqslant y\leqslant h-R_N\\ h+R_N\leqslant y\leqslant\infty\end{cases}\text{时，}\lambda_s\frac{\partial T_s}{\partial x}=0 \tag{4-12}$$

5. 边界条件

$$T\big|_{z=0}=\varphi(t) \tag{4-13}$$

$$\frac{\partial T_s}{\partial y}\Big|_{y=0}=\frac{\alpha_w}{\lambda_s}(T_s-T_w) \tag{4-14}$$

6. 初始条件

$$T\big|_{\tau=0}=f(z) \tag{4-15}$$

$$T_n\big|_{\tau=0}=f_n(r,\ \theta) \quad n=1,\ 2,\ \cdots,\ N-1 \tag{4-16}$$

$$T_s\big|_{\tau=0}=f_s(x,\ y) \tag{4-17}$$

在上述定解条件中，式(4-7)表示原油向管道内壁放热的关系，式(4-8)表示管道上第 $n$ 层外壁与第 $n+1$ 层内壁之间的传热关系，式(4-9)表示管道上第 $n$ 层外壁与第 $n+1$ 层内壁之间的温度关系式；式(4-10)表示管道最外层与土壤之间的传热关系；式(4-11)表示管道最外层与土壤之间的温度关系；式(4-12)表示管道、土壤的热力条件相对于坐标 $y=0$ 对称；式(4-13)表示输入管道的原油温度随时间变化情况；式(4-14)表示土壤表面向大气对流放热情况；式(4-15)至式(4-17)分别表示油品、管道和管道上的覆盖层以及土壤的初始温度条件。

## 二、数值求解方法

对于土壤区域采用 DELAUNAY 三角化方法进行网格自动生成，输入管道埋深(管中心至地表的距离)和管道最外层半径，程序即可自动对土壤计算区域进行划分，生成直角坐标系下的非结构化三角形网格，如图 4-2 所示。这样整个土壤区域就划分成许多个互不重叠的三角形网格。由于管中心附近温度梯度大，而离管道越远，土壤温度受热油管道影响越小，温度梯度越小，因此在管道附近网格划分得比较密，离管道越远网格越稀疏，以较准确地模拟出真实的温度场。每个三角形对应一个节点，节点温度代表了整个三角形的温度。每个三角形和周围环境的热量交换可以由三角形的节点和周围三角形的节点的热传导来代替。

管道热力影响区的边界条件处理为：在恒温层处边界条件为第一类边界条件；在管道中间截面的上下两处和最右侧的面为第二类边界条件；管道内壁和土壤表面两处为第三类边界条件。

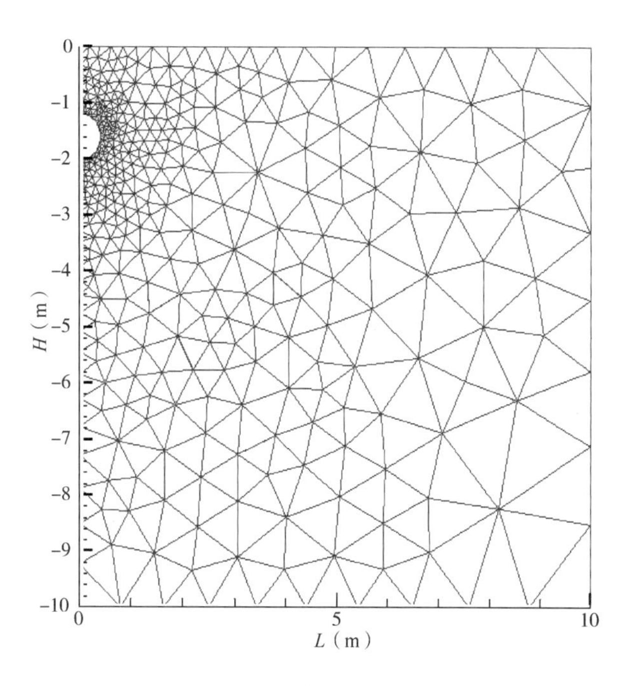


图 4-2　土壤区域网格划分

对油流方程在直角坐标下采用有限差分法进行离散，对土壤导热方程在直角坐标系下采用控制容积积分法进行离散，对结蜡层、管壁和防腐层在极坐标系下采用控制容积积分法进行离散。由于在不同坐标系离散过程类似，下面重点介绍直角坐标系下油流方程的离散过程和土壤导热方程在三角形网格上的离散过程。图 4-3 为管道的离散图。

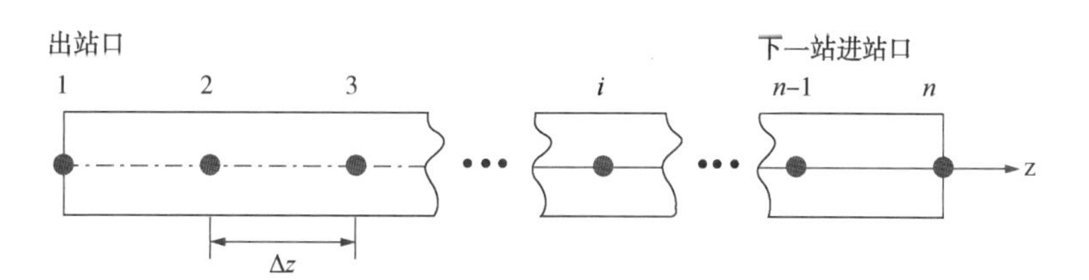


图 4-3　管道的离散图

利用有限差分法，对管流非稳态热力—水力耦合方程进行离散求解。如图 4-3 所示，沿管道将管路划分为若干的计算段，在 $\Delta\tau$ 时间间隔内，对方程(4-4)两边进行离散，则有：

$$C_p\left(\frac{\partial T}{\partial \tau}+\frac{\partial T}{\partial z}\frac{\partial z}{\partial \tau}\right)-\frac{T+273.15}{\rho}\beta\left(\frac{\partial p}{\partial \tau}+\frac{\partial p}{\partial z}\frac{\partial z}{\partial \tau}\right)-\frac{fv^3}{2D}=-\frac{4q}{\rho D} \tag{4-18}$$

$$C_p\left(\frac{T_i-T_i^0}{\Delta\tau}+\frac{T_i^0-T_{i-1}^0}{\Delta z}v_i\right)-\frac{T_i+273.15}{\rho}\beta\left(\frac{p_i-p_i^0}{\Delta\tau}+\frac{p_i{}^0-p_{i-1}^0}{\Delta z}v_i\right)-\frac{fv_i{}^3}{2D}=-\frac{4q_{i-1}}{\rho D} \tag{4-19}$$

式中：$T_i$ 和 $T_i^0$ 分别为 $i$ 点在时间间隔 $\Delta\tau$ 的当前时层和上一时层的温度值。

经整理得：

$$T_i=\frac{\frac{fv_i^{\ 3}}{2D}-\frac{4q_{i-1}}{\rho D}-C_p\frac{T_i^0-T_{i-1}^0}{\Delta z}V_i+\frac{C_pT_i^0}{\Delta\tau}}{\frac{C_p}{\Delta\tau}-\frac{\beta}{\rho}(\frac{p_i-p_i^0}{\Delta\tau}+\frac{p_i^0-p_{i-1}^0}{\Delta z}v_i)}+273.15 \tag{4-20}$$

式中：$q_{i-1}$为在Δτ时间间隔内$(i-1)\sim(i)$管段散失的热量；$p_i$ 和 $p_i^0$ 分别为 $i$ 点在当前时刻和上一时刻的压力；$T_i$ 和 $T_i^{\ 0}$ 分别为 $i$ 点在当前时刻和上一时刻的温度。

当 $\Delta z=v_i\Delta\tau$，上式可以简化为：

$$T_i=\frac{\frac{\Delta\tau}{D}(\frac{fv_i^{\ 3}}{2}-\frac{4q_i}{\rho})+C_pT_{i-1}^0}{C_p-\frac{\beta}{\rho}(p_i-p_{i-1}^0)}+273.15 \tag{4-21}$$

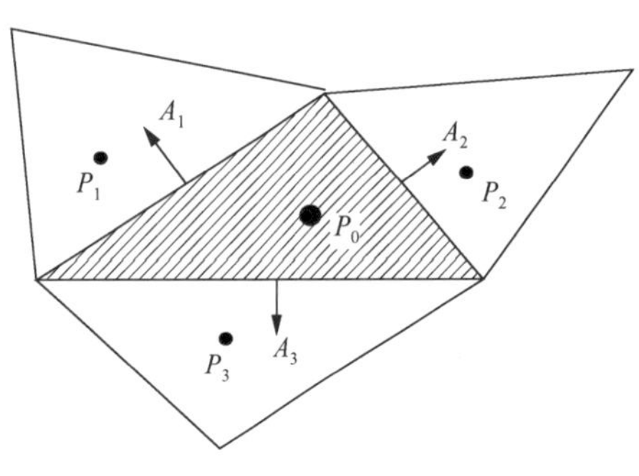

图 4-4 三角形控制容积

将土壤导热方程的计算节点置于三角形的重心，如图 4-4 所示，节点 $P_0$可看成是打阴影线的三角形区域的代表，在有限容积法中称这个三角形为 $P_0$点的控制容积。对导热方程进行离散，就是要建立起计算节点 $P_0$的温度与其邻点 $P_1$、$P_2$和 $P_3$的温度之间的代数关系式。为离散的方便，省略下标 $s$，土壤导热方程(4-6)可以针对任意的控制容积写成积分的形式如下：

$$\int_V\frac{\partial T}{\partial\tau}\mathrm{d}V=\int_A\frac{\lambda}{\rho c}\nabla T\cdot\mathrm{d}A \tag{4-22}$$

式中：$V$ 为控制容积的体积(对二维导热问题为控制容积的面积)；$A$ 为控制容积界面的面积矢量，其正方向与外法线单位矢量一致，如图 4-4 所示。符号“·”表示两个矢量的内积。将上式应用于如图 4-4 所示的三角形控制容积，采用隐式格式可得：

$$\frac{T_{P_0}-T_{P_0}^0}{\Delta\tau}A_{P_0}=\frac{\lambda}{\rho c}\sum_{j=1}^{3}(\nabla T)_j\cdot A_j \tag{4-23}$$

式中：$A_{P_0}$为三角形 $P_0$ 的面积，$T_{P_0}$和 $T_{P_0}^0$分别为 $P_0$ 点在时间间隔 $\Delta\tau$ 的当前时层和上一时层的温度值；$(\nabla T)_j$ 是界面 1，2，3 上的平均温度梯度。

界面上的平均温度梯度$(\nabla T)_j$ 可以通过节点上的温度梯度线性插值得到：

$$(\nabla T)_j=w_{P_0}(\nabla T)_{P_0}+w_{P_j}(\nabla T)_{P_j} \tag{4-24}$$

式中：$w_{P_0}$和 $w_{P_j}$为插值因子。

从上面的推导可知，只要确定了节点上的温度梯度，离散方程就可以完全确定下来。节点上的温度梯度采用最小二乘方法来确定，文献采用了以下计算式：

$$\frac{\partial}{\partial(\nabla T)_{P_0}^i}\sum_{j=1}^{3}\frac{1}{|d_j|}\left[\frac{T_{P_j}-T_{P_0}}{|d_j|}-(\nabla T)_{P_0}\cdot\frac{d_j}{|d_j|}\right]^2=0\quad i=1,\ 2 \tag{4-25}$$

式中：$(\nabla T)_{P_0}^i$表示 $P_0$节点的温度梯度在 $i$ 坐标轴上的分量；$d_j$ 为从 $P_0$到 $P_j$的有向线段。代数方程(4-25)可以用矩阵来表示

$$(\nabla T)_{P_0}=G^{-1}h \tag{4-26}$$

其中，矩阵 $G$ 的 4 个分量和列矢量 $h$ 的 2 个分量分别为

$$g_{kl}=\sum_{j=1}^{3}\frac{d_j^k\cdot d_j^l}{|d_j|^3}\qquad k=l=1,2$$
$$h_k=\sum_{j=1}^{3}\frac{T_{P_j}-T_{P_0}}{|d_j|}\frac{d_j^k}{|d_j|^2}\qquad k=1,2 \tag{4-27}$$

$d_j^k$ 是矢量 $d_j$ 的第 $k$ 个分量。求出了节点的温度梯度就很容易用式(4-24)求出界面的温度梯度。但直接采用式(4-24)有可能得到非物理的振荡的温度场，为此可以采用显式修正的方法：

$$(\nabla T)_j=[w_{P_0}(\nabla T)_{P_0}+w_{P_j}(\nabla T)_{P_j}]-[w_{P_0}(\nabla T)_{P_0}+w_{P_j}(\nabla T)_{P_j}]\frac{d_j}{|d_j|}\frac{d_j}{|d_j|}+\frac{T_{P_j}-T_{P_0}}{|d_j|}\frac{d_j}{|d_j|} \tag{4-28}$$

将式(4-28)代入式(4-23)整理得到离散方程：

$$a_{P_0}T_{P_0}=\sum_{j=1}^{3}a_{P_j}T_{P_j}+b$$
$$a_{P_j}=\frac{\lambda}{\rho c}\frac{d_j\cdot A_j}{|d_j|^2}\qquad i=1,2,3$$
$$a_{P_0}=\sum_{j=1}^{3}a_{P_j}+\frac{A_{P_0}}{\Delta\tau}$$
$$b=\frac{T_{P_0}^0A_{P_0}}{\Delta\tau}+\frac{\lambda}{\rho c}\sum_{j=1}^{3}\left\{[w_{P_0}(\nabla T)_{P_0}+w_{P_j}(\nabla T)_{P_j}]-[w_{P_0}(\nabla T)_{P_0}+w_{P_j}(\nabla T)_{P_j}]\frac{d_j}{|d_j|}\frac{d_j}{|d_j|}\right\} \tag{4-29}$$

## 三、冷热交替顺序输送管道再启动

冷热原油交替输送管道停输后的再启动过程是一个水力和热力相互影响的不稳定过程。期间由于温度降低管内油品可能会表现出触变性，而管内存油的多样性可能会导致多个触变段的出现。若管内油品不表现出触变性，则在此过程中原油的控制方程、结蜡层、管壁和防腐层的导热方程和土壤导热方程与正常输送条件下的各方程一样。若部分或全部原油表现出触变性时，对触变性流体采用如下方程来描述：

$$\frac{\partial v}{\partial\tau}+v\frac{\partial v}{\partial z}+\frac{1}{\rho}\frac{\partial p}{\partial z}+g\sin\alpha+\frac{4\tau_w}{\rho D}=0 \tag{4-30}$$

其中，管壁处剪应力 $\tau_w$ 用触变模型来计算。本研究采用 Houska 触变模型。

$$\tau_1=\tau_{y0}+\lambda\tau_{y1}+(K+\lambda\Delta K)\dot{\gamma}^n \tag{4-31}$$

$$\frac{\mathrm{d}\lambda}{\mathrm{d}t}=a(1-\lambda)-b\lambda\dot{\gamma}^m \tag{4-32}$$

式中：$\tau_1$ 为剪应力，Pa；$\tau_{y0}$ 为结构充分裂解时的屈服应力，Pa；$\tau_{y1}$ 为结构完全建立起来时的屈服应力，Pa；$K$ 为稠度系数，Pa·s；$\Delta K$ 为触变性稠度系数，Pa·s；$\dot{\gamma}$ 为剪切率，$s^{-1}$；$a$、$b$ 和 $\lambda$ 为结构参数；$t$ 代表剪切时间，s。

冷热原油交替顺序输送管道停输再启动的数值计算中，对油品种类进行了标识，选取一一对应的参数进行计算。

## 第二节　冷热原油交替输送水力热力计算软件

### 一、软件开发

根据前述数学模型和数值求解方法，开发了《西部原油管道冷热交替顺序输送水力、热力仿真软件》。该软件采用适合科学计算的 FORTRAN 语言编制计算内核，采用 Visual Basic 语言编制界面，主要包括正常输送模拟模块、停输温降模拟模块、再启动模拟模块及经济分析模块，可实现对原油管道冷热交替输送水力热力工况的仿真。

正常输送模拟模块可针对不同物性原油在不同输量、不同批次顺序以及不同出站油温条件，计算沿线油品和油温分布、各站进站油温、沿程摩阻及进站压力变化情况。图 4-5 和图 4-6 分别为仿真软件计算的张掖站 11 月至次年 5 月进站油温和进站压力随时间的变化情况。

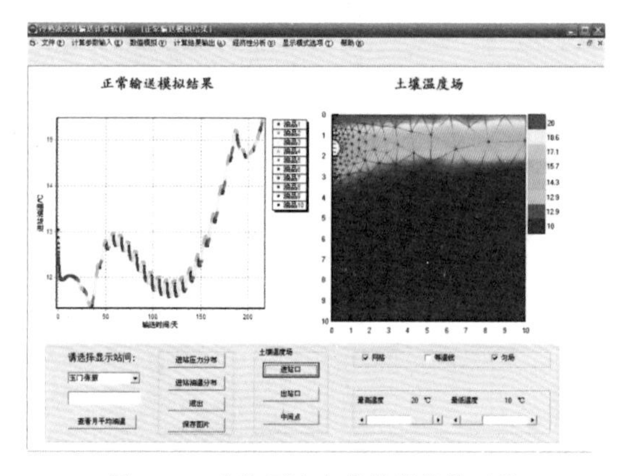


图 4-5　冷热原油交替输送软件正常输送模块进站油温输出界面

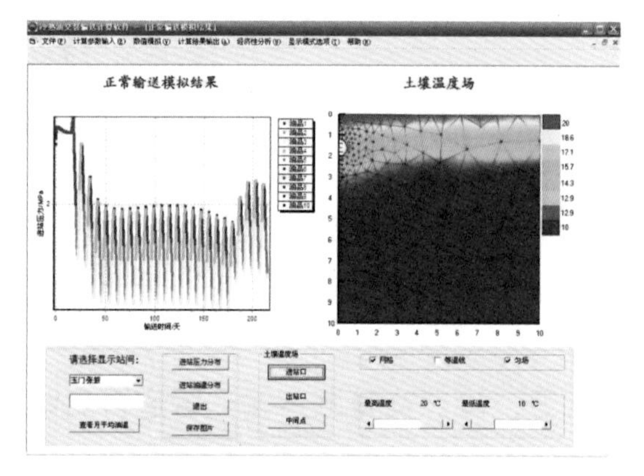


图 4-6　冷热原油交替输送软件正常输送模块进站压力输出界面

停输温降仿真模块可针对不同月份、不同管内存油以及不同停输时间条件，计算出停输前后沿线油温变化，为再启动过程模拟提供初始条件。该模块可计算指定时间的停输，或根据某批次油品油头到达指定位置来进行停输模拟。图 4-7 为鄯善—四堡站间停输后管内油温随时间变化的模拟结果。

再启动模拟模块能针对不同站间进行再启动过程的数值模拟，包括进站流量和温度的恢复情况及沿线油温分布。图 4-8 为再启动时四堡站进站流量随时间变化的模拟结果。

经济性分析模块可计算当前点炉方式下各加热站各月加热能耗，可对不同点炉方式的能耗差异进行经济分析，如图 4-9 所示。

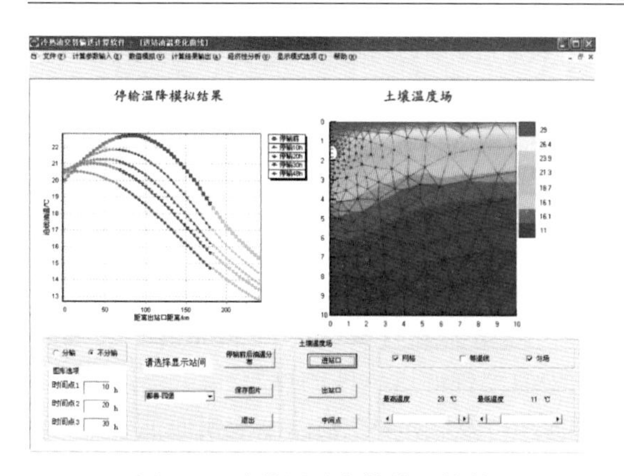


图 4-7　冷热原油交替输送软件停输温降模块沿程油温输出界面

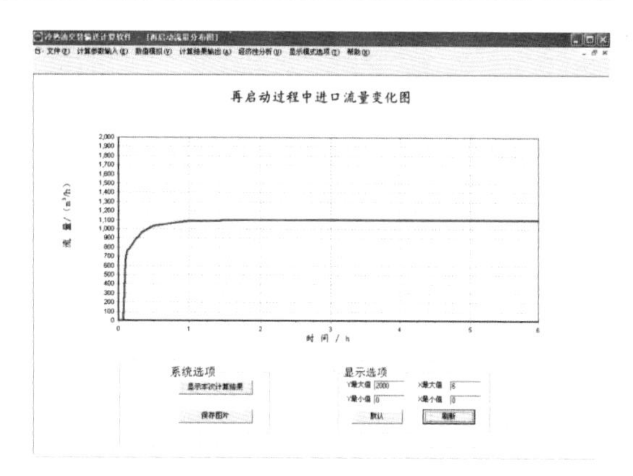


图 4-8　冷热原油交替输送软件再启动模块进站流量恢复结果输出界面

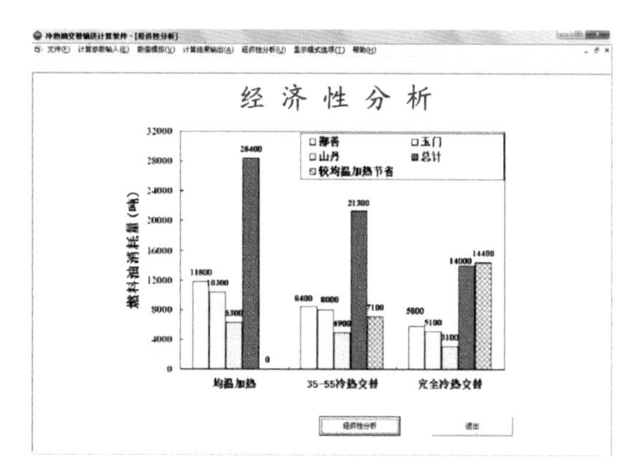


图 4-9　冷热原油交替输送软件经济性分析计算结果

《西部原油管道冷热交替顺序输送水力、热力仿真软件》的特色包括：

（1）可模拟多站间、多批次油品以不同出站油温交替顺序输送的原油管道运行工况，对油温、压力等生产运行中关心的参数进行比较分析。

（2）停输模块中停输时间的选取既可通过指定时间停输加以实现，也可通过指定批次油品油头到达位置来进行控制，便于现场使用。该模块针对不同停输时间、不同管内存油进行停输温降计算，结果以图表的形式输出，直观、明了。

（3）西部原油管道距离长，管内可能同时存有数十种油品，运行工况复杂，再启动模块考虑了油品的触变性，可对存有若干批次油品的站间管段进行再启动模拟计算，得出进站流量、温度恢复情况和沿线油温分布。

（4）将冷热交替顺序输送运行的正常输送过程、停输温降过程、再启动过程和经济分析整合在一起，对这一技术从多角度进行详细而完整的描述，为管道的运行管理人员提供了有效的辅助决策工具，也可用于其他原油管道冷热原油交替顺序输送工艺仿真。

## 二、软件的验证

2008 年 3—5 月，鄯兰干线进行了冷热原油交替顺序输送现场试验，利用生产运行数据，对所开发的软件进行了验证。将鄯善—玉门管段各站间 3—5 月进站处温度、压力和流量计算结果与实测值进行了对比，各参数的平均偏差统计见表 4-3。

**表 4-3　鄯善—玉门站间计算结果与实测值偏差的统计结果**

| 项目 | 最大偏差 | 最小偏差 | 平均偏差 |
| --- | --- | --- | --- |
| 温度(℃) | 1.6 | 0.2 | 0.7 |
| 压力(MPa) | 0.3 | 0.1 | 0.19 |
| 流量($m^3$/h) | 95.2 | 15.6 | 52.1 |

分析验证结果可知，鄯善—玉门管段进站温度计算结果与实测值平均偏差为 0.7℃；进站压力计算结果与实测值平均偏差不超过 0.2MPa；进站流量计算结果与实测值平均偏差 52.1$m^3$/h(相对偏差约为 5%)。这说明所开发的冷热油交替输送软件的可靠性。

此外，还采用新大线(大连新港—大连石化原油管道)及临沧线(临邑—沧州原油管道)部分冷热原油交替顺序输送工况下的运行参数对软件进行验证，结果同样表明软件计算结果可靠。此外，软件还采用了 2008 年冬季鄯兰干线冷热交替输送工业应用运行参数进行了验证，再次证明了软件的可靠性，部分验证结果如图 4-10 至图 4-14所示。

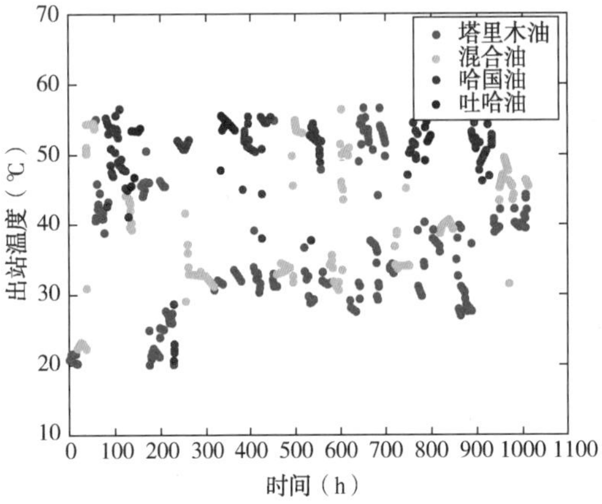

图 4-10　冷热油交替运行期间鄯善出站温度随时间变化

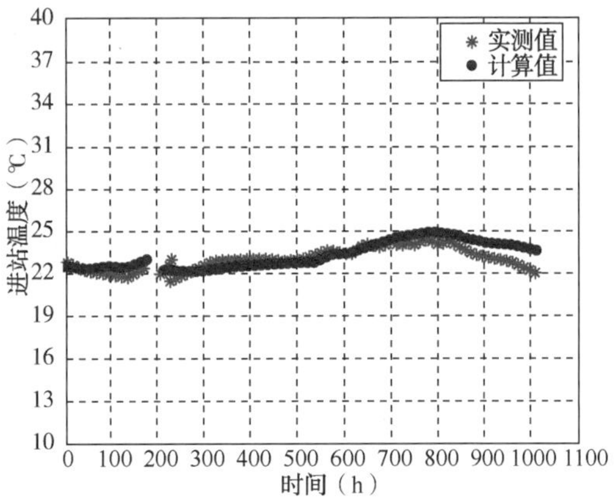

图 4-11　四堡进站温度计算值与实测值对比(平均偏差 0.4℃)

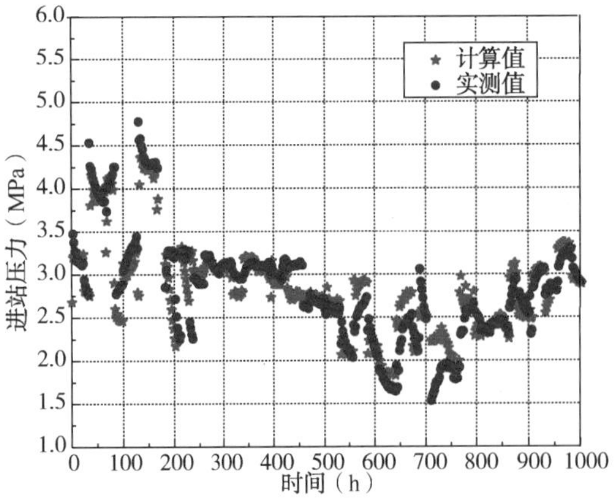

图 4-12　四堡进站压力计算值与实测值对比(平均偏差 0.1MPa)

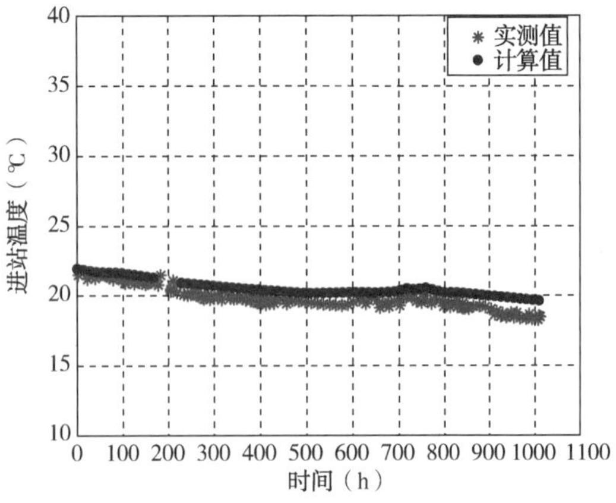

图 4-13　翠岭进站温度计算值与实测值对比(平均偏差 0.7℃)

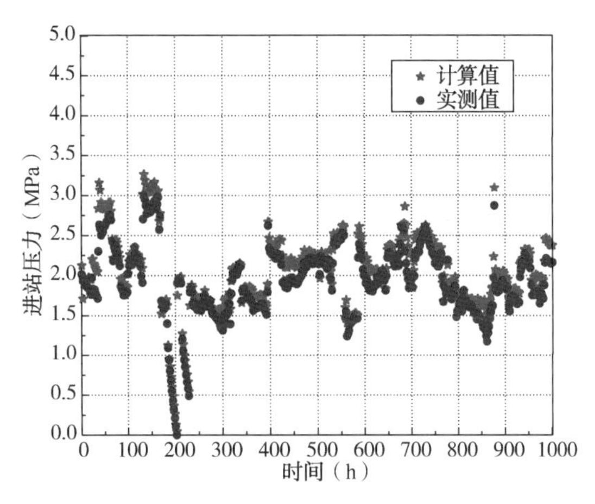


图 4-14　翠岭进站压力计算值与实测值对比(平均偏差 0.1MPa)

# 第三节　冷热原油交替输送热力与水力变化规律

原油的冷热交替输送是一个较强的非稳态过程，其土壤温度场、油流、水力坡降、能耗等呈现出与稳态输送不同的特点。本节以某 60km 管道为算例，说明冷热原油交替输送条件下管道沿线土壤温度场及油流的水力、热力变化规律，并对不同加热方案进行了加热能耗的经济性分析。

## 一、土壤温度场和蓄热量的交替变化规律

首先针对管道周围土壤温度场随时间的变化进行了分析。图 4-15 为土壤温度场相对油流温度的滞后情况。由图 4-15 可以看出，冷热油交替输送过程中，土壤中的传热呈现显著的非稳态特征，土壤温度呈周期性变化，而且距离管道中心越近，变化幅度越明显。图 4-16 为管道沿线不同截面埋深处水平距离管道中心 1m 处土壤温度随时间的变化。由图 4-16 可以看出，随着冷油向前推进，土壤温度降低且变化幅度不断减小。土壤温度场的周期性变化是冷热油交替输送非稳态传热的结果。当“冷油”进入管道后，管内的油流将从土壤中不断吸收热量，而当“热油”到达时，管内油流将向土壤散热。油流吸热和放热过程使得土壤温度场随时间呈现出降低和升高交替变化的规律。值得指出的是，虽然土壤温度的交替变化与管内原油温度的交替变化周期一致，但其交替变化规律相对原油温度的变化有一个滞后期。由图 4-15 看出，1m 处土壤温度相对油温的交替变化滞后了 1.6d，而 1.5m 处滞后了 4.1d。距离管壁越远，滞后期越长。

可从导热方程分析影响温度变化滞后的主要因素：

$$\frac{\partial T_s}{\partial \tau}=\frac{\lambda_s}{\rho_s C_s}\left[\frac{\partial}{\partial x}\left(\frac{\partial T_s}{\partial x}\right)+\frac{\partial}{\partial y}\left(\frac{\partial T_s}{\partial y}\right)\right] \tag{4-33}$$

由式(4-33)可以看出，导温系数 $a_s=\frac{\lambda_s}{\rho_s C_s}$是影响导热的一个重要因素。导温系数越大，土壤中温度的传播速度越快，即土壤温度分布越趋均匀。图 4-17 给出了其他计算条件不变，导热系数由 1.4W/(m·℃)增大到 2W/(m·℃)时(导温系数增大 1.43 倍时)，土壤温度的滞后规律。可以看出导温系数增大，滞后减小。1m 处的土壤离油品近，受原油影响大，

导温系数增大 1.43 倍后，土壤温度滞后油温的时间从 1.6d 缩短到 1.1d。

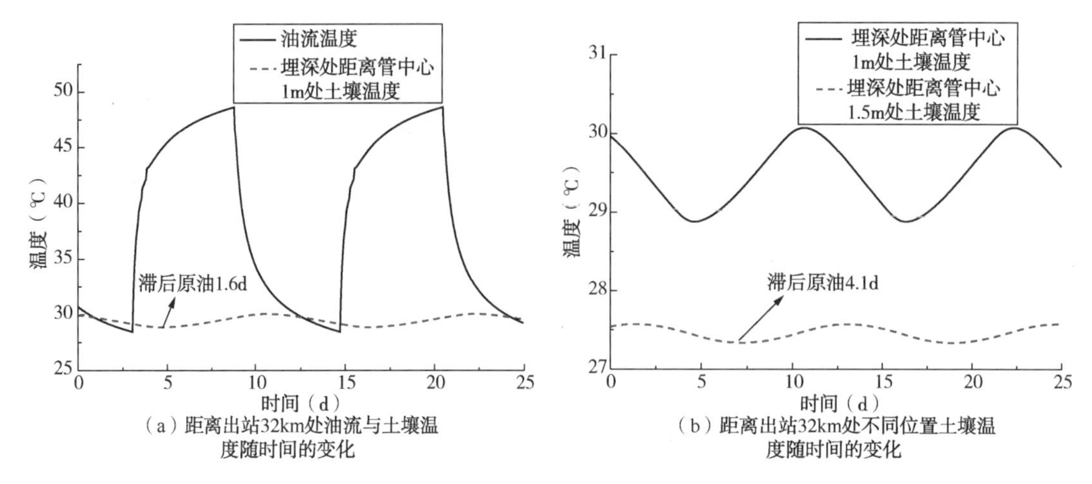


（a）距离出站32km处油流与土壤温度随时间的变化

（b）距离出站32km处不同位置土壤温度随时间的变化

图 4-15　土壤温度场相对油流温度的滞后[土壤导热系数 1.4W/(m·℃)]

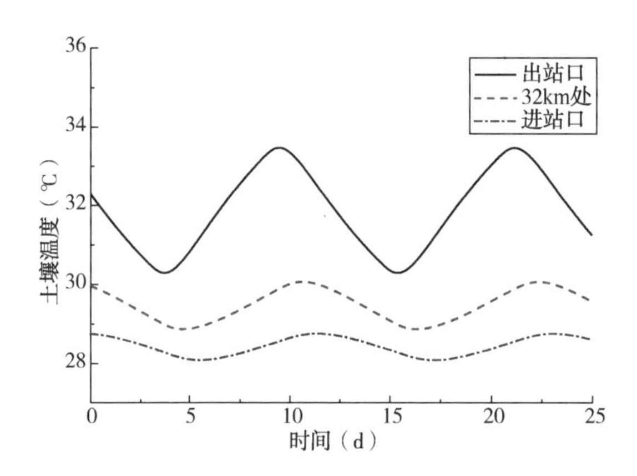


图 4-16　管道沿线不同截面埋深处水平距离管道中心 1m 处土壤温度随时间的变化

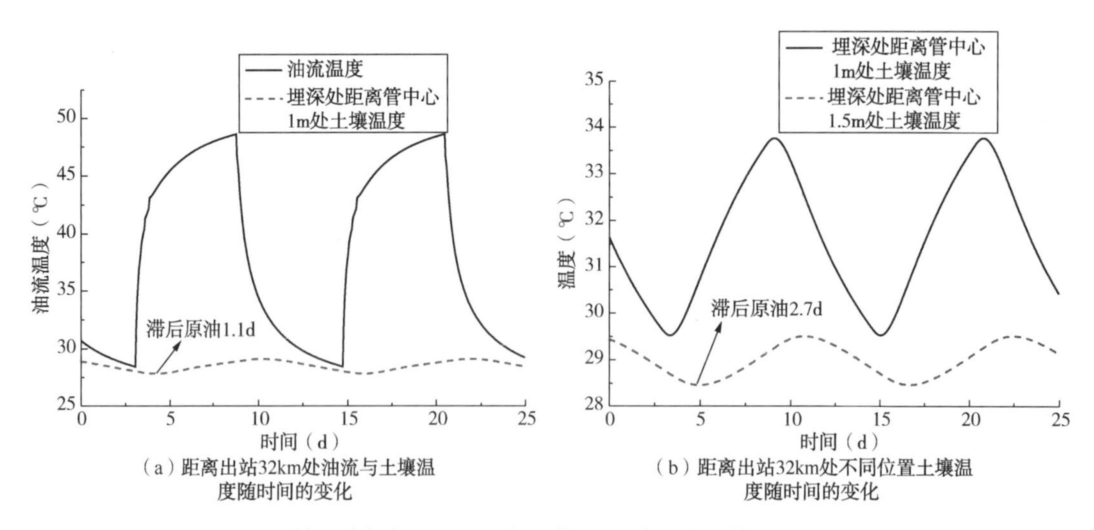


（a）距离出站32km处油流与土壤温度随时间的变化

（b）距离出站32km处不同位置土壤温度随时间的变化

图 4-17　土壤温度场相对油流温度的滞后[土壤导热系数 2.0W/(m·℃)]

土壤温度场的变化，导致其蓄热量也发生周期性变化。图 4-18 给出了单位长度土壤蓄热量的周期变化规律[单位长度土壤蓄热量定义为 $\sum_{N=1}^{n} 2\rho_s A_N C_s (T_s - T_z)$，$T_s$ 为土壤节点温度，$T_z$ 为土壤自然地温，$A_N$ 为三角形单元的面积，$n$ 为三角形单元总数]。将图 4-18 与图 4-15对比可以看出，总体上讲“热油”进入管道，土壤蓄热量逐渐增加，“冷油”流过时蓄热量逐渐减小。蓄热量较原油温度也存在滞后，但这个滞后非常短(见图 4-19 对比放大图)，这是由于“热油”/“冷油”刚来时，结蜡层、管壁中的“冷”/“热”量继续向土壤传递造成的。

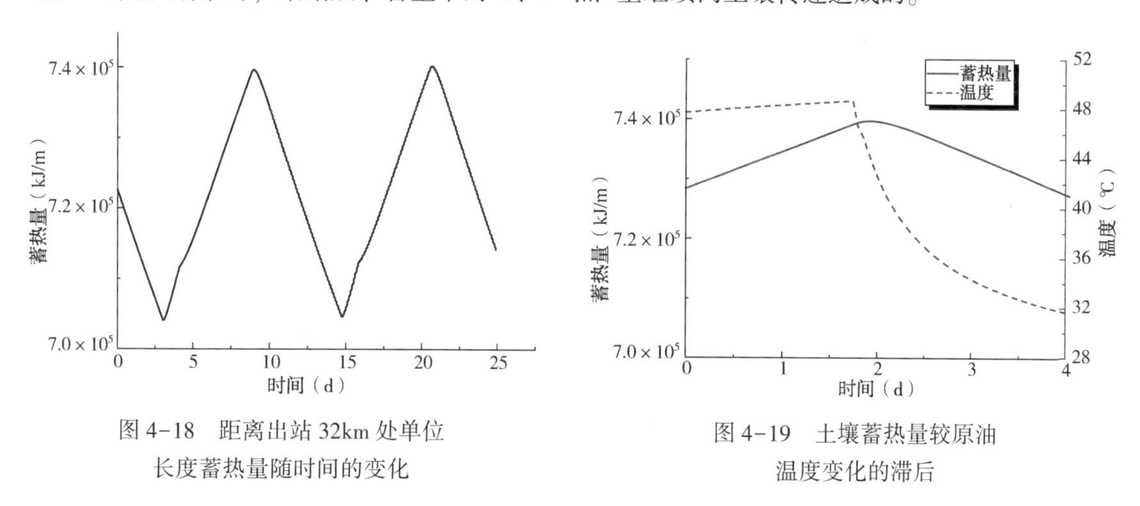


图 4-18　距离出站 32km 处单位长度蓄热量随时间的变化

图 4-19　土壤蓄热量较原油温度变化的滞后

图 4-20 给出了在一个周期变化中蓄热量最大和最小时，单位质量土壤蓄热量的等值线图[单位质量土壤蓄热量定义为 $C_s(T_s-T_z)$，$T_s$ 为土壤温度，$T_z$ 为土壤自然地温]。从图 4-20 可以看出，管道周围的蓄热量的变化非常大。图 4-20 表明，不管是蓄热量最大时刻还是最小时刻，都表现出距离管道越远，蓄热量明显减小的趋势。图 4-21 给出了最大和最小蓄热量采用同样等值线间隔做出的对比图。可明显看出，蓄热量的改变主要集中在距离管道周围很近的土壤区域。远离管道的土壤区域蓄热量基本不变。

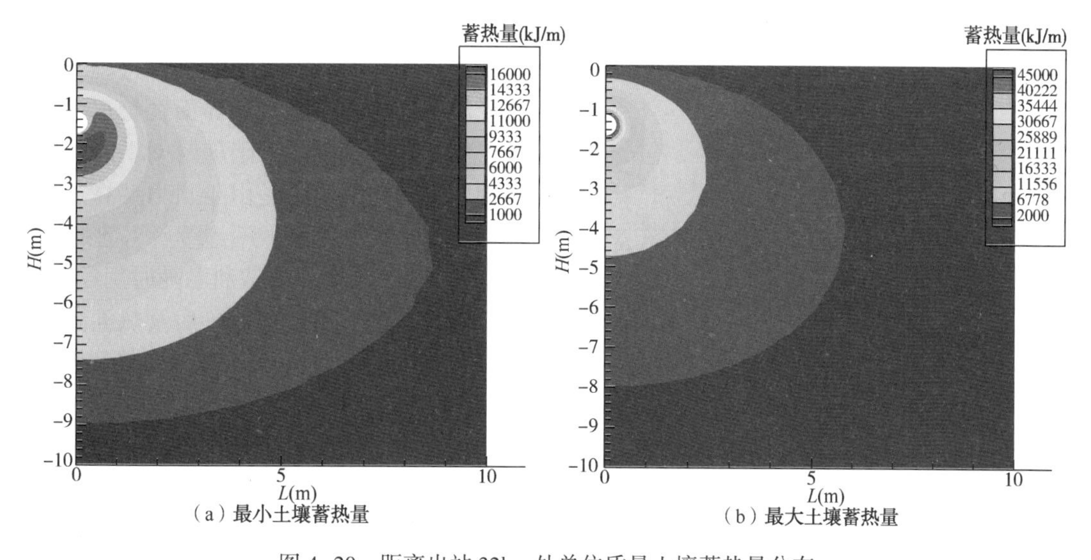


图 4-20　距离出站 32km 处单位质量土壤蓄热量分布

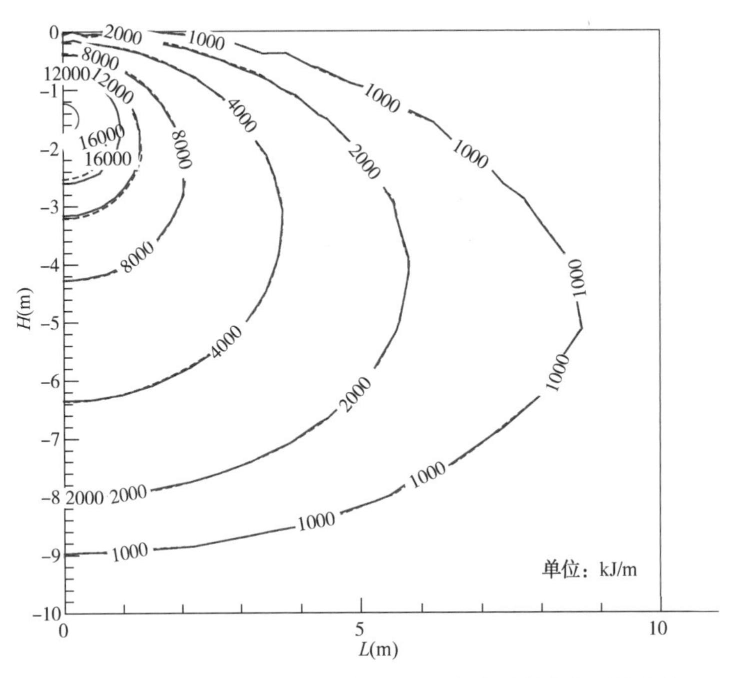


图 4-21　最高和最低蓄热量分布对比图(实线为最高热量等值线)

## 二、油流温度和沿程摩阻的交替变化规律

图 4-22 给出了原油管道的沿程摩阻随时间的变化。可以看出输送“热油”时，由于土壤温度场不断蓄热，“热油”的散热量逐渐减小，管道内原油黏度逐渐降低，使得沿程摩阻呈现出明显的不断减小趋势。相反，输送“冷油”时，“冷油”不断向土壤温度场吸热，土壤的加热能力逐渐减弱，因而管道内原油黏度逐渐增加，使得沿程摩阻不断增加。从较小摩阻跃升到较大摩阻的那些点反映了高凝油顶低凝油界面在管道中的推进过程，反之则反映了低凝油顶高凝油界面在管道中的推进过程。较大摩阻段摩阻随时间下降的曲线出现明显的跳跃，这是由于水力计算过程中流态分区造成摩阻系数不连续所引起的。

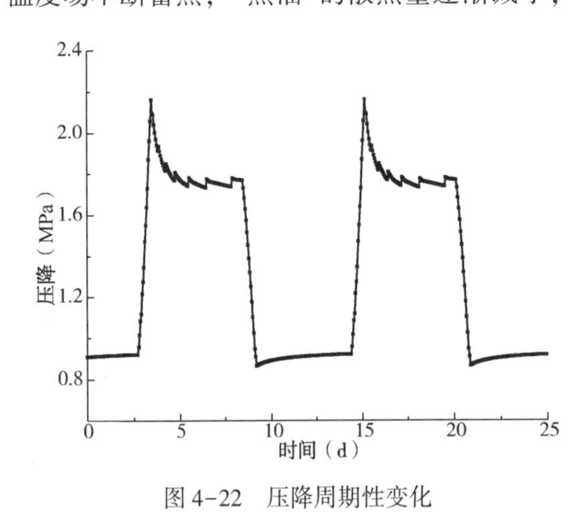


图 4-22　压降周期性变化

图 4-23 给出了进站油温随时间的变化。可以看出热油头温度最低，后续热油的油温不断升高。相反冷油头温度最高，后续冷油的油温不断降低。这是由于土壤的蓄热和放热过程造成的。

图 4-24 给出了管道不同里程处油温随时间的变化。由图可见，随着输送距离的增加，原油温度的变化幅度下降，这是原油沿线向环境换热的结果。原油温度的交替变化周期相同，但下游点原油比上游点原油有一个滞后期，滞后的时间等于油流从上游点流动到下游点所用时间。

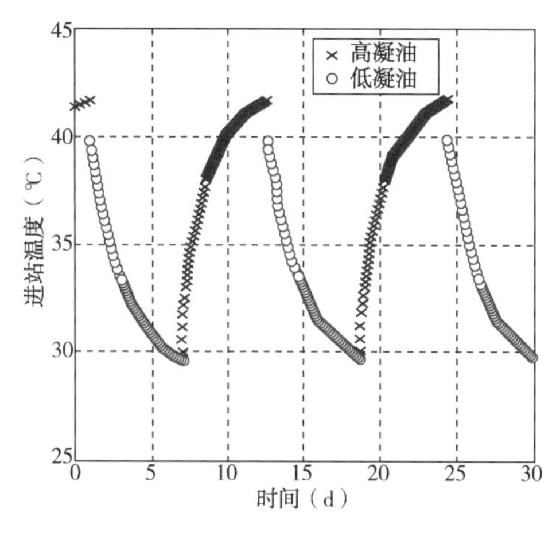


图 4-23　进站油温随时间的变化

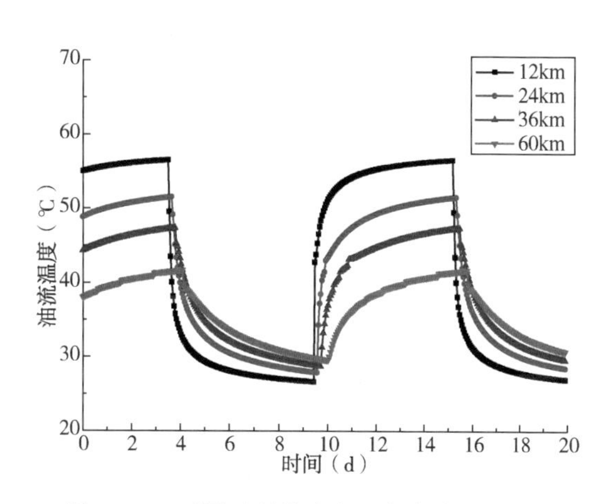


图 4-24　不同里程处油流温度随时间的变化

## 三、原油冷热交替输送加热方案的比选

原油冷热交替输送中，不同原油可以有不同的出站温度，同种原油也可以有不同的出站温度，加热方案十分复杂。本节针对不同加热方式的加热能耗进行了研究，以确定经济、可行的加热方案指导生产实践。

1. 加热方式的提出

对考虑冷热交替的两种原油顺序输送，归纳起来主要有以下四种典型的加热方式：

（1）完全冷热交替。

低凝油不加热，或在高凝油加热到最高允许温度时仍不能满足进站温度要求的条件下对低凝油适当加热。此时，高凝油和低凝油的出站温度各自恒定不变，温差最大，本节　、二部分的算例即采用这种加热方式。

（2）均温加热。

低凝油和高凝油加热到相同的温度出站。

（3）低凝油油尾提前加热。

类似于热油管道预热投产，对低凝油油尾提前加热，使管道在高凝油进入前达到一定程度的预热，高凝油油头进入管道后的沿线温降不致过快，从而降低高凝油的出站温度要求。为简化计算，本研究假定低凝油油尾提前加热的出站温度与高凝油的出站温度相同。

（4）高凝油油尾降温加热。

当“热油”油尾部分进入管道时，管道已经过前序油流的预热，如果油尾部分继续保持与油头部分相同的出站温度，油尾部分的进站温度富裕较多，增加不必要的能耗。为此，可以采用对高凝油油尾降温加热的方式。

在控制高凝油最低进站温度基本在凝点以上 3℃时，利用冷热原油交替顺序输送水力、热力仿真软件，得到以上四种加热方式的出站温度，见表 4-4。其中，低凝油油尾提前加热的加热比例取单批次低凝油体积的 10%，高凝油油尾降温加热的比例取单批次高凝油体积的 50%。

**表 4-4　四种加热方式的出站温度**

| 油品 | 四种加热方式的出站温度(℃) | | | |
|---|---|---|---|---|
| | 完全冷热交替 | 均温加热 | 底凝油油尾前加热 | 高凝油油尾降温加热 |
| 高凝油 | 65.5 | 40 | 47 | 69(前50%)，40(后50%) |
| 低凝油 | 15 | 40 | 15(前90%)，47(后10%) | 15 |

不同加热方式下的加热能耗均可由下式计算：

$$Q_h = \int_0^T c(t)\rho(t)Av(t)\ [T_{out}(t) - T_0(t)]\,dt \tag{4-34}$$

式中：$Q_h$ 为加热能耗，J；$T$ 为模拟时间，s；$t$ 为时间变量，s；$T_{out}$ 为出站油温,℃；$T_0$ 为初始油温,℃。

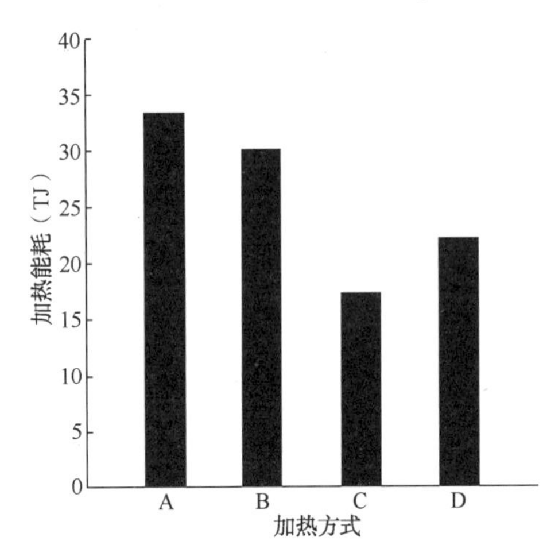

图 4-25　不同加热方式的加热能耗

图 4-25 给出了与表 4-4 对应的不同加热方式时一个月(下同)内的加热能耗。由图可见，完全冷热交替方案的加热能耗最高，均温加热次之，低凝油油尾提前加热与高凝油油尾降温加热相对较低，低凝油油尾提前加热的加热能耗仅为完全冷热交替加热的50%左右。单从加热能耗的角度比较，低凝油油尾提前加热与高凝油油尾降温加热是比较节能的加热方式。本例仅计算了低凝油油尾提前加热10%与高凝油油尾降温加热50%的加热比例。下面将研究加热比例对加热能耗的影响。

2. 低凝油油尾提前加热方案

首先考察低凝油油尾提前加热方案中油尾的加热比例对加热能耗的影响。定义“低凝油油尾加热比例”为低凝油油尾需要提前加热的油品体积占本批次低凝油总体积的百分比。此处将加热的全部高凝油和低凝油油尾部分统称“热油”，未加热的低凝油称为“冷油”。显然，低凝油油尾加热比例为 0 对应“完全冷热交替加热方式”；低凝油油尾加热比例为 100%时对应“均温加热方式”。通过引入低凝油油尾加热比例的概念，“完全冷热交替加热”和“均温加热”成为“低凝油油尾提前加热”的特殊方案。

在控制高凝油最低进站温度基本在凝点以上 3℃时，计算得到低凝油油尾不同加热比例时热油的出站温度，如表 4-5 所示。

与表 4-5 相对应，图 4-26 给出了热油出站温度随低凝油油尾加热比例的变化趋势。由图可见，随着加热比例的增大，热油出站温度呈“L”形下降。当加热比例小于 20%时，出站温度随加热比例的增大急剧下降，加热比例增加到 20%可使热油出站温度降低 20℃以上；在加热比例大于 20%后，出站温度随加热比例增大的下降变

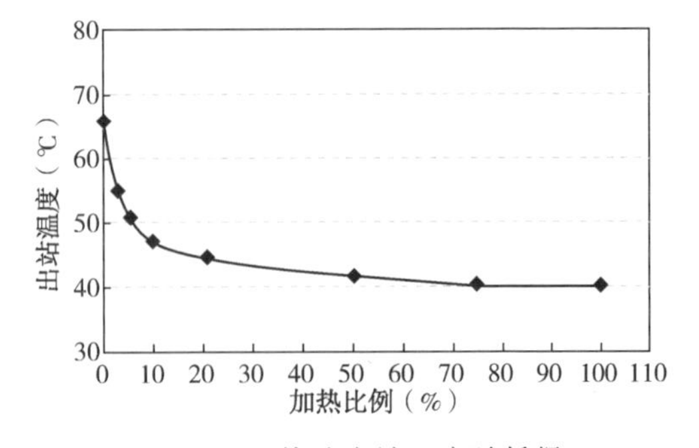

图 4-26　热油出站温度随低凝油油尾加热比例的变化

缓，而继续加大加热比例至100%，出站温度降幅不足5℃。这表明在控制高凝油最低进站温度不低于凝点以上3℃的前提下，适当提前加热低凝油油尾有助于降低热油的出站温度。

**表4-5　低凝油油尾不同加热比例时热油的出站温度**

| 加热比例(%) | 0 | 2.5 | 5 | 10 | 20 | 50 | 75 | 100 |
|---|---|---|---|---|---|---|---|---|
| 出站温度(℃) | 65.5 | 55 | 50.5 | 47 | 44.5 | 41.5 | 40.5 | 40 |

图4-27给出了加热能耗随低凝油油尾加热比例的变化趋势。由图可见，加热能耗随加热比例的增大先下降后上升，存在最低加热能耗，其对应的加热比例即为最佳加热比例。本算例的最佳加热比例为10%~20%，与完全冷热交替加热方式相比，节省燃料油近50%；与均温加热方式相比，节省燃料油近20%。加热比例小于最佳加热比例时，加热能耗随加热比例的增大快速下降；加热比例大于最佳加热比例时，加热能耗随加热比例的增大缓慢升高。需要注意的是，若站间距离增大，采用低凝油油尾提前加热方式降低加热能耗的潜力有所下降。

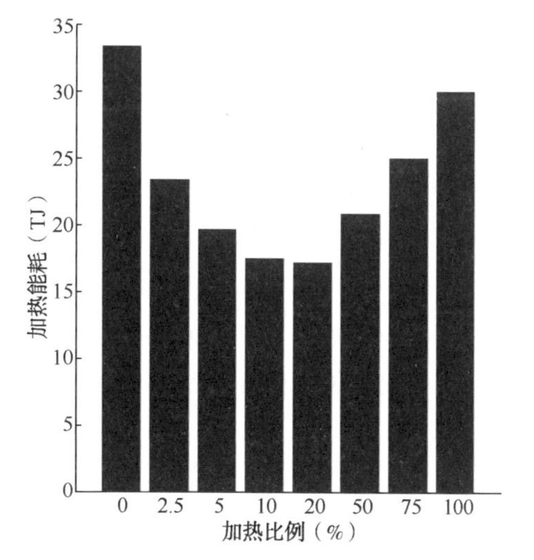


图4-27　不同低凝油油尾加热比例时的加热能耗

## 四、高凝油油尾降温加热方案

高凝油油尾降温加热也是一种可降低能耗的加热方式。降温次数不同，降温比例不同，加热温度不同，加热能耗也不一样。

为方便说明，定义“高凝油降温时机”：采用高凝油油尾降温加热方式时，截止到高凝油降温开始时刻，本批次高凝油流出本站间的累计体积占本批次高凝油总体积的百分比。降温时机为0或100%时对应完全冷热交替加热方式。如果存在多次降温，第$n$次降温的降温时机为本批次高凝油从第$n-1$次降温开始时刻截止到第$n$次降温开始时刻，流出本站间的累计体积占本批次高凝油总体积的百分比，$n \geqslant 2$。本节仅给出高凝油油尾单次降温的加热方案。

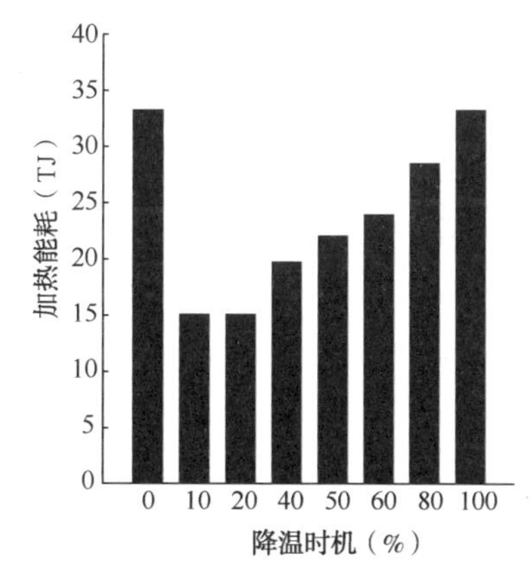


图4-28　高凝油油尾不同降温时机时的加热能耗

图4-28给出了加热能耗随高凝油油尾降温时机的变化趋势。由图可见，降温时机在10%~20%时，加热能耗显著降低，与完全冷热交替加热方式相比，节省加热能耗超过50%；降温时机大于20%时，加热能耗基本上随降温时机线性增加。本算例的最佳降温时机为10%左右。对比图4-27可见，与低凝油油尾提前加热的最佳加热比例相比，采用热油最佳时机的热油尾降温能耗还可再降低10%。

## 五、低凝油油尾提前加热且高凝油油尾降温加热方案

考虑将低凝油油尾提前加热与高凝油油尾降温加热两种具有节能作用的加热方式综合运用，表 4-6 给出了其中一种加热方案的分析算例。

表 4-6　低凝油油尾提前加热且高凝油油尾降温加热时的出站温度

| 不同部分低凝油出站温度(℃) | | 不同部分高凝油出站温度(℃) | |
|---|---|---|---|
| 油头(90%) | 油尾(10%) | 油头(10%) | 油尾(90%) |
| 15 | 47.5 | 47.5 | 43.5 |

图 4-29 给出了最佳加热比例时低凝油油尾提前加热、最佳降温时机时高凝油油尾降温加热、低凝油油尾提前加热且高凝油油尾降温加热三种加热方案的能耗对比。由图可见，低凝油油尾提前加热且高凝油油尾降温加热可在高凝油油尾降温加热(最佳降温时机时)的基础上，进一步降低能耗。尽管在低凝油油尾提前加热且高凝油油尾降温加热方案中，加热比例与降温时机未必是最优值，但与“加热比例最佳的低凝油油尾提前加热方案”相比，加热能耗仍可降低 18%左右；与“降温时机最佳的高凝油油尾降温加热方案”相比，加热能耗还可降低 5%左右。

研究结果还表明，高凝油油尾多次降温可进一步降低能耗，如图 4-30 所示。

对于西部原油管道管输原油而言，由于哈国油和吐哈原油需加热至 55℃以保证其加剂改性效果，故无法采用对塔里木原油和塔里木—北疆混合油油尾加热，并降低哈国油和吐哈原油的出站温度这一节能方案。

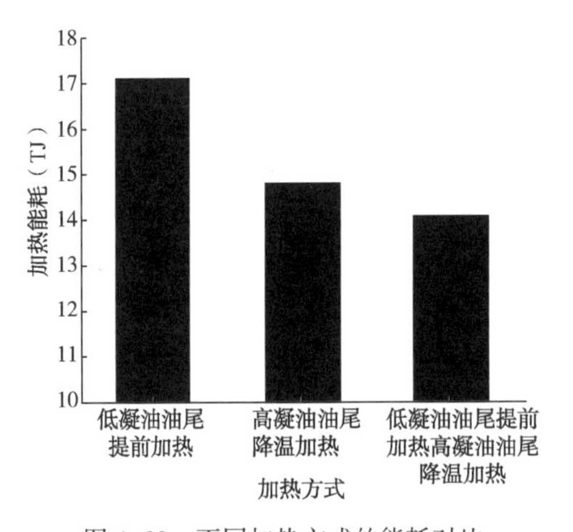


图 4-29　不同加热方式的能耗对比

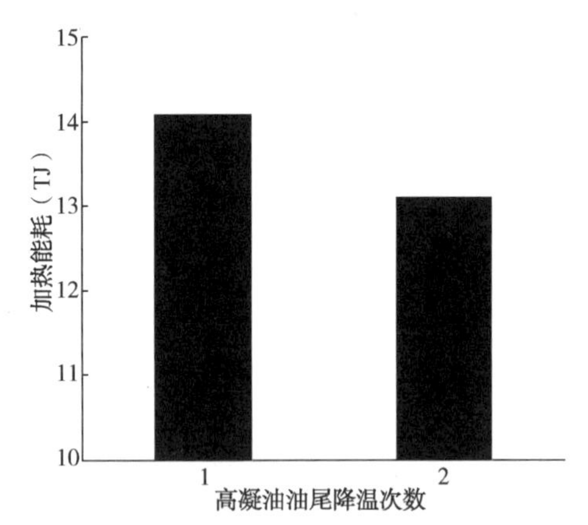


图 4-30　高凝油单次降温加热与两次降温加热的加热能耗

# 第四节　鄯兰原油管道冷热交替顺序输送工艺方案

鄯兰原油管道自 2007 年 6 月投产至 2008 年 12 月中旬，顺序输送塔里木原油、塔里木—北疆混合油、哈国油和加剂吐哈原油。2008 年底，受国际金融危机影响，鄯兰原油管

道面临超低输量的严峻考验，管道改输塔里木—北疆—哈国混合油(详见第五章)，此后在2009—2010年冬季，管道实行塔里木—北疆—哈国混合油与加剂吐哈原油的顺序输送。输送中，哈国原油和吐哈原油均需加热至55℃，以保证其加剂改性效果。

由于加剂吐哈原油可能在玉门站分输，因此分别考虑吐哈原油在玉门站分输与不分输两种情况。

## 一、玉门站不分输吐哈原油时，塔里木原油、塔里木—北疆混合油、哈国油和加剂吐哈原油的冷热交替顺序输送方案

1. 水力、热力特性

本节主要研究“冷油”出站温度、管道输量以及管输油品批量等因素对“热油”最低进站油温的影响。

本节算例基于第二章所述鄯兰干线加剂输送运行方案，即11月、5月实行鄯善一站点炉55℃处理的顺序输送，12月实行鄯善和玉门两站点炉55℃处理的顺序输送，1—4月实行三站(鄯善、玉门、山丹)点炉55℃处理的顺序输送。

1)“冷油”出站温度对“热油”最低进站温度的影响

对加剂吐哈原油在玉门站不分输的工况进行数值模拟，计算条件如下：初始时刻管内存油为塔里木原油，每个批次塔里木原油、塔里木—北疆混合油、哈国油和加剂吐哈原油输送时间均为2d，鄯善首站流量为1100$m^3$/h(785×$10^4$t/a)。

对“冷油”(塔里木原油、塔里木—北疆混合油)以不同温度出站时各站各月进站油温的模拟结果表明，新堡站进站油温为全线最低，见表4-7。当首站流量为1100$m^3$/h时，对比1—3月55℃均温加热❶、35℃/55℃冷热交替❷和完全冷热交替❸三种不同加热方案下各站进站油温，可以看出加热站点炉对于紧邻该站的下游站场进站油温有较大改善：55℃均温加热方案可使“热油”最低进站油温较完全冷热交替提升5℃以上(如3月西靖进站处)；但距离加热站较远的下游站温度提升较少(如新堡进站处，两种加热方式的进站油温温差仅为2.7℃)。

表4-7　“冷油”出站温度变化时各站最低“热油”进站油温(单位:℃)

| 站场 | 1月 | | | 2月 | | | 3月 | | |
|---|---|---|---|---|---|---|---|---|---|
| | A | B | C | A | B | C | A | B | C |
| 四堡 | 15.3 | 16.9 | 18.8 | 14.8 | 16.4 | 18.4 | 15.1 | 16.7 | 18.7 |
| 翠岭 | 12.2 | 12.7 | 13.3 | 11.2 | 11.7 | 12.4 | 11.1 | 11.7 | 12.4 |
| 河西 | 11.0 | 11.3 | 11.7 | 10.0 | 10.3 | 10.7 | 10.0 | 10.3 | 10.7 |
| 瓜州 | 10.1 | 10.2 | 10.3 | 9.1 | 9.2 | 9.3 | 8.9 | 9.0 | 9.1 |

❶ 55℃均温加热方案：在各点炉的加热站，四种油品均加热至55℃出站。

❷ 35℃/55℃冷热交替方案：在各点炉的加热站，哈国油和加剂吐哈原油加热至55℃出站，塔里木原油和塔里木—北疆混合油加热至35℃出站。

❸ 完全冷热交替方案：哈国油和加剂吐哈原油在各点炉的加热站以55℃温度出站，塔里木原油和塔里木—北疆混合油完全不加热出站。

续表

| 站场 | 1月 | | | 2月 | | | 3月 | | |
|---|---|---|---|---|---|---|---|---|---|
| | A | B | C | A | B | C | A | B | C |
| 玉门 | 10.0 | 10.0 | 10.1 | 8.7 | 8.8 | 8.8 | 8.6 | 8.7 | 8.7 |
| 张掖 | 10.0 | 11.2 | 12.2 | 9.2 | 10.6 | 11.7 | 9.2 | 10.6 | 11.7 |
| 山丹 | 9.2 | 9.8 | 10.3 | 8.4 | 9.1 | 9.7 | 8.3 | 9.1 | 9.6 |
| 西靖 | 8.2 | 8.5 | 8.5 | 10.0 | 12.6 | 14.5 | 9.9 | 12.9 | 15.1 |
| 新堡 | 8.2 | 8.5 | 8.5 | 8.4 | 9.8 | 10.8 | 8.3 | 9.8 | 11.0 |
| 兰州 | 8.6 | 8.8 | 9.0 | 8.3 | 8.6 | 8.8 | 8.3 | 8.7 | 9.0 |

注：表中A、B、C分别对应完全冷热交替输送方案、35~55℃冷热交替输送方案和55℃均温加热输送方案。

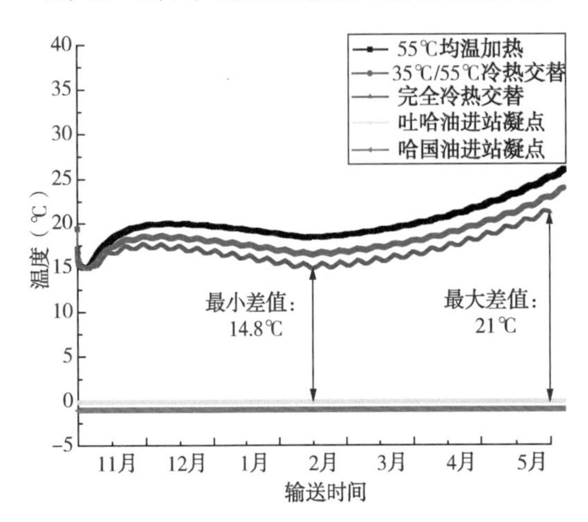


图4-31 四堡进站油温与管输原油凝点的比较

三种加热方式下，各站进站油温与各站进站处加剂吐哈原油和哈国油凝点参考值进行比较，部分结果如图4-31~图4-33所示。由于11月至次年5月鄯兰干线点炉方式不同，各站进站处吐哈原油和哈国油的凝点也有差别。但即使是在进站油温最低的新堡站，其进站油温与凝点的差值也在4.7℃以上，可以满足管道输送的热力安全性要求。

此外，对比了55℃均温加热输送和完全冷热交替输送时，鄯兰干线各站进站压力的变化(表4-8)。可见，冷热交替输送引起的进站压力波动很小，这一波动主要是由于顺序输送油品的物性差异所致。

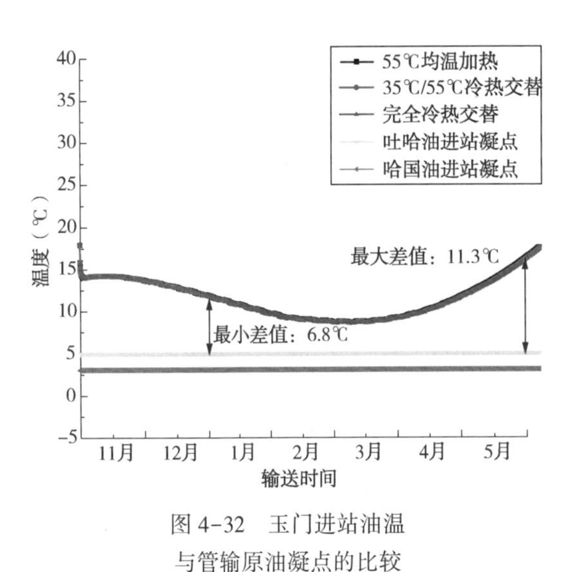


图4-32 玉门进站油温与管输原油凝点的比较

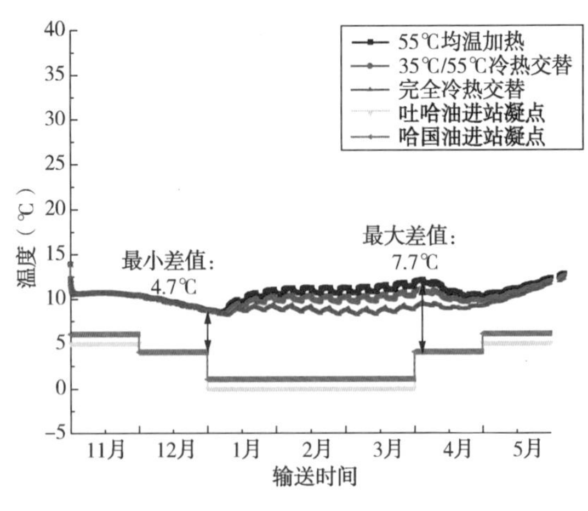


图4-33 新堡进站油温与管输原油凝点的比较

**表 4-8　不同加热方案下进站压力变化情况(单位：MPa)**

| 站名 | 出站压力 | 进站压力(完全冷热交替) | | | 进站压力(55℃均温输送) | | | 冷热交替引起的压力波动 |
|---|---|---|---|---|---|---|---|---|
| | | 最大值 | 最小值 | 差值 | 最大值 | 最小值 | 差值 | |
| 鄯善 | 3.5 | — | — | — | — | — | — | — |
| 四堡 | 4.6 | 3.23 | 2.83 | 0.4 | 3.28 | 2.95 | 0.33 | 0.07 |
| 翠岭 | 6.5 | 1.78 | 1.48 | 0.3 | 1.80 | 1.52 | 0.28 | 0.02 |
| 河西 | 4.1 | 1.16 | 0.78 | 0.38 | 1.17 | 0.80 | 0.37 | 0.01 |
| 瓜州 | 5.0 | 4.61 | 4.34 | 0.27 | 4.62 | 4.35 | 0.27 | 0 |

2）不同输量下的最低进站油温

采用与本小节1)相同的计算条件，计算鄯兰管道不同输量下各站“热油”的最低进站油温(表4-9)，考察的流量为900$m^3$/h(642×$10^4$t/a)、1100$m^3$/h(784×$10^4$t/a)和1300$m^3$/h(928×$10^4$t/a)。

**表 4-9　不同输量时各站“热油”最低进站油温(单位:℃)**

| 站场 | 1月 | | | 2月 | | | 3月 | | |
|---|---|---|---|---|---|---|---|---|---|
| | 900$m^3$/h | 1100$m^3$/h | 1300$m^3$/h | 900$m^3$/h | 1100$m^3$/h | 1300$m^3$/h | 900$m^3$/h | 1100$m^3$/h | 1300$m^3$/h |
| 四堡 | 13.8 | 15.3 | 16.7 | 13.3 | 14.8 | 16.2 | 13.5 | 15.1 | 16.5 |
| 翠岭 | 10.9 | 12.2 | 13.1 | 9.9 | 11.2 | 12.5 | 9.9 | 11.1 | 12.5 |
| 河西 | 10.0 | 11.0 | 12.2 | 9.0 | 10.0 | 11.2 | 9.0 | 10.0 | 11.1 |
| 瓜州 | 9.9 | 10.1 | 10.8 | 8.5 | 9.1 | 9.7 | 8.4 | 8.9 | 9.6 |
| 玉门 | 9.4 | 10.0 | 10.3 | 8.2 | 8.7 | 9.3 | 8.2 | 8.6 | 9.2 |
| 张掖 | 9.1 | 10.0 | 11.3 | 8.1 | 9.2 | 10.4 | 8.0 | 9.2 | 10.4 |
| 山丹 | 8.3 | 9.2 | 10.4 | 7.3 | 8.4 | 9.5 | 7.3 | 8.3 | 9.5 |
| 西靖 | 7.8 | 8.2 | 9.0 | 8.6 | 10.0 | 11.3 | 8.5 | 9.9 | 11.3 |
| 新堡 | 7.8 | 8.2 | 9.0 | 7.0 | 8.4 | 9.8 | 6.9 | 8.3 | 9.8 |
| 兰州 | 8.1 | 8.6 | 9.5 | 7.7 | 8.3 | 9.1 | 7.7 | 8.3 | 9.1 |

表4-10为最冷月完全冷热交替输送条件下，鄯兰原油管道流量分别为900、1100和1300$m^3$/h时，各站“热油”最低进站油温及其与凝点参考值的差值。可见，当流量为900$m^3$/h时，新堡进站处的最低油温也比这两种油品的凝点参考值高约3℃，兰州进站处“热油”最低油温仅比吐哈原油凝点高2.7℃。因此，在最冷月运行输量较小的情况下，应避免将吐哈原油输送至玉门下游管道。

**表 4-10　采用完全冷热交替输送方案时2月各站最低进站油温(单位:℃)**

| 站场 | 不同输量下最低进站油温 | | | 吐哈原油 | | | | 哈国油 | | | |
|---|---|---|---|---|---|---|---|---|---|---|---|
| | 900$m^3$/h | 1100$m^3$/h | 1300$m^3$/h | 凝点参考值 | 最低进站油温与凝点差值 | | | 凝点参考值 | 最低进站油温与凝点差值 | | |
| | | | | | Ⅰ | Ⅱ | Ⅲ | | Ⅰ | Ⅱ | Ⅲ |
| 四堡 | 13.3 | 14.8 | 16.2 | 0 | 13.3 | 14.8 | 16.2 | -1 | 14.3 | 15.8 | 17.2 |
| 翠岭 | 9.9 | 11.2 | 12.5 | 1 | 8.9 | 10.2 | 11.5 | 0 | 9.9 | 11.2 | 12.5 |
| 河西 | 9.0 | 10 | 11.2 | 2 | 7 | 8 | 9.2 | 0 | 9 | 10 | 11.2 |

续表

| 站场 | 不同输量下最低进站油温 | | | 吐哈原油 | | | | 哈国油 | | | |
|---|---|---|---|---|---|---|---|---|---|---|---|
| | 900m³/h | 1100m³/h | 1300m³/h | 凝点参考值 | 最低进站油温与凝点差值 | | | 凝点参考值 | 最低进站油温与凝点差值 | | |
| | | | | | Ⅰ | Ⅱ | Ⅲ | | Ⅰ | Ⅱ | Ⅲ |
| 瓜州 | 8.5 | 9.1 | 9.7 | 4 | 4.5 | 5.1 | 5.7 | 2 | 6.5 | 7.1 | 7.7 |
| 玉门 | 8.2 | 8.7 | 9.3 | 5 | 3.2 | 3.7 | 4.3 | 3 | 5.2 | 5.7 | 6.3 |
| 张掖 | 8.1 | 9.2 | 10.4 | 0 | 8.1 | 9.2 | 10.4 | 0 | 8.1 | 9.2 | 10.4 |
| 山丹 | 7.3 | 8.4 | 9.5 | 1 | 6.3 | 7.4 | 8.5 | 1 | 6.3 | 7.4 | 8.5 |
| 西靖 | 8.6 | 10 | 11.3 | 2 | 6.6 | 8 | 9.3 | 0 | 8.6 | 10 | 11.3 |
| 新堡 | 7.0 | 8.4 | 9.8 | 4 | 3 | 4.4 | 5.8 | 1 | 6 | 7.4 | 8.8 |
| 兰州 | 7.7 | 8.3 | 9.1 | 5 | 2.7 | 3.3 | 4.1 | 3 | 4.7 | 5.3 | 6.1 |

### 2. 停输再启动安全性

#### 1）停输温降

停输时机不同，管内存油状况不同，原油停输温降趋势也不同；点炉的站间和非点炉的站间土壤温度场变化不同，油品的停输温降趋势也不同。玉门站12月至次年4月点炉，玉门—张掖站间距离较长(281km)，管内存油情况复杂，且冬季地温较低，故以玉门—张掖站间为例，分析2月份管内存油状况不同时，该站间停输前后管内原油温度分布。

图4-34(a)~(d)分别为玉门点炉后73d、75d、77d和79d这4个不同时刻停输时管内油品分布及其温度。在不同停输时机条件下，管内油品分布不同，但大致有三段油品存在。图4-34(a)和图4-34(b)中玉门出站处为"冷油"；而图4-34(c)和图4-34(d)中玉门出站处为"热油"。

图4-34(a)为2月中旬玉门站点炉73d后停输时，玉门—张掖站间停输前后油温分布情况。其中，塔里木原油(1#"冷油")位于站间管段0~116km处，哈国油和加剂吐哈原油(3#、4#"热油")位于116~280km处。停输初始时刻，位于出站处的1#"冷油"温度为11℃，停输48h后油品温度升高至16.5℃，随着停输时间的延长，油温没有太大变化，到96h时油温约为16℃。距离出站56km以前的1#油品整体上呈现出停输后油温先升高再下降的过程。而位于56~116km管段内的1#油品，以及位于后半管段的3#、4#油品的温度则随着停输时间的延长而逐渐下降。之所以会产生这一情况，主要是由于"热油"加热至55℃出站，在距离出站较近的管道周围土壤蓄热较为充分，停输时管内"冷油"受到土壤的加热作用，温度反而升高。随着油品在管内的推进，"热油"温度下降，土壤蓄热量减小，管内油温高于土壤温度，故停输后油温逐渐降低。

图4-34(b)为2月中旬玉门站点炉75d后停输时，玉门—张掖站间停输前后油温分布情况。其中，塔里木—北疆混合油(2#"冷油")位于站间管段0~116km处，塔里木原油(1#"冷油")位于116~220km处，吐哈加剂油(4#"热油")位于220~280km处。可见由于停输前"冷油"温度较低，停输后土壤的加热作用使油温也呈现先上升后降低的变化趋势；而位于后半管段的4#油品温度则随着停输时间的延长而逐渐下降。

图4-34(c)和图4-34(d)分别为2月中旬玉门站点炉77d和79d后，玉门—张掖站间停输前后油温分布情况。图4-34(c)中哈国油(3#"热油")位于站间管段0~116km处，塔里木

原油和塔里木—北疆混合油(1#、2#“冷油”)位于116~280km处；图4-34(d)中哈国油和加剂吐哈原油(3#、4#“热油”)位于站间管段0~224km处，塔里木—北疆混合油(2#“冷油”)位于220~280km处。从温降曲线中可以看出，停输后管内油温随停输时间延长而逐渐下降，这与普通热油管道停输温降的趋势一致。

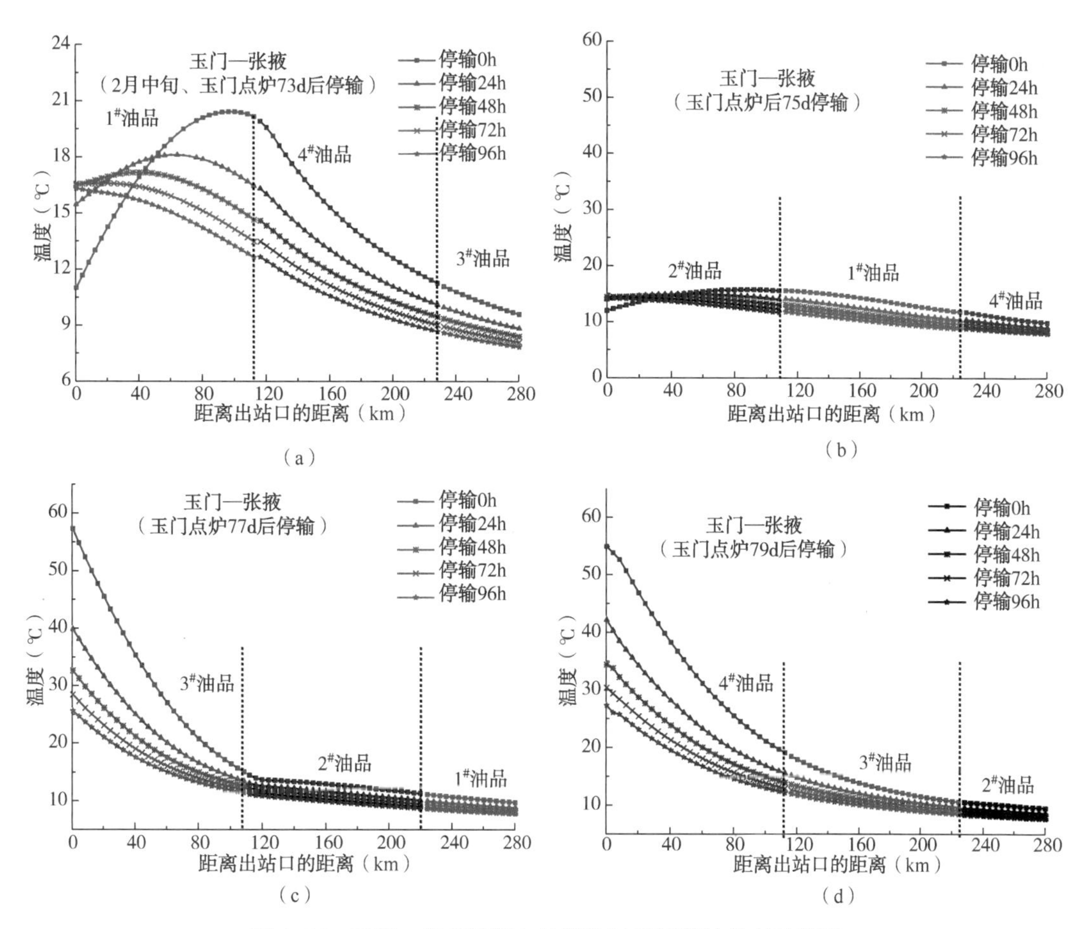


图4-34　玉门—张掖站间2月停输时不同存油状态示意图
(图中1#、2#、3#、4#油品分别对应塔里木原油、
塔里木—北疆混合油、哈国油、加剂吐哈原油)

表4-11给出了上述4种工况下，出站和进站处停输前后管内油品温度的变化值。当出站处为“冷油”时，停输前管内油温较低，由于土壤温度场对油品的加热作用，停输后温度反而上升；随着停输时间延长，管内油温有可能会下降。前行油品为“热油”时，温度上升幅度更大，停输后温升幅度最大可达5.6℃；前行油品为“冷油”，土壤蓄热量少，停输后温升幅度最大为2.4℃。而当出站处为“热油”时，随着停输时间的延长，单位时间内的降温速率变小。结合图4-34和表4-11可知，当“冷油”位于站间管段末端时，管内油温较“热油”位于站间管段末段时稍低，但温差不明显，因此不同停输时间对于停输温降过程影响不大。

表 4-11　玉门—张掖站间进出站处停输前后温降情况(单位:℃)

| 停输时间 | 工况 1 | | 工况 2 | | 工况 3 | | 工况 4 | |
|---|---|---|---|---|---|---|---|---|
| | 出站 | 进站 | 出站 | 进站 | 出站 | 进站 | 出站 | 进站 |
| 油品种类编号 | 1# | 3# | 2# | 4# | 3# | 1# | 4# | 2# |
| 停输 0h | 11.0 | 9.6 | 12.0 | 9.9 | 55.0 | 9.1 | 55.0 | 9.5 |
| 停输 24h | 15.5 | 8.8 | 13.9 | 9.0 | 39.9 | 8.9 | 42.2 | 8.7 |
| 停输 48h | 16.6 | 8.4 | 14.4 | 8.5 | 32.7 | 8.4 | 34.5 | 8.2 |
| 停输 72h | 16.6 | 8.1 | 14.4 | 8.2 | 28.5 | 8.0 | 30.4 | 7.9 |
| 停输 96h | 16.3 | 7.8 | 14.2 | 7.9 | 25.7 | 7.8 | 27.3 | 7.8 |

注：工况 1~4 分别对应图 4-34(a)~(d)。

2）再启动特性

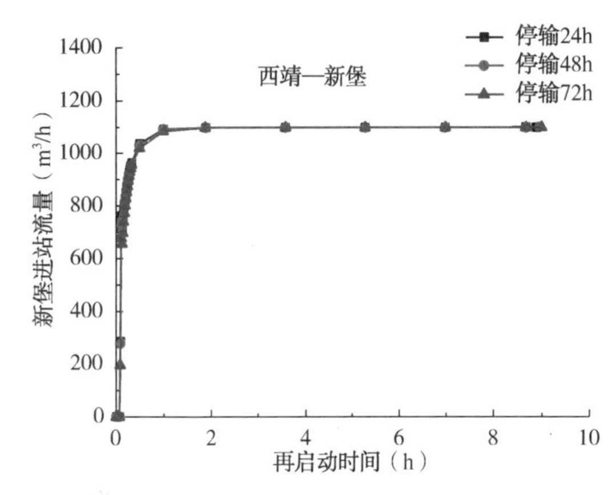


图 4-35　新堡站再启动流量恢复情况

鄯兰干线全长 1541km，管内存油状态非常复杂，同一时间可多达数十个批次油品。其中，站间距大于 200km 的管段有 4 个：鄯善—四堡站间、河西—瓜州站间、玉门—张掖站间和山丹—西靖站间。鄯善—玉门站间地温较高，再启动难度不大；而玉门—兰州站间管道沿线高程起伏明显，地温较低，可能存在安全隐患。

哈国油和吐哈原油经加剂、加热改性处理后，触变性较弱。图 4-35 为地温最低、站间高程差较大的西靖—新堡站间不同停输时间条件下的再启动过程流量恢复情况。可见停输 72h 后可顺利再启动。

3. 加热能耗

本小节主要针对塔里木原油、塔里木—北疆混合油、哈国油和加剂吐哈原油顺序输送，每种油品各输送 2d 工况，进行加热能耗分析。单位时间加热燃油消耗量由式(4-1)计算：

$$E_r = \sum_{i=1}^{n} \frac{c_y \cdot (T_{Ri} - T_{zi}) \cdot M_i}{\eta_R \cdot B_H} \tag{4-35}$$

式中：$c_y$ 为所输油品比热容，取 2.1kJ/(kg·℃)；$T_{Ri}$、$T_{zi}$分别代表油品在第 $i$ 站的出站温度和进站温度,℃；$M_i$ 为单位时间通过第 i 站的油品质量，kg；$\eta_R$ 为加热炉的效率，计算中取值 85%；$B_H$ 为燃料油热值，取 $4.2\times10^4$kJ/kg。

表 4-12 为鄯兰干线不同输量、不同加热方案下的冬季燃料油消耗量。可见在本节所考虑的“冷油”“热油”等量输送条件下，完全冷热交替输送可比均温加热节省燃料油消耗约 50%。当鄯兰干线输量为 1300m³/h 时，完全冷热交替输送可节省燃料油约 14430t，折合人民币约 5160 万元(按 2009 年 12 月原油价格 70 美元/桶折算，下同)，如图 4-36 和表 4-13 所示。此外，采用冷热交替输送工艺，可减少碳排放约 43000t，具有显著的社会效益。

**表 4-12 不同输量、不同加热方案条件下冬季燃料油消耗(单位：t)**

| 站间 | 900m³/h | | | 1100m³/h | | | 1300m³/h | | |
|---|---|---|---|---|---|---|---|---|---|
| | Ⅰ | Ⅱ | Ⅲ | Ⅰ | Ⅱ | Ⅲ | Ⅰ | Ⅱ | Ⅲ |
| 鄯善 | 8170 | 5780 | 3990 | 9990 | 7070 | 4880 | 11800 | 8350 | 5770 |
| 玉门 | 7320 | 5640 | 3520 | 8850 | 6800 | 4270 | 10300 | 7970 | 5120 |
| 山丹 | 4570 | 3580 | 2220 | 5330 | 4160 | 2630 | 6300 | 4860 | 3080 |
| 总计 | 20070 | 15000 | 9750 | 24170 | 18030 | 11780 | 28410 | 21190 | 13980 |

注：Ⅰ为55℃均温加热；Ⅱ为35℃/55℃冷热交替输送；Ⅲ为完全冷热交替输送。

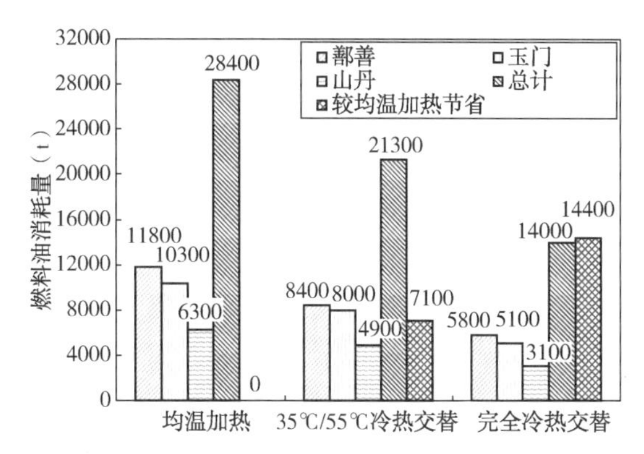


图 4-36 11 月至次年 5 月采用冷热油交替输送鄯兰干线各站燃料油消耗(流量为 1300m³/h)

**表 4-13 不同冷热交替输送方案节油量及经济效益分析**

| 加热方案 | 900m³/h | | 1100m³/h | | 1300m³/h | |
|---|---|---|---|---|---|---|
| | Ⅱ | Ⅲ | Ⅱ | Ⅲ | Ⅱ | Ⅲ |
| 节油量(t) | 5070 | 10320 | 6140 | 12390 | 7220 | 14430 |
| 节油百分比 | 25.3% | 51.4% | 25.4% | 51.3% | 25.4% | 50.8% |
| 经济效益(万元) | 1813 | 3690 | 2196 | 4431 | 2582 | 5160 |

注：Ⅱ为35℃/55℃冷热交替输送；Ⅲ为完全冷热交替输送。

## 二、玉门站分输吐哈原油时，塔里木原油、塔里木—北疆混合油、哈国油和加剂吐哈原油的冷热交替顺序输送方案

加剂吐哈原油在玉门分输时，包括部分分输与完全分输两种情况。部分分输时，鄯善—玉门与玉门—兰州两个管段都处于连续输送状态，只不过输量不等。由于油品的批次是循环安排的，因此玉门—兰州段流量也周期性地变化。此时，管道的水力、热力特性与玉门支线不分输时相似，在此不做赘述。本节主要分析吐哈原油在玉门支线完全分输情况下，玉门—兰州管段的热力、水力特性。分析中点炉站同本节“一、玉门站不分输吐哈原油时，塔里木原油、塔里木—北疆混合油、哈国油和加剂吐哈原油的冷热交替顺序输送方案”，即 12 月鄯善和玉门两站点炉，1—4 月三站(鄯善、玉门、山丹)点炉。

1. 热力特性

图 4-37 是玉门完全分输运行时张掖进站油温随时间的变化。由于 11 月玉门站尚未点炉，因此实际上不存在加热方式的区别，管内油温随自然地温下降而下降。12 月初玉门站点炉，若各原油以 55℃ 均温出站，张掖进站油温上升；当玉门分输吐哈原油时，下游管段停输，期间管内原油温度下降。由于塔里木原油、塔里木—北疆混合油、哈国油和加剂吐哈原油在管内循环输送，因此每运行 6d，管道即会停输 2d。所以张掖进站油温先上升后下降的趋势循环出现。但由于自然地温逐渐下降，进站油温整体上呈现下降趋势，且在 2 月底 3 月初降至最低值。之后，随着地温上升，张掖进站油温也逐渐上升。

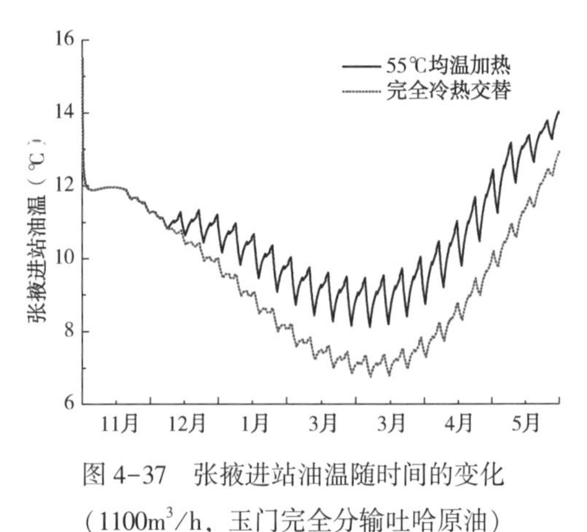


图 4-37 张掖进站油温随时间的变化
（1100m³/h，玉门完全分输吐哈原油）

采用完全冷热油交替输送工艺时，张掖进站油温变化趋势与上述 55℃ 均温加热运行的变化趋势相似，差别在于油温上升和下降幅度较小。这是由于完全冷热交替输送时，“冷油”以常温出站，土壤蓄热量少于均温加热运行，油品在输送过程中向外界散失的热量较多，因此即使“热油”以 55℃ 出站，其进站温度也会较均温 55℃ 出站时低。结合图 4-37 与表 4-14 分析可知，均温 55℃ 出站时，12 月停输前后张掖进站油温下降幅度约为 0.5℃，完全冷热油交替输送时则只下降了约 0.2℃。到 2 月中旬停输前后温降幅度最大，均温 55℃ 出站下降了 1.4℃，完全冷热油交替输送时下降了 0.6℃，之后随着地温上升，温降幅度逐渐减小。

**表 4-14 不同月份分输前后张掖进站油温(单位:℃)**

| 温度 | 12 月 | | 1 月 | | 2 月 | | 3 月 | |
|---|---|---|---|---|---|---|---|---|
| | 均温加热 | 完全冷热交替 | 均温加热 | 完全冷热交替 | 均温加热 | 完全冷热交替 | 均温加热 | 完全冷热交替 |
| $T_1$ | 11.3 | 10.6 | 10.7 | 9.1 | 9.8 | 7.6 | 9.5 | 7.4 |
| $T_2$ | 10.8 | 10.4 | 9.5 | 8.5 | 8.4 | 7.0 | 8.2 | 6.8 |
| $T_1 - T_2$ | 0.5 | 0.2 | 1.2 | 0.6 | 1.4 | 0.6 | 1.3 | 0.6 |

注：$T_1$ 表示玉门某次分输吐哈原油前张掖站的进站油温，$T_2$ 表示该次分输结束后张掖站的进站油温。

图 4-38 为 11 月至次年 5 月山丹进站油温。山丹站位于张掖站下游，由于张掖站冬季不点炉，山丹进站油温变化趋势与张掖进站油温变化趋势相同，均为先降低后升高，在 2 月底 3 月初出现最低值。但由于山丹进站油温整体较张掖进站低，因此均温加热与完全冷热交替输送两种运行方式停输前后的温降幅度差别较小，见表 4-15。

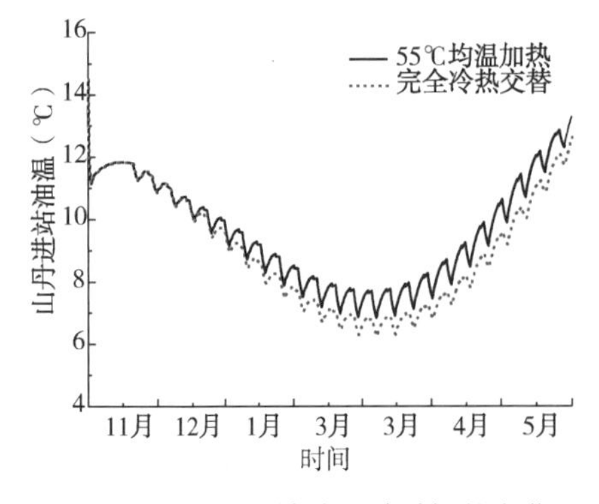


图 4-38 山丹进站油温随时间的变化
（1100m³/h，玉门完全分输吐哈原油）

表 4-15　不同月份玉门分输前后山丹进站油温(单位:℃)

| 温度 | 12月 | | 1月 | | 2月 | | 3月 | |
|---|---|---|---|---|---|---|---|---|
| | 均温加热 | 完全冷热交替 | 均温加热 | 完全冷热交替 | 均温加热 | 完全冷热交替 | 均温加热 | 完全冷热交替 |
| $T_1$ | 10.4 | 10.2 | 8.9 | 8.3 | 7.9 | 7.2 | 7.9 | 7.9 |
| $T_2$ | 9.6 | 9.4 | 7.9 | 7.5 | 7.0 | 6.5 | 7.1 | 7.1 |
| $T_1-T_2$ | 0.8 | 0.8 | 1.0 | 0.8 | 0.9 | 0.7 | 0.8 | 0.8 |

注：$T_1$表示玉门某次分输吐哈原油前张掖站的进站油温，$T_2$表示该次分输结束后张掖站的进站油温。

图 4-39 为玉门不同加热方式时西靖进站油温随时间的变化。11 月和 12 月山丹站不点炉，西靖进站油温呈现逐渐下降的趋势，两种加热方案对应的进站油温变化曲线重合。1 月初开始，山丹站点炉，西靖进站油温逐渐升高，两种加热方案对进站油温的影响也体现出来。表 4-16 为不同月份玉门分输前后西靖进站油温(℃)。由表 4-16 可以看出，当油品均温加热至 55℃出站时，停输前后温差很大，2 月和 3 月分输前后温差可达 3℃左右；而采用完全冷热交替输送方案时，停输前后温差减小，2 月和 3 月时温差只有 1.2℃左右。这是由于山丹—西靖站间地温较低，而采用均温加热方案时，管内油品温度较高，管内外温差较大，故油品温降幅度也较大。

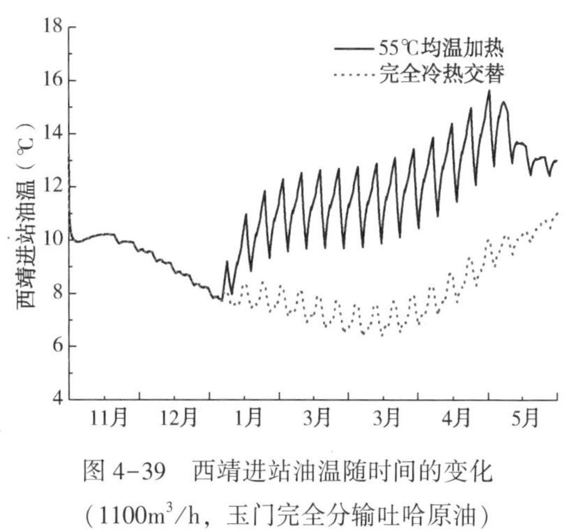


图 4-39　西靖进站油温随时间的变化
（1100$m^3$/h，玉门完全分输吐哈原油）

表 4-16　不同月份玉门分输前后西靖进站油温(单位:℃)

| 温度 | 12月 | | 1月 | | 2月 | | 3月 | |
|---|---|---|---|---|---|---|---|---|
| | 均温加热 | 完全冷热交替 | 均温加热 | 完全冷热交替 | 均温加热 | 完全冷热交替 | 均温加热 | 完全冷热交替 |
| $T_1$ | 11.0 | 8.4 | 12.6 | 7.9 | 12.9 | 7.6 | 14.4 | 8.8 |
| $T_2$ | 8.8 | 7.5 | 9.7 | 6.7 | 9.9 | 6.4 | 11.5 | 7.7 |
| $T_1-T_2$ | 2.2 | 0.9 | 1.9 | 1.2 | 3.0 | 1.2 | 2.9 | 1.1 |

注：$T_1$表示玉门某次分输吐哈原油前张掖站的进站油温，$T_2$表示该次分输结束后张掖站的进站油温。

图 4-40 为新堡进站油温随时间的变化图。由于西靖站不点炉，新堡进站油温变化趋势与西靖进站油温变化趋势一致，有所滞后。由于新堡进站温度比西靖低，因此停输前后温降幅度也较西靖小，如表 4-17 所示。

表 4-17　不同月份玉门分输前后新堡进站油温(单位:℃)

| 温度 | 12月 | | 1月 | | 2月 | | 3月 | |
|---|---|---|---|---|---|---|---|---|
| | 均温加热 | 完全冷热交替 | 均温加热 | 完全冷热交替 | 均温加热 | 完全冷热交替 | 均温加热 | 完全冷热交替 |
| $T_1$ | 8.3 | 7.6 | 8.5 | 6.5 | 8.7 | 6.2 | 10.0 | 7.3 |
| $T_2$ | 7.2 | 6.8 | 6.6 | 5.4 | 6.7 | 5.2 | 8.1 | 6.4 |
| $T_1-T_2$ | 1.1 | 0.8 | 1.9 | 1.1 | 2.0 | 1.0 | 1.9 | 0.9 |

注：$T_1$表示玉门某次分输吐哈原油前张掖站的进站油温，$T_2$表示该次分输结束后张掖站的进站油温。

图 4-41 为兰州进站油温随时间的变化图。从图中可以看出两种加热方案对于兰州进站

油温影响很小，这是由于兰州站距离山丹站较远(约428km)，油品经历长时间输送后，其温度已趋于一致。

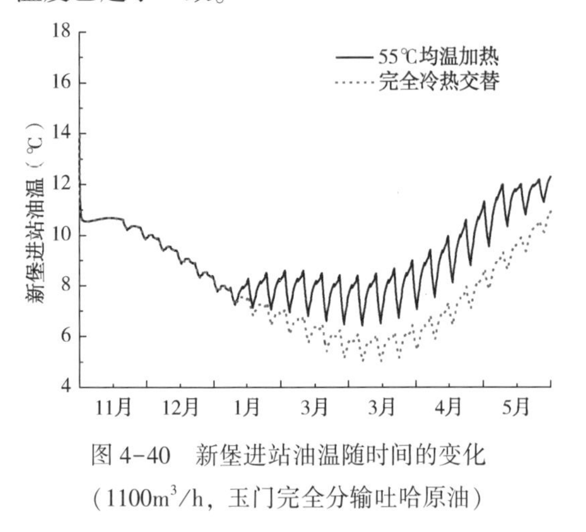


图4-40　新堡进站油温随时间的变化

(1100m³/h，玉门完全分输吐哈原油)

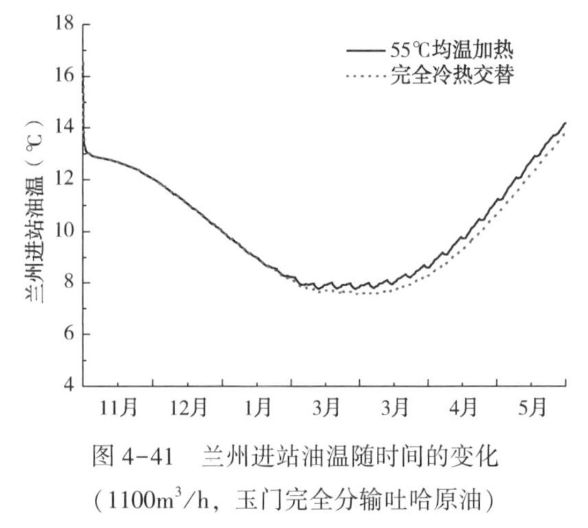


图4-41　兰州进站油温随时间的变化

(1100m³/h，玉门完全分输吐哈原油)

2. 水力特性

图4-42~图4-45为完全冷热交替输送塔里木原油、塔里木—北疆混合油、哈国油和加剂吐哈原油时，玉门下游各站进站压力随时间的变化曲线。由于玉门站分输吐哈原油时玉门下游停输，各站进站压力用不连续的曲线表示。

图4-42是玉门完全分输吐哈原油时，张掖进站压力随时间的变化。对于玉门—张掖站间，由于从11月开始张掖进站油温逐渐下降，整个站间油温也在逐渐下降，站间摩阻逐渐增加。11月下旬塔里木—北疆混合油到达玉门站，随后黏度较小的哈国油进入玉门—张掖管段，站间摩阻急剧下降。随着哈国油流出玉门—张掖站间管段，玉门—张掖站间摩阻又逐渐上升，形成一周期性变化的趋势。12月初玉门站开始点炉，哈国油加热输送，黏度减小，整个站间摩阻稍有下降。由于油温在次年2月底3月初时出现最低值，此时的站间摩阻达到最大值。此后随着油温升高，站间摩阻有所降低，进站压力的波动范围在3.4~3.8MPa，如表4-18所示。可见由于间歇输送引起的进站压力波动很小，进站压力的波动主要是由于顺序输送油品的物性差异所致。管道的水力特性波动小使得冷热油交替输送方案具有较强的可操作性。

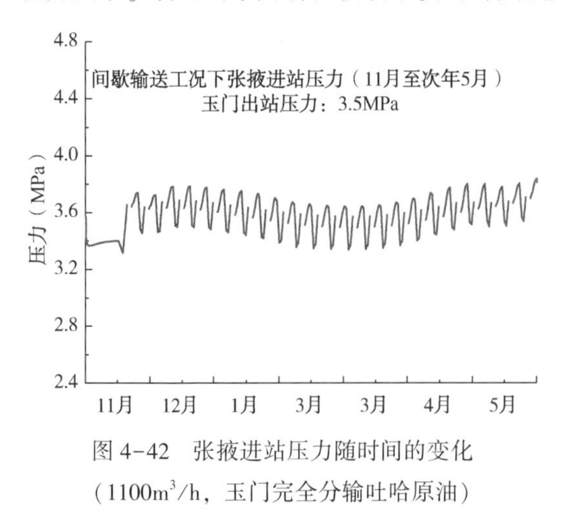


图4-42　张掖进站压力随时间的变化

(1100m³/h，玉门完全分输吐哈原油)

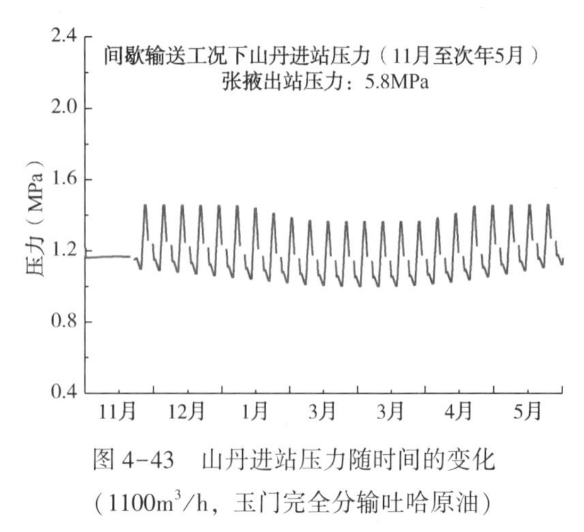


图4-43　山丹进站压力随时间的变化

(1100m³/h，玉门完全分输吐哈原油)

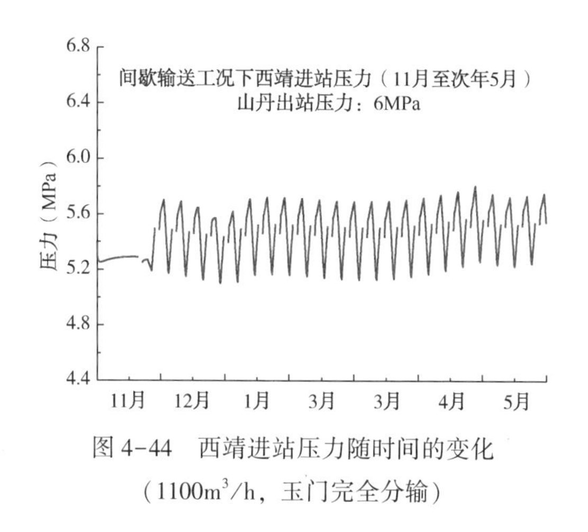


图 4-44 西靖进站压力随时间的变化
（1100m³/h，玉门完全分输）

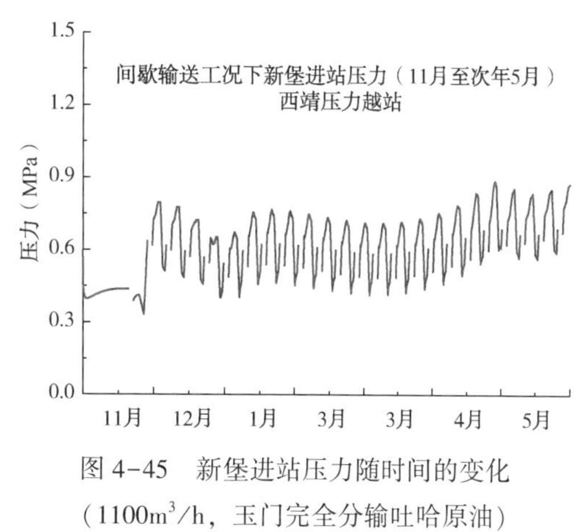


图 4-45 新堡进站压力随时间的变化
（1100m³/h，玉门完全分输吐哈原油）

**表 4-18 玉门—兰州管段间歇输送条件下各站进站压力计算结果**

| 月份 | 出站压力(MPa) | 高程(m) | 进站压力波动范围(MPa) |
|---|---|---|---|
| 张掖 | 5.8 | 1456.5 | 3.3~3.8 |
| 山丹 | 6.0 | 1921.2 | 1.1~1.5 |
| 西靖 | 越站 | 1783.0 | 5.1~5.8 |
| 新堡 | 4.5 | 2290.0 | 0.3~0.9 |

由于整个冬季张掖站均不点炉，因此一定输量条件下山丹进站油温主要受张掖进站油温和站间地温的影响，张掖—山丹站间摩阻整体变化趋势与玉门—张掖站间摩阻变化趋势一致。在塔里木—北疆混合油尚未到达张掖站时，站间摩阻较为恒定，此后出现周期性变化的趋势，并在2月底3月初出现最大值。由于张掖—山丹站间距离较短，站间摩阻较小，但需克服近2000m的站间高程差，进站压力的波动范围在1.1~1.5MPa，如图4-43所示。

对于山丹—西靖站间，由于从11月开始西靖进站油温逐渐下降，整个站间油温也在逐渐下降，站间摩阻逐渐增加。1月初山丹站开始点炉，管输油品黏度减小，整个站间摩阻稍有下降。由于采用完全冷热交替方案时，1—4月西靖进站油温呈现较为平稳的周期性变化趋势(图4-39)，因此站间摩阻变化也较为平稳。随着气温和地温上升，山丹—西靖站间管段油温也逐渐上升，摩阻减小。整个冬季站间摩阻的变化趋势如图4-44所示。由于山丹—西靖站间距离较长，沿线摩阻损失较大，进站压力的波动范围在5.1~5.8MPa。

新堡站位于山丹加热站的下游第二站，因此西靖—新堡站间摩阻损失变化特性与张掖—山丹站间较为相似。西靖—新堡站间地温较低，站间油温主要受地温影响，自11月开始下降，到2月底3月初出现最低值，之后逐渐上升。因此站间摩阻表现为先上升后下降的趋势，在2月底3月初出现最大值。由于西靖—新堡站间距离较短，站间摩阻较小，进站压力的波动范围在0.3~0.9MPa，如图4-45所示。

3. 停输再启动安全性

1）最低进站温度与凝点的对比

将55℃均温加热、35℃/55℃冷热交替和完全冷热交替三种不同加热方案条件下，计算所得的各站各月进站油温与加剂吐哈原油和哈国油在各站进站处的凝点预测值进行比较，如图4-46所示。从图中可以看到，11月和5月采用鄯善一站加剂处理的顺序输送，除四堡外，三种不同的加热方式对进站油温的影响差别不大。

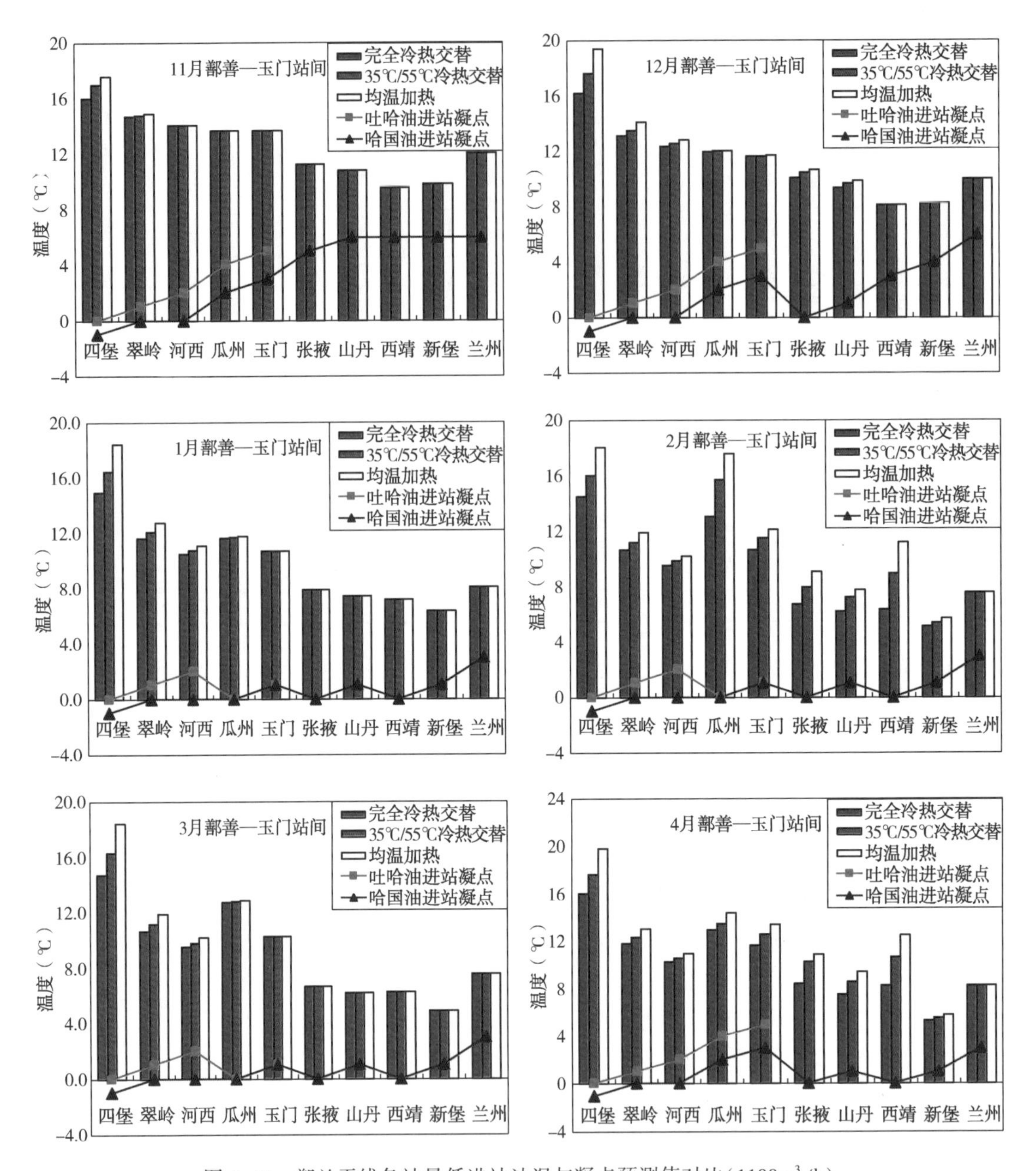


图 4-46　鄯兰干线各站最低进站油温与凝点预测值对比（$1100m^3/h$）

表 4-19 列举了最冷月采用完全冷热交替输送方案，鄯兰原油管道流量分别为 $1000m^3/h$、$1100m^3/h$ 和 $1200m^3/h$ 时，各站最低进站油温及其与凝点参考值的差值。可以看出，由于最冷月采用鄯善、河西、玉门及山丹四站点炉的加热方式，最低进站油温出现在新堡进站处，即使流量为 $1000m^3/h$ 时，此时最低进站油温也比凝点参考值高 4.8℃，说明冷热油交替输送可行。

表 4-19　完全冷热交替输送时 2 月各站最低进站油温及其与凝点的对比

| 站场名称 | 最低进站油温(℃) | | | 吐哈原油 | | | | 哈国油 | | | |
|---|---|---|---|---|---|---|---|---|---|---|---|
| | A | B | C | 凝点参考值(℃) | 最低进站油温与凝点差值(℃) Ⅰ | Ⅱ | Ⅲ | 凝点参考值(℃) | 最低进站油温与凝点差值(℃) Ⅰ | Ⅱ | Ⅲ |
| 四堡 | 13.7 | 14.5 | 15.2 | 0 | 13.7 | 14.5 | 15.2 | -1 | 14.7 | 15.5 | 16.2 |
| 翠岭 | 10.1 | 10.7 | 11.3 | 1 | 9.1 | 9.7 | 10.3 | 0 | 10.1 | 10.7 | 11.3 |
| 河西 | 9.1 | 9.6 | 10.1 | 2 | 7.1 | 7.6 | 8.1 | 0 | 9.1 | 9.6 | 10.1 |
| 瓜州 | 12.1 | 12.8 | 13.4 | 4 | 8.1 | 8.8 | 9.4 | 2 | 10.1 | 10.8 | 11.4 |
| 玉门 | 9.7 | 10.3 | 10.9 | 5 | 4.7 | 5.3 | 5.9 | 3 | 6.7 | 7.3 | 7.9 |
| 张掖 | 6.6 | 6.8 | 7.1 | / | | | | -1 | 7.6 | 7.8 | 0 |
| 山丹 | 6.1 | 6.3 | 6.6 | | | | | 0 | 6.1 | 6.3 | 1 |
| 西靖 | 6.2 | 6.4 | 6.8 | | | | | -1 | 7.2 | 7.4 | 0 |
| 新堡 | 4.8 | 5.1 | 5.5 | | | | | 0 | 4.8 | 5.1 | 1 |
| 兰州 | 7.5 | 7.6 | 7.7 | | | | | 1 | 6.5 | 6.6 | 3 |

注：A、B 和 C 分别对应流量 1000m³/h、1100m³/h 和 1200m³/h 的工况。Ⅰ为 55℃均温加热；Ⅱ为 35℃/55℃冷热交替加热；Ⅲ为完全冷热交替输送。

2）再启动过程流量恢复

由于加剂吐哈原油在玉门分输，此时玉门—兰州站间处于频繁启停输的状态。对这一工况进行了再启动安全性分析。图 4-47 为新堡进站流量恢复过程的数值模拟结果，可见地温最低、站间高程差大的西靖—新堡站间停输 72h(即在输送 6d、停输 2d 的间歇输送方案基础上再停输 24h)也可顺利再启动，但流量恢复速度较吐哈原油不分输工况的再启动过程稍慢。

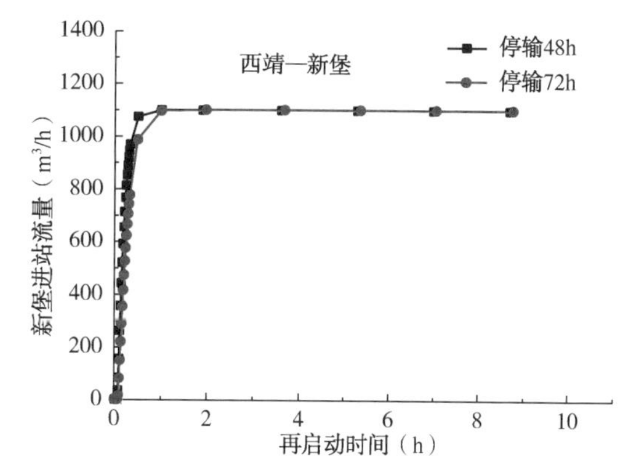

图 4-47　新堡进站流量恢复数值模拟结果
（吐哈原油在玉门完全分输）

分析再启动计算结果可知，在目前管输原油物性条件下，西部原油管道停输 72h 也可顺利再启动。但由于管输油品物性可能发生较大变化，运行中应跟踪物性变化，并在冷热交替顺序输送运行时合理安排输油计划，注意控制停输时间，并尽量将触变性较强的油品停在高温区。

4. 加热能耗分析

采用与本节“一、玉门站不分输吐哈原油时，塔里木原油、塔里木—北疆混合油、哈国油和加剂吐哈原油的冷热交替顺序输送方案”相同的方法，可计算出加剂吐哈原油在玉门完全分输时，鄯兰原油管道的加热能耗。在对完全冷热交替加热方案与均温加热方案数值模拟的基础上，对两种方案加热能耗进行了比较。计算结果表明，采用完全冷热交替输送方案，每年可较 55℃均温加热方案节省燃料油约 12400t；若塔里木原油、塔里木—北疆混合油出站温度为 35℃，则可较 55℃均温加热方案节省燃料油约 6100t。

## 三、塔里木—哈国—北疆混合油与加剂吐哈原油冷热交替输送方案

1. 热力条件分析

2009年冬季，考虑管道运行安全性及下游炼厂需要，鄯兰原油管道计划实行塔里木—哈国—北疆混合油与加剂吐哈原油顺序输送，混合油计划输量为$500\times10^4$t/a，吐哈原油计划输量为$160\times10^4$t/a，其中吐哈原油在玉门全分输，即鄯善—玉门管段输量为$660\times10^4$t/a，玉门—兰州管段输量为$500\times10^4$t/a。根据输量比，混合油与吐哈原油的输送时间比约为3∶1。此外，受输油泵高效工作区最小输量1000$m^3$/h的流量限制，可以得出鄯善—玉门管段运行时间与停输时间的比值约为12∶1。考虑到玉门—兰州管段停输时间不宜超过48h，提出如下输送方案：玉门上游管段采用输送6d、停输12h的运行方式，其中塔里木—哈国—北疆混合油输送4.5d，吐哈原油输送1.5d，后者在玉门站完全分输，分输时玉门下游管段停输。这样玉门下游管道就采用输送4.5d、停输2d的间歇运行方式。

塔里木—哈国—北疆混合油55℃热处理后，凝点可降至0℃以下，且物性较稳定；加剂吐哈原油需加热至55℃才可保证改性效果。在分析管输油品物性及总结2007、2008年冬季运行经验基础上，提出了下述加热方案：11月、12月和次年4月，鄯善一站点炉、冷热交替输送(即塔里木—哈国—北疆混合油常温输送，加剂吐哈原油加热至55℃出站)；次年1—3月，鄯善一站点炉均温输送(即塔里木—哈国—北疆混合油和加剂吐哈原油均加热至55℃出站)。鄯善首站出站流量为1000$m^3$/h。

表4-20为该冷热交替输送方案下各站的最低进站油温。表4-21给出了各站最低进站油温与吐哈原油及塔里木—北疆—哈国混合油凝点的差值，需要指明的是，此处的最低进站油温已考虑停输影响，因此在玉门进站处最低进站油温比吐哈原油凝点高2.9℃可以满足管道运行的热力安全性要求。

**表4-20　塔里木—哈国—北疆混合油与加剂吐哈原油冷热交替输送各月最低进站油温(单位：℃)**

| 站间 | 四堡 | 翠岭 | 河西 | 瓜州 | 玉门 | 张掖 | 山丹 | 西靖 | 新堡 | 兰州 |
|---|---|---|---|---|---|---|---|---|---|---|
| 11月 | 14.5 | 13.8 | 13.6 | 13.5 | 13.4 | 10.5 | 10.4 | 9.0 | 9.6 | 11.8 |
| 12月 | 14.0 | 12.2 | 11.7 | 11.8 | 11.5 | 8.7 | 8.8 | 7.5 | 7.8 | 9.9 |
| 1月 | 13.5 | 10.6 | 9.7 | 9.7 | 9.3 | 6.7 | 6.8 | 5.7 | 5.8 | 8.0 |
| 2月 | 14.4 | 9.9 | 8.8 | 8.4 | 8.0 | 5.4 | 5.6 | 4.3 | 4.3 | 7.2 |
| 3月 | 15.1 | 10.0 | 8.8 | 8.3 | 7.9 | 5.3 | 5.5 | 4.1 | 4.0 | 7.2 |
| 4月 | 16.3 | 11.0 | 9.7 | 8.8 | 8.6 | 5.9 | 6.2 | 4.8 | 4.6 | 8.1 |
| 5月 | 16.7 | 13.2 | 12.3 | 10.8 | 11.0 | 8.4 | 8.6 | 7.8 | 7.1 | 10.6 |

表 4-21 鄯兰干线 11 月至次年 5 月各站最低进站油温与凝点的差值(鄯善一站点炉)

| 站场 | 最低进站油温(℃) | 加剂吐哈原油 | | 塔里木—哈国—北疆混合油 | |
|---|---|---|---|---|---|
| | | 凝点参考值(℃) | 最低进站油温与凝点差值(℃) | 凝点参考值(℃) | 最低进站油温与凝点差值(℃) |
| 四堡 | 13.5 | 0 | 13.5 | 0 | 13.5 |
| 翠岭 | 9.9 | 1 | 8.9 | | 9.9 |
| 河西 | 8.8 | 2 | 6.8 | | 8.8 |
| 瓜州 | 8.3 | 4 | 4.3 | | 8.3 |
| 玉门 | 7.9 | 5 | 2.9 | | 7.9 |
| 张掖 | 5.3 | / | / | | 5.3 |
| 山丹 | 5.5 | | | | 5.5 |
| 西靖 | 4.1 | | | | 4.1 |
| 新堡 | 4.0 | | | | 4.0 |
| 兰州 | 7.2 | | | | 7.2 |

2. 停输再启动安全性分析

对于 $500\times10^4$t/a 塔里木—北疆—哈国混合油和 $160\times10^4$t/a 加剂吐哈原油冷热交替顺序输送的工况，进行了再启动安全性分析。针对鄯兰原油管道距离在 200km 以上的四个长站间和地温较低、高程差较大的西靖—新堡站间进行数值模拟。图 4-48 为河西—瓜州站间再启动流量恢复情况，可见停输 72h(玉门上游管段在输送 6d、停输 12h 的间歇方式基础上再停输 60h)后管道可顺利再启动。图 4-49 为西靖—新堡站间再启动流量恢复情况，计算结果同样表明，停输 72h(玉门下游管段在输送 4.5d、停输 2d 的间歇方式基础上再停输 24h)，管道也可顺利再启动。

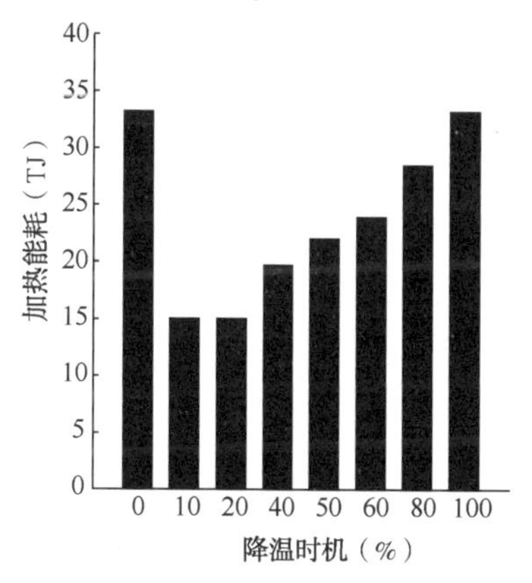


图 4-48 瓜州进站流量恢复数值模拟结果

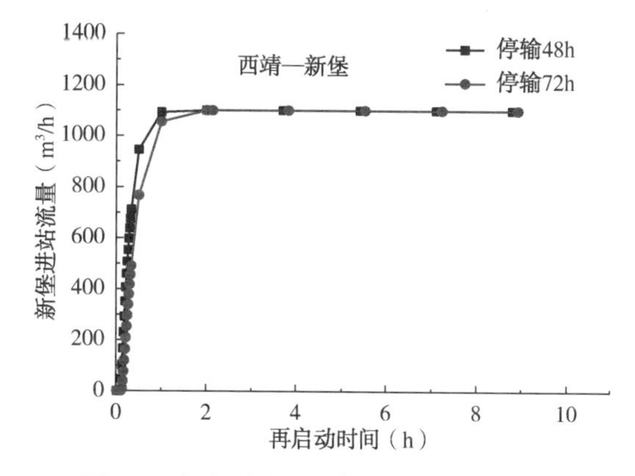


图 4-49 新堡进站流量恢复数值模拟结果
(吐哈原油在玉门完全分输)

3. 加热能耗分析

针对塔里木—哈国—北疆混合原油与加剂吐哈原油冷热交替顺序输送，计算了 11 月至次年 4 月鄯善首站的燃料油消耗量。计算表明，2009 年冬季(11 月、12 月和次年 4 月)鄯兰干线能采用完全冷热交替输送方式，可比均温加热的输送方式节省燃料油约 6591.5t，约占均温加热方式燃料油消耗的 74.3%，经济效益显著。

# 第五节　冷热交替输送管道结构安全性

埋地长输管道冷热油交替输送运行时，交变的热应力可能对管道的结构产生不利影响。为此，需要对温度、压力交变载荷作用下管道结构的稳定性进行分析，包括静态强度校核、压力交变载荷作用下的疲劳寿命估算、管道结构稳定性分析和固定墩尺寸优化设计等。

## 一、管道结构基本情况

鄯兰干线管道设计系数为0.72和0.6(穿跨越管段)，采用$\phi$813mm、$\phi$711mm两种管径。其中鄯善—新堡段1396km为$\phi$813mm管道，新堡—兰州段144.354km为$\phi$711mm管道。鄯兰干线的一般地段使用L450螺旋缝钢管，而重点敏感地区使用UOE钢管，管道设计压力主要为8.0MPa，最高为12.6MPa，各段设计压力见表4-22。

表4-22　原油干线设计压力分段表

<table>
<tr><td>设计压力(MPa)</td><td>8</td><td>8.5</td><td>10</td><td>12.6</td></tr>
<tr><td rowspan="9">鄯善—新堡中间站段分段里程(km)</td><td>306~536</td><td>296~306</td><td rowspan="4">1534~1560</td><td rowspan="9">1560~1566</td></tr>
<tr><td>546~664</td><td>536~546</td></tr>
<tr><td>674~730</td><td>664~674</td></tr>
<tr><td>740~948</td><td>730~740</td></tr>
<tr><td>958~1052</td><td>948~958</td><td rowspan="5">1566~1637</td></tr>
<tr><td>1064~1321</td><td>1054~1062</td></tr>
<tr><td>1331~1418</td><td>1321~1331</td></tr>
<tr><td>1428~1532</td><td>1418~1428</td></tr>
<tr><td>1647~1709</td><td>1637~1647</td></tr>
<tr><td rowspan="2">新堡中间站—兰州末站段分段里程(km)</td><td rowspan="2">1719~1789</td><td rowspan="2">1709~1719</td><td>1789~1811</td><td>1811~1828</td></tr>
<tr><td>1828~1836</td><td>1836~1858</td></tr>
</table>

管道敷设温度为-15℃。在各输量工况下，原油进站温度原则上高于凝点3~5℃。采用冷热油交替输送工艺时，鄯善首站热油出站温度为55℃，“冷油”出站温度为20℃。

管道埋深一般要求为：管顶埋深大于1.2~1.6m，且大于最大冻土深度。管道穿越大中型河流时，将管顶埋设至河床稳定层以下1.0m，且应根据具体河段的工程地质条件及河道主管部门的要求进行护岸和稳管。管道穿越小型河流时，将管顶埋设至河床稳定层以下0.5m，且应根据具体河段的工程地质条件进行护岸和稳管。

根据地形和地质条件，鄯兰干线采用弹性弯曲、工厂预制热煨弯管以及现场冷弯管三种形式，以满足管道在平面和竖面上的变向要求。当管道水平转角或竖向转角较小时(一般为2°~4°)，设计中优先采用弹性敷设，弹性敷设曲率半径大于1000DN，垂直面上弹性敷设管道的曲率半径大于管子自重作用下产生扰度的曲率半径。弹性敷设无法满足时优先采用冷弯管，曲率半径为$R \geqslant 40$DN，干线单根现场冷弯管的上限使用角度≤12°(DN800mm)，冷弯管的直管壁厚与所在段的直管壁厚相同。冷弯管无法满足时采用热煨弯管，热煨弯管曲率半径为$R=6$DN(支线为$R=5$DN)。弹性敷设管段与其相邻的弹性敷设管段(包括水平方向和竖向方向弹性敷设）、冷弯管、热煨弯管间需保持至少 2m 的直管段；冷弯管之间需保持至少 4m 的直管段；冷弯管与热煨弯管间需保持至少 2m 的直管段；两热煨弯管间需保持至少 1m 的直管段。

在管道易受外力作用的地段，采用设置线路固定墩的方式，使外力作用在固定墩上，从而保护管道安全。固定墩的设计温差为 25℃。在弯头安装期间，如果各段线路施工环境温度大于规定温度，可不必设置固定墩，否则，在相应线路段的弯头两侧直管段距弯头约 10m 处各设置一固定墩，采用混凝土现场浇筑形式，固定墩大小由所承受的推力确定 $\phi$711mm、$\phi$813mm 管道所产生推力大小分别为：205t、270t。

## 二、管道结构分析及强度校核

根据西部原油管道 L450 钢管力学性能、管道线路基础数据及鄯兰干线冷热油交替输送工况，对其进行静态强度分析的结果如下。

1. 一般直管段静态强度校核

对于埋地管道必须进行强度和稳定性校核，管道强度校核可按《输油管道工程设计规范》（GB 50253—2003）计算。管道直管段应力按下列公式计算：

管道环向应力
$$\sigma_h = \frac{pD}{2\delta} \tag{4-36}$$

管道轴向应力（锚固段）
$$\sigma_a = E\alpha(t_2 - t_1) + \mu\sigma_h \tag{4-37}$$

受约束热胀直管段，按最大剪切应力强度理论计算的当量应力必须满足下式要求：

$$\sigma_e = \sigma_h - \sigma_a \leqslant 0.9\sigma_s$$
$$\sigma_h = \frac{pD}{2\delta} \leqslant F\varphi\sigma_s \tag{4-38}$$

弹性敷设段弯曲应力（计入轴向应力中）：

$$\sigma_b = \frac{ED}{2R} \tag{4-39}$$

式中：$\sigma_e$，$\sigma_a$和 $\sigma_h$分别为当量应力、由于管道内压和温度变化产生的轴向应力、内压产生的环向应力，MPa；$\sigma_s$和 $\sigma_b$分别为钢材的最低屈服强度和弹性弯曲应力，MPa；$E$ 为钢材的弹性模量，取 $2.05\times10^5$MPa；$F$ 为设计系数，一般管段为 0.72；穿跨越段取 0.6；$\phi$ 和 $\alpha$ 分别为管道焊缝系数（一般取 0.9～1.0）和钢材的线膨胀系数[$1.2\times10^{-5}$m/（m·℃）]；$t_1$和 $t_2$分别代表管道安装闭合时的大气温度和管输油品温度，℃；$\mu$ 代表泊松比，取 0.3；$p$ 为管道的设计内压力，MPa；$D$ 为管道的外直径，m；$R$ 为弹性敷设曲率半径取 1500$D$，定向钻穿越河流取 1000$D$，m；$\delta$ 为管道壁厚，m。

对于不同管段，计算运行最高温度为 55℃、管道安装温度为−15℃。由计算结果可知，鄯兰干线 $\phi$813mm 管道和 $\phi$711mm 管道直管段在设计压力下的最大当量应力为 398MPa，小于 0.9 倍 L450 管材屈服强度，满足强度要求。

2. 弯头静态强度校核

1）力学模型

对于埋地热油管道，从强度角度考虑，弯头往往是必须关注的薄弱环节。可以采用分割法将其分割为若干个“L”形管段，分别分析每个弯头所受的内力、应力分布及强度和刚度。

（1）埋地长输管道弯头力学模型。

将弯头简化为图4-50所示弹性抗弯铰，弯头拐角变化与作用在弯头上的弯矩有如下关系：

$$
\Delta\phi=\frac{KR\phi}{EJ}M
$$
$$
K=1.65/\lambda \tag{4-40}
$$
$$
\lambda=\frac{4R\delta}{D^2}
$$

式中：$\phi$ 和 $\Delta\phi$ 分别代表弯头夹角和弯头拐角变化；$R$ 为弯头曲率半径，m；$M$ 为弯头所受弯矩，N·m；$J$ 为弯头截面惯性矩，$m^4$。

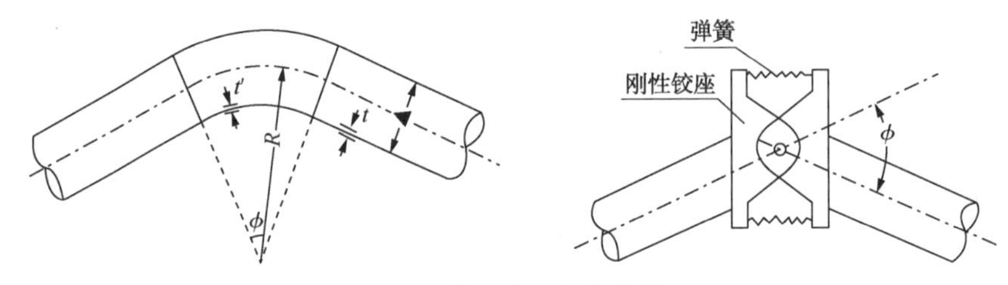


图4-50　弯头弹性抗弯铰模型

（2）埋地长输管道弯头内力确定。

水平和垂直"L"形管道内力确定：由图4-51的管道弯头的变形和力学分析可得管道弯头的内力。图中 $c$ 为土壤侧向压缩反力系数，$N/cm^3$；$q$ 为单长管道土壤摩擦力，N/m；$p$ 为单长管道覆土重量，N/m。

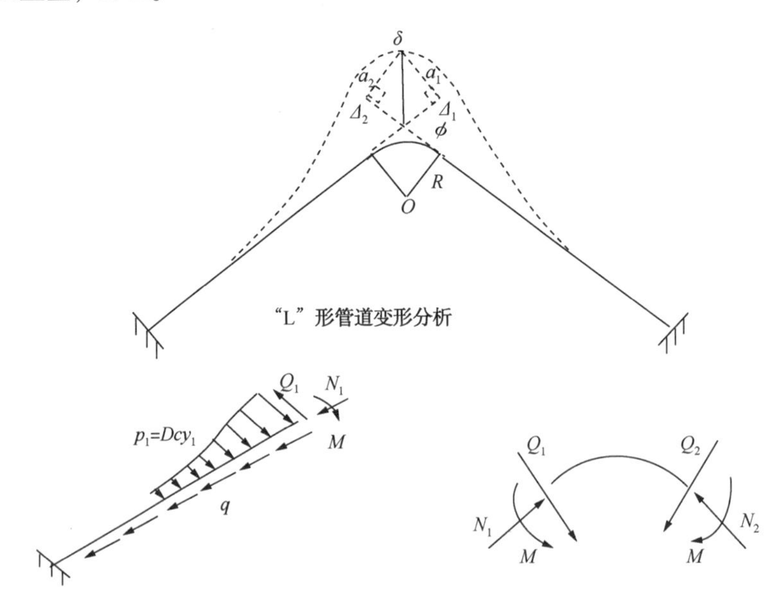


图4-51　弯头结构受力分析示意图

弯头两侧过渡段长度计算：由图4-52弯头两侧的过渡段的力学模型，可得弯头两侧的过渡段长度 $l_g$ 计算式如下：

$$N+ql_g=EA\alpha T$$

$$l_g=\sqrt{Z^2+\frac{2Z}{q}EA\alpha T}-Z$$

$$Z=\frac{A\tan^2\frac{\varphi}{2}}{2k^3J(1+C_M)}$$

$$C_M\approx\frac{1}{kKR\varphi(J/J')+1}$$

$$k=\sqrt[4]{\frac{DC}{4EJ}} \tag{4-41}$$

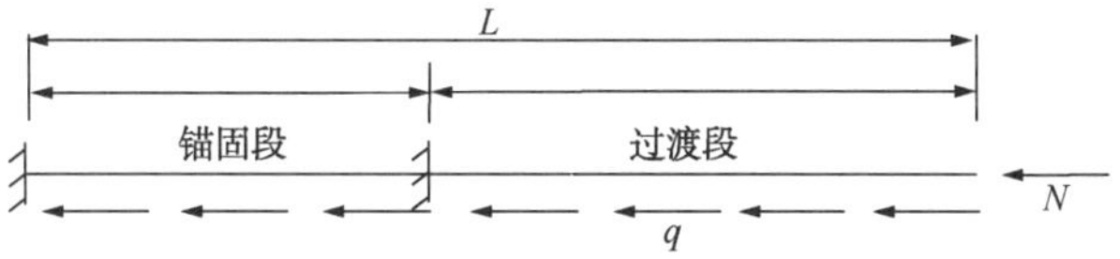

图 4-52　弯头两侧管道过渡段长度计算受力分析示意图

长输管道分割计算法：由图 4-53 的长输埋地管道中直管段的力学分析可得管中驻点位置及直管与弯头间的轴向力计算式。

$$N_{12}+qx=N_{21}+q(L-x) \tag{4-42}$$

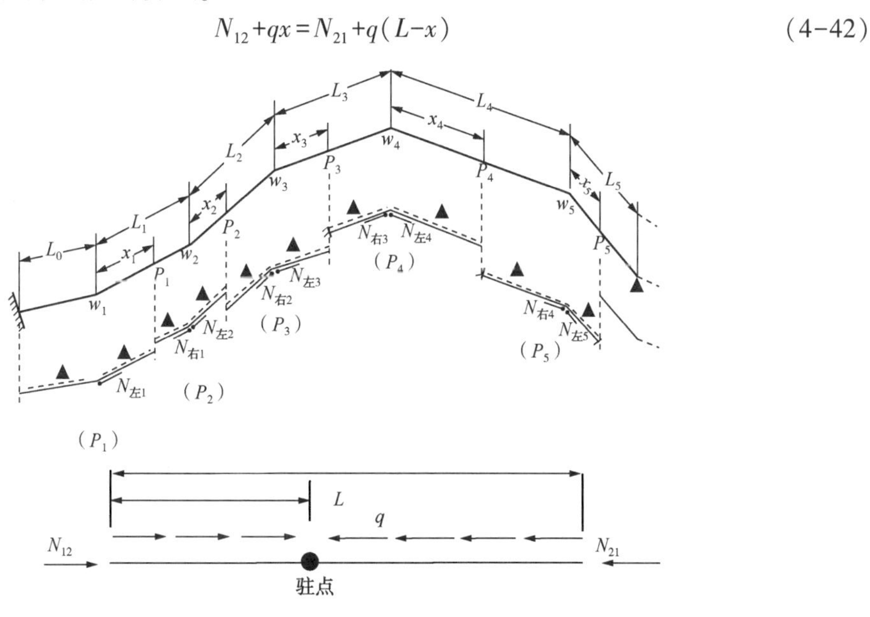


图 4-53　长输管道分割计算受力分析示意图

（3）弯头的强度条件与刚度条件。

由上述管道弯头的力学模型，可分析出管道弯头所受的内力，由下列公式可计算出弯头的应力。

温度和内压引起的弯头环向应力应满足：

$$\begin{cases}\sigma_{q\max}=\beta_q\sigma_0\leqslant 0.9\sigma_s\\ \dfrac{pr}{t'}+0.3\sigma_{q\max}\leqslant\sigma_s\end{cases}$$

$$\sigma_0=\frac{4M}{\pi D^2\delta}$$

$$\beta_q=\frac{1.8\left[1-\left(\frac{D}{2R}\right)^2\right]\left(\frac{D^2}{4R\delta}\right)^{\frac{2}{3}}}{1+1.63\frac{pD}{E\delta}\left(\frac{D^2}{4R\delta}\right)^{\frac{3}{2}}} \tag{4-43}$$

截面变形应满足刚度条件：

$$\phi_y=\frac{1.65\frac{r'}{R}\left[1+2\left(\frac{r'}{R}\right)^2\right]\frac{M}{\pi(r')^2t'E}}{1+6\frac{pr'}{Et'}\left(\frac{r'}{t'}\right)^{\frac{4}{3}}\left(\frac{R}{r'}\right)^{\frac{1}{3}}}\leqslant[\phi_y] \tag{4-44}$$

式中：$\phi_y$表示弯头截面变形；$R'$为弯头截面半径，m；$t'$为弯头截面壁厚，m；$[\phi_y]$为弯头截面通球许可变形，取10%。

2）分析结果及结论

（1）两侧安装固定墩的弯头强度校核。

对于鄯兰干线不同管段弯头在相应内压作用下弯头内凹点的环向应力计算表明，鄯兰干线 $\phi$813mm 管道和 $\phi$711mm 管道内压引起弯头内凹点最大环向应力为 331MPa，小于 0.9 倍 L450 管材屈服强度，满足强度要求。

固定墩距弯头距离为 10m，鄯兰干线管道最高运行温度为 55℃，管道安装温度为 -15℃，选取鄯兰干线三种典型弯头(79°、55°、40°热煨弯头)进行计算，得到内压及温度引起的弯头内应力及弯头的变形情况。计算结果表明，两侧安装固定墩时，三种典型弯头(79°、55°、40°热煨弯头)在设计压力下的最大环向应力为 283MPa，小于 0.9 倍 L450 管材屈服强度，满足强度要求；两侧安装固定墩时，三种典型弯头(79°、55°、40°热煨弯头)在设计压力下的最大截面变形为 0.0049，小于许可扁平率，满足刚度要求。

（2）两侧没有安装固定墩的弯头。

对于弯头两侧没有安装固定墩的情况，按鄯兰干线管道最高运行温度为 55℃、管道安装温度为-15℃，选取鄯兰干线三种典型弯头(79°、55°、40°热煨弯头)进行计算，得到温度引起的弯头内应力及弯头的变形情况。计算结果表明，两侧没有安装固定墩时，三种典型弯头(79°、55°、40°热煨弯头)在设计压力下的最大环向应力为 348MPa，小于 0.9 倍 L450 管材屈服强度，满足强度要求；两侧没有安装固定墩时，三种典型弯头(79°、55°、40°热煨弯头)在设计压力下的最大截面变形为 0.0255，小于许可扁平率，满足刚度要求。

综上所述，根据西部原油管道冷热油交替输送运行工况及管道线路基础数据，对西部原油管道鄯兰干线核算表明，直管段管道及弯头全部满足强度要求。

## 三、管道稳定性分析

### 1. 径向稳定性

对穿越公路的无套管管段、穿越用的套管及埋深较大的管段，均应按照《输油管道工程设计规范》(GB 50253—2003)，按无内压状态校核在外力作用下管子的变形。

$$\Delta X \leqslant 0.03D \tag{4-45}$$

$$\Delta X = \frac{JKWr^3}{EI + 0.061E'r^3} \tag{4-46}$$

$$I = \delta^3/12 \tag{4-47}$$

式中：$\Delta X$ 为钢管水平径向的最大变形，m；$J$ 为钢管变形滞后系数，取 1.5；$K$ 为基床系数，取 0.108；$W$ 为单位管长上的总垂直荷载，包括管顶垂直土荷载和地面车辆传到钢管上的荷载，MN/m。土壤密度按保守取值 $\gamma = 2.2 \times 10^3$ kg/m$^3$；$r$ 为钢管的平均半径，m；$E$ 为刚材弹性模量，取 $2.05 \times 10^5$MN/m$^2$；$E'$为回填土的变形模量，MPa，取 1.0；$I$ 为单位管长截面惯性矩，m$^4$/m；

根据上述公式，对鄯兰干线管道的径向稳定计算结果见表 4-23。由计算结果可见，鄯兰干线管道的径向稳定满足要求。

**表 4-23 鄯兰干线管道径向稳定性计算结果**

| 管径(mm) | 内压(MPa) | 校核壁厚(mm) | 管道埋深(m) | 管道径向变形 $\Delta X$(m) | 0.03$D$(m) | 是否满足强度要求 |
|---|---|---|---|---|---|---|
| $\phi$813 | 8 | 11 | 1.6 | 0.0012 | 0.0244 | 满足 |
| | | 12.5 | 1.6 | 0.0008 | 0.0244 | 满足 |
| | 8.5 | 11 | 1.6 | 0.0012 | 0.0244 | 满足 |
| | | 14.2 | 1.6 | 0.0006 | 0.0244 | 满足 |
| | 10 | 14.2 | 1.6 | 0.0006 | 0.0244 | 满足 |
| | | 16 | 1.6 | 0.0004 | 0.0244 | 满足 |
| | 12.6 | 16 | 1.6 | 0.0004 | 0.0244 | 满足 |
| | | 20 | 1.6 | 0.0002 | 0.0244 | 满足 |
| $\phi$711 | 8 | 8.8 | 1.6 | 0.0013 | 0.0213 | 满足 |
| | | 11 | 1.6 | 0.0007 | 0.0213 | 满足 |
| | 8.5 | 10 | 1.6 | 0.0009 | 0.0213 | 满足 |
| | | 12.5 | 1.6 | 0.0005 | 0.0213 | 满足 |
| | 10 | 11 | 1.6 | 0.0007 | 0.0213 | 满足 |
| | | 14.2 | 1.6 | 0.0004 | 0.0213 | 满足 |
| | 12.6 | 14.2 | 1.6 | 0.0004 | 0.0213 | 满足 |
| | | 17.5 | 1.6 | 0.0002 | 0.0213 | 满足 |

2. 轴向稳定性

对加热输送的埋地管道，应按照《输油管道工程设计规范》(GB 50253—2003)，校核其轴向稳定性。

$$N \leqslant n \cdot N_{cr} \tag{4-48}$$

$$N = [\alpha E(t_2 - t_1) + (0.5 - \mu)\sigma_h]A \tag{4-49}$$

式中：$N$ 为由温差和内压力产生的轴向力，MN；$n$ 为安全系数，0.75；$N_{cr}$ 为管道开始失稳时的临界轴向力，MN；$A$ 为钢管横截面积，m$^2$；$\alpha$ 为钢管的线性膨胀系数，$1.2 \times 10^{-5}$。$t_2$ 为管道最高运行温度,℃，$t_2 = 55$℃；$t_1$ 为管道敷设温度,℃，$t_2 = -15$℃；$\sigma_h$ 为管道环向应力，MPa，$\sigma_h = PD/2\delta$；$P$ 为管道设计压力，MPa；$D$ 为管道外径，m；$\delta$ 为管道壁厚，m。

埋地直线管段开始失稳时的临界轴向力，按式(4-50)计算。

$$N_{cr} = 2\sqrt{KeDEI} \tag{4-50}$$

$$K_e=\frac{0.12E'n_e}{(1-\mu_0{}^2)\sqrt{jD}}(1-e^{-2h_0/D}) \tag{4-51}$$

式中：$K_e$为土壤的法向阻力系数，MPa/m；$I$为钢管的截面惯性矩，$m^4$；$E'$为回填土的变形模量，MPa，取1.0；$n_e$为回填土的变形模量降低系数，取0.5；$\mu_0$为土壤的泊松系数，取0.20；$j$为管道的单位长度，$j=1m$；$h_0$为地面(或土堤顶)至管道中心的距离，m。

根据上述公式，对鄯兰干线管道直管段的轴向稳定性计算结果见表4-24。可见鄯兰干线管道的轴向稳定满足要求。

**表4-24 鄯兰干线管道轴向稳定性计算结果**

| 管径(mm) | 内压(MPa) | 校核壁厚(mm) | 管道埋深(m) | 土壤的法向阻力系数(MPa/m) | 轴向力$N$(MN) | $0.75N_{cr}$(MN) | 是否满足强度要求 |
|---|---|---|---|---|---|---|---|
| $\phi$813 | 8 | 11 | 1.6 | 0.0553 | 4.7740 | 7.5061 | 满足 |
| | | 12.5 | 1.6 | 0.0553 | 5.4147 | 7.9793 | 满足 |
| | 8.5 | 11 | 1.6 | 0.0553 | 4.7741 | 7.5061 | 满足 |
| | | 14.2 | 1.6 | 0.0553 | 6.1379 | 8.4778 | 满足 |
| | 10 | 14.2 | 1.6 | 0.0553 | 6.1382 | 8.4778 | 满足 |
| | | 16 | 1.6 | 0.0553 | 6.9004 | 8.9691 | 满足 |
| | 12.6 | 16 | 1.6 | 0.0553 | 6.9010 | 8.9691 | 满足 |
| | | 20 | 1.6 | 0.0553 | 8.5823 | 9.9535 | 满足 |
| $\phi$711 | 8 | 8.8 | 1.6 | 0.0521 | 3.3441 | 4.9951 | 满足 |
| | | 11 | 1.6 | 0.0521 | 4.1667 | 5.5588 | 满足 |
| | 8.5 | 10 | 1.6 | 0.0521 | 3.7935 | 5.3113 | 满足 |
| | | 12.5 | 1.6 | 0.0521 | 4.7246 | 5.9068 | 满足 |
| | 10 | 11 | 1.6 | 0.0521 | 4.1670 | 5.5588 | 满足 |
| | | 14.2 | 1.6 | 0.0521 | 5.3542 | 6.2730 | 满足 |
| | 12.6 | 14.2 | 1.6 | 0.0521 | 5.3546 | 6.2730 | 满足 |
| | | 17.5 | 1.6 | 0.0521 | 6.5673 | 6.9153 | 满足 |

综上所述，根据管道线路基础数据、L450管材力学性能及冷热交替输送工艺条件，对鄯兰干线管道稳定性进行计算表明，鄯兰干线管道的径向及轴向稳定性均满足要求。

## 四、管道疲劳寿命分析

冷热交替输送时，出站压力和出站温度不断变化，管道所受应力也在不断变化。根据断裂力学理论，若材料中存在初始微缺陷(裂纹)，该裂纹可能在交变应力的驱动下不断扩大，直至失稳断裂，即管道缺陷由于交变应力的作用而发生疲劳断裂。

对于埋地热输管道，由于温度和土壤约束的作用，其轴向应力一般为压应力，而压应力是不会引起裂纹开裂的；由于内压的波动，其环向应力一般为拉应力，拉应力是引起裂纹扩展的主要驱动力，因此管道缺陷的寿命主要与压力变化有关，与温度变化关系很小。所以，考虑管道冷热交替输送疲劳寿命时，主要应考虑压力的变化形成的交变应力引起的螺旋焊缝缺陷的疲劳寿命。

由于鄯兰干线为新建管道，没有进行过管道检测，所以本研究按照西部管道管材、管件选用原则应符合的标准 GB/T 9711.2—1999《石油天然气工业输送钢管交货技术条件 第 2 部分：B 级钢管》，对管材许可的最大缺陷进行计算。同时本研究还按照 API Std 1104—1999《管道及有关设施的焊接》中允许的较大缺陷尺寸进行了计算。由于各规范都不允许管道中存在裂纹类缺陷，而断裂力学是基于各种裂纹类缺陷计算的，所以采用保守办法，把各种缺陷假设成裂纹类缺陷。因此，本计算结果偏于保守，实际管道使用寿命应大于计算结果。

1. 缺陷的简化

根据断裂力学理论，裂纹按其在构件中的位置可分为贯穿裂纹(穿透板厚的裂纹)、表面裂纹和深埋裂纹等，如图 4-54 所示。

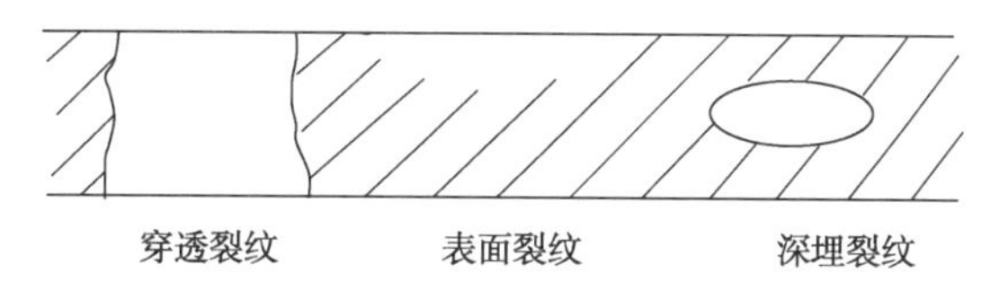


图 4-54 根据缺陷位置的裂纹分类

同时，根据裂纹受力情况，裂纹可分为三种基本类型：张开型(Ⅰ型)、滑开型(Ⅱ型)和撕开型(Ⅲ型)，如图 4-55 所示。

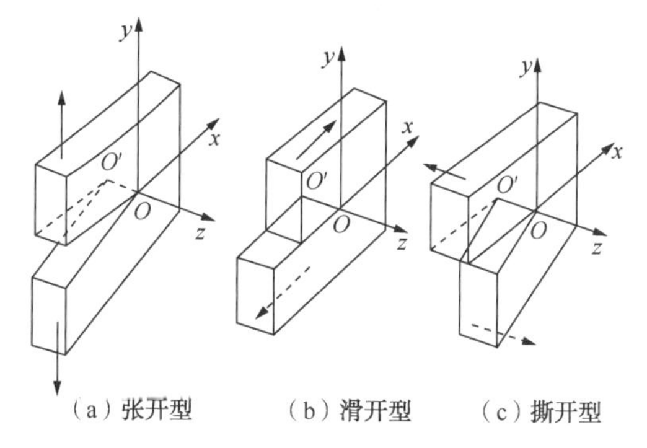


图 4-55　根据缺陷受力状态的裂纹分类

如图 4-56 所示，管道中的缺陷形状是不规则的，可将其简化为椭圆形的深埋裂纹和半椭圆的表面裂纹，裂纹的长度和深度取缺陷的最大长度和深度。同时，螺旋焊管道焊缝缺陷可以视为受拉伸的张开型裂纹和受剪切的滑开型裂纹组合的复合型裂纹。

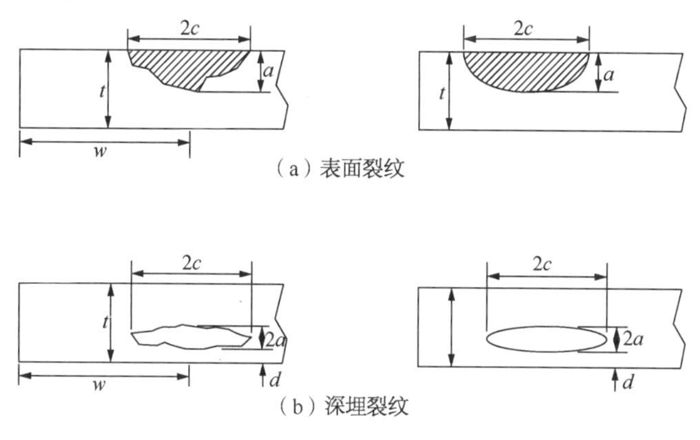


图 4-56　缺陷的简化

2. 缺陷的应力状态及裂纹尖端的应力强度因子

对处于锚固段的埋地管道，其应力状态如图 4-57 所示，环向受内压作用形成拉应力，轴向因温度和内压的作用以及土壤的约束形成拉应力。

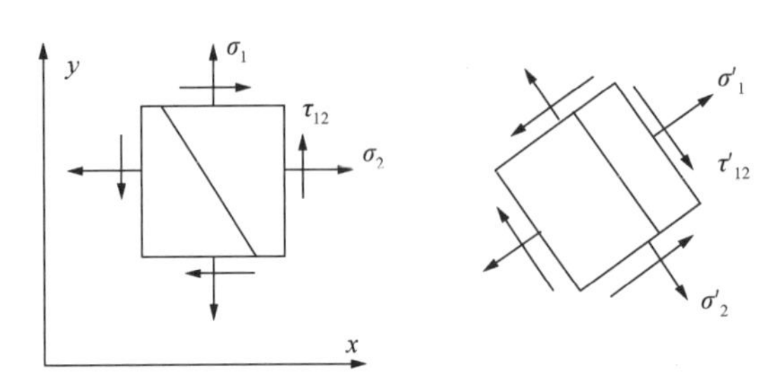


图 4-57　螺旋焊缝缺陷应力状态

沿管道轴向和环向的管道应力状态为：

$$
\begin{aligned}
\sigma_1 &= \frac{pD}{2t} \\
\sigma_2 &= -E\alpha T+\mu\sigma_1 \\
\tau_{12} &= 0
\end{aligned}
\tag{4-52}
$$

对于螺旋焊缝中的缺陷而言，可以根据沿缺陷方向的应力状态，将其视为受拉伸的张开型和受剪切的滑开型两类裂纹的组合。工程中一般按 API 579-Recommended Practice For Fitness-For-Service，Section 9：Assessment of Crack-Like Flaws 的方法，当裂纹方向与最大主应力方向成一定角度(螺旋角)时，可将裂纹投影到与最大主应力垂直的方向，将斜方向的组合裂纹简化为受最大主应力作用的轴向裂纹，如图 4-58 所示。

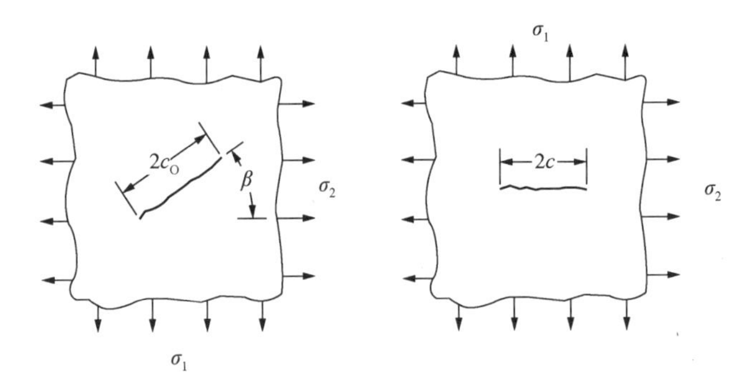


图 4-58　螺旋焊缝缺陷简化为轴向裂纹

其中：

$$
\frac{c}{c_0}=\cos^2\beta+\frac{(1-B)\sin\beta\cos\beta}{2}+B^2\sin^2\beta
$$

$$
B=\frac{\sigma_2}{\sigma_1} \tag{4-53}
$$

经上述裂纹的简化处理后，受拉伸的椭圆深埋裂纹尖端的应力强度因子为：

$$
K_I=\frac{\sigma\sqrt{\pi a}}{\left[\Phi^2-0.18\left(\frac{\sigma}{\sigma_s}\right)^2\right]^{1/2}}\sqrt{1+1.67\frac{2a^2}{Dt}} \tag{4-54}
$$

半椭圆表面裂纹尖端的应力强度因子为：

$$K_I = \frac{1.1\sigma\sqrt{\pi a}}{\left[\Phi^2 - 0.212\left(\frac{\sigma}{\sigma_s}\right)^2\right]^{1/2}}\sqrt{1 + 1.67\frac{2a^2}{Dt}} \tag{4-55}$$

$$\Phi = \int_0^{\pi/2}\sqrt{1 - \frac{c^2 - a^2}{a^2}\sin^2\phi}\,\mathrm{d}\phi$$

$$\sigma = \frac{PD}{2t}$$

式中：$a$ 为裂纹深度，对于表面裂纹，$a$ 为裂纹深度的一半；$D$ 为管道的公称直径；$t$ 为管道壁厚；$\sigma$ 为为管道环向应力；$P$ 为管道内压；$\Phi$ 为第二类椭圆积分。

3. 疲劳裂纹扩展寿命计算

由断裂力学理论，当裂尖应力强度因子变化幅度大于裂纹扩展速率门槛值 $\Delta K_{th}$时，裂纹扩展速率随裂纹尖端的应力强度因子变化幅度的变化在对数坐标中分段呈线性关系(图 4-59)，即裂纹亚临界扩展速率(Paris 公式)：

$$\frac{\mathrm{d}a}{\mathrm{d}N} = C\left(\Delta K\right)^n \tag{4-56}$$

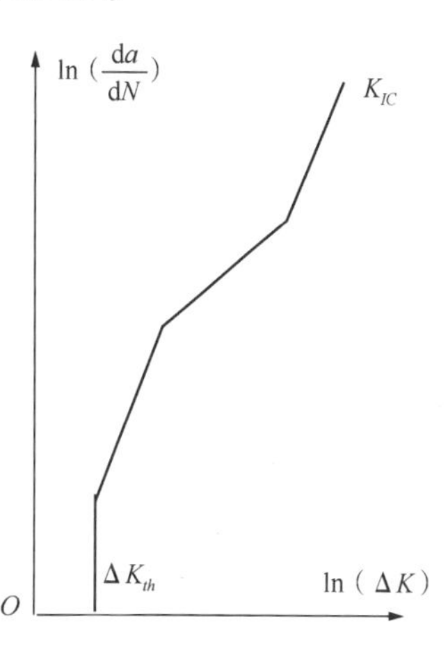

图 4-59　疲劳裂纹扩展速率与裂尖应力强度因子变化幅度关系

式中：$C$，$n$ 为材料常数，由实验测得；$\Delta K$ 为裂纹尖端的应力强度因子变化幅度，由式(4-54)、式(4-55)得：

深埋裂纹 $$\Delta K_I = \frac{\Delta\sigma\sqrt{\pi a}}{\left[\Phi^2 - 0.18\left(\frac{\sigma}{\sigma_s}\right)^2\right]^{1/2}}\sqrt{1+1.67\frac{2a^2}{Dt}} \tag{4-57}$$

表面裂纹 $$\Delta K_I = \frac{1.1\Delta\sigma\sqrt{\pi a}}{\left[\Phi^2 - 0.212\left(\frac{\sigma}{\sigma_s}\right)^2\right]^{1/2}}\sqrt{1+1.67\frac{2a^2}{Dt}} \tag{4-58}$$

对式(4-56)进行积分可得对应该交变应力的裂纹寿命计算式：

$$N = \int_{a_0}^{a_c}\frac{\mathrm{d}a}{C\left(\Delta K\right)^n} \tag{4-59}$$

式中：$a_0$为裂纹的初始深度，mm；$a_c$为裂纹失稳时的临界深度，mm，可由断裂力学的 COD 理论确定，当 $a_c$大于管道壁厚 $t$ 时，取管道壁厚 $t$。

$$a_c = \frac{\pi E\delta_c}{8\bar{\sigma}}\Big/\ln\left[\sec\left(\frac{\pi M\sigma_{\max}}{2\bar{\sigma}}\right)\right] \tag{4-60}$$

$$\bar{\sigma} = \sigma_s + (\sigma_b - \sigma_s)/4$$

$$M = \sqrt{1+1.67\frac{2a^2}{Dt}}$$

式中：$E$ 为管材的拉伸弹性模量；$\delta_c$ 为管材裂纹尖端张开位移临界值；$\bar{\sigma}$ 为管材流变应力；$\sigma_s$ 为管材屈服极限；$\sigma_b$ 为管材抗拉极限；$M$ 为膨胀系数。

4. 新建管道最大允许缺陷尺寸

API Std 1104—1999《管道及有关设施的焊接》规定根据业主选择可以按照下述方法确定允许缺陷尺寸的最大范围。

API Std 1104—1999 对埋藏的立体缺陷验收限定值规定见表 4-25。表 4-26 为计算所得西部管道各类型管段体积型缺陷允许最大缺陷尺寸。

**表 4-25 埋藏的立体缺陷验收限定值**

| 缺陷类型 | 高度或宽度 | 长度 |
| --- | --- | --- |
| 气孔 | 小于 $t/4$ 或 6. 36mm | 小于 $t/4$ 或 6. 36mm |
| 熔渣 | 小于 $t/4$ 或 6. 36mm | $4t$ |
| 未返修的烧穿 | 小于 $t/4$ | $2t$ |

**表 4-26 西部管道各类型管段体积型缺陷允许最大缺陷尺寸**

| 管道类型(mm×mm) | 缺陷类型 | 深度或宽度(mm) | 长度(mm) |
| --- | --- | --- | --- |
| $\phi$813×11 | 气孔 | 2. 75 | 2. 75 |
| | 熔渣 | 2. 75 | 44 |
| | 未返修的烧穿 | 2. 75 | 22 |
| $\phi$813×14. 2 | 气孔 | 3. 55 | 3. 55 |
| | 熔渣 | 3. 55 | 56. 8 |
| | 未返修的烧穿 | 3. 55 | 28. 4 |
| $\phi$813×16 | 气孔 | 4 | 4 |
| | 熔渣 | 4 | 64 |
| | 未返修的烧穿 | 4 | 32 |
| $\phi$711×8. 8 | 气孔 | 2. 2 | 2. 2 |
| | 熔渣 | 2. 2 | 35. 2 |
| | 未返修的烧穿 | 2. 2 | 17. 6 |
| $\phi$711×10 | 气孔 | 2. 5 | 2. 5 |
| | 熔渣 | 2. 5 | 40 |
| | 未返修的烧穿 | 2. 5 | 20 |
| $\phi$711×11 | 气孔 | 2. 75 | 2. 75 |
| | 熔渣 | 2. 75 | 44 |
| | 未返修的烧穿 | 2. 75 | 22 |
| $\phi$711×14. 2 | 气孔 | 3. 55 | 3. 55 |
| | 熔渣 | 3. 55 | 56. 8 |
| | 未返修的烧穿 | 3. 55 | 28. 4 |

对平面型缺陷(表面或深埋),根据材料的断裂韧性及应用的最大轴向应变确定管壁参考缺陷尺寸深度。应注意以下几个条件:

（1）除其他规定外，高度不能超过壁厚的 1/2。

（2）对于平面缺陷，允许的缺陷高度 $a$ 受 1 的限制。

（3）对于埋藏的缺陷，允许的缺陷高度 $2a$ 受 1 的限制。

（4）缺陷长度的限定值在表 4-27 中列出。

（5）允许应用的最大轴向应变可以由其他标准和准则限制。

（6）每条曲线包括 0.002in/in 的残余应变。

**表 4-27　缺陷长度限定值**

| 高度与壁厚之比 | 允许的缺陷长度($2c$) |
| --- | --- |
| $0<a/t<0.25$ | $0.4D$ |
| $0.25<a/t<0.5$ | $4t$ |
| $0.5<a/t$ | 0 |

根据上述方法，以 $\phi$813mm×11mm 管道为例，计算管道平面型缺陷(表面或深埋)最大缺陷尺寸。已知管道外径尺寸 $D$ 为 $\phi$813mm；管道壁厚 $t$ 为 11mm；根据试验测试，L450 管材评定的最低 CTOD 值为 0.22mm；使用的最大轴向应变为 0.002。由图 4-60 可知管道轴向最大残余应变为 0.002、CTOD 值为 0.22mm，可确定参考缺陷深度为 9.144mm。得出参考表面缺陷深度 9.14mm；参考埋深缺陷深度 18.288mm。由于缺陷高度不得超过壁厚的 1/2，可得最大缺陷深度 $a_{max}=0.5t=0.5\times11=5.5$mm；表面缺陷 min(5.5，9.144)= 5.5mm；深埋缺陷 min(5.5，18.2)= 5.5mm。这样即可确定平面型缺陷最大尺寸，见表 4-28。

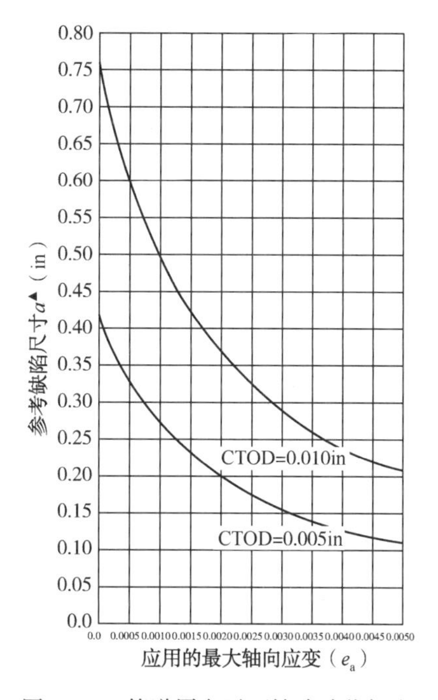


图 4-60　管道周向平面缺陷验收标准

表 4-28 西部管道各类型管段平面型缺陷最大允许缺陷尺寸

| 管道类型（mm×mm） | 表面缺陷 | | 深埋缺陷 | |
|---|---|---|---|---|
| | 深度（mm） | 长度（mm） | 深度（mm） | 长度（mm） |
| $\phi$813×11 | 0~2.75 | 325.2 | 0~2.75 | 325.2 |
| | 2.75~5.5 | 44 | 2.75~5.5 | 44 |
| $\phi$813×14.2 | 0~3.55 | 325.2 | 0~3.55 | 325.2 |
| | 3.55~7.1 | 56.8 | 3.55~7.1 | 56.8 |
| $\phi$813×16 | 0~4 | 325.2 | 0~4 | 325.2 |
| | 4~8 | 64 | 4~8 | 64 |
| $\phi$711×8.8 | 0~2.2 | 284.4 | 0~2.2 | 284.4 |
| | 2.2~4.4 | 35.2 | 2.2~4.4 | 35.2 |
| $\phi$711×10 | 0~2.5 | 284.4 | 0~2.5 | 284.4 |
| | 2.5~5 | 40 | 2.5~5 | 40 |
| $\phi$711×11 | 0~2.75 | 284.4 | 0~2.75 | 284.4 |
| | 2.75~5.5 | 44 | 2.75~5.5 | 44 |
| $\phi$711×14.2 | 0~3.55 | 284.4 | 0~3.55 | 284.4 |
| | 3.55~7.1 | 56.8 | 3.55~7.1 | 56.8 |

5. 疲劳裂纹寿命估算

1）根据缺陷尺寸计算管道使用寿命

根据西部原油管道 L450 钢管疲劳裂纹扩展速率测试实验数据、管道线路基础数据及鄯兰干线冷热油交替输送方案，对其进行了疲劳寿命分析。对于同一直径管道，在同样压力波动下，壁厚越小管道寿命越小。$\phi$813mm×11mm 及 $\phi$711mm×8.8mm 两种管道寿命见图 4-61 和图 4-62。

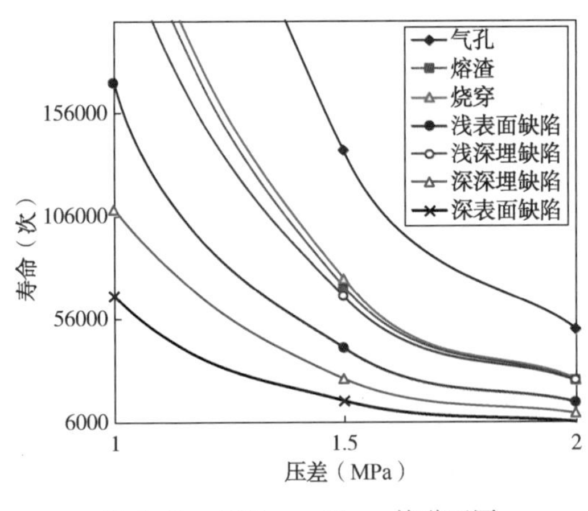


图 4-61 $\phi$813mm×11mm 管道不同类型缺陷的寿命与压力波动的关系

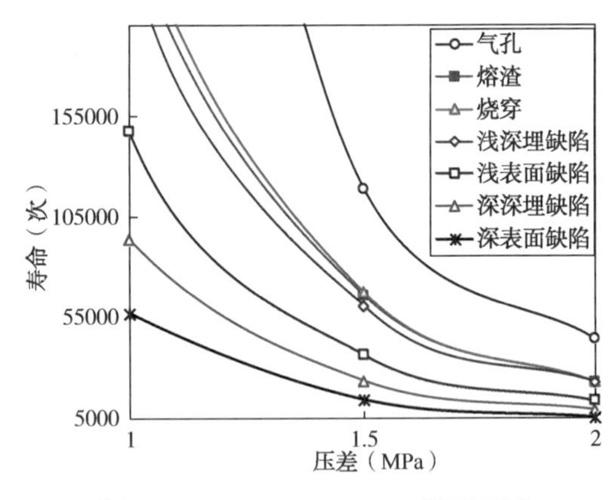


图 4-62 $\phi$711mm×8.8mm 管道不同类型缺陷的寿命与压力波动的关系

由图 4-61 和图 4-62 可见，疲劳寿命随压力波动值的增大而明显减少，当压力波动为 0.5MPa、1.0MPa、1.5MPa 时，对于 $\phi$813mm 管道及 $\phi$711mm 管道各种缺陷疲劳寿命都大于 6000 次；当压力波动为 2.0MPa 时，对于深度为 $0.25t \sim 0.5t$（$t$ 为管道壁厚），长度为 $4t$ 的表面型缺陷寿命最小，$\phi$813mm 管道最低寿命最小为 5995 次，$\phi$711mm 管道最低寿命最小为 5069 次。

由于以上缺陷均按照裂纹类缺陷尺寸计算，并且缺陷尺寸均按照规范允许的最大裂纹深度考虑，因此上述对管道螺旋焊缝的疲劳寿命分析是一种近似估算，偏于安全和保守，实际管道缺陷的寿命应大于上述计算值。

2）由设计寿命计算管道允许的最大缺陷尺寸

由图 4-61 和图 4-62 可知，在 API Std 1104—1999 规定新建管道允许存在的各种缺陷中，表面裂纹类缺陷对管道寿命影响最大，因此本研究根据管道设计寿命，计算了管道许可的表面裂纹类缺陷的最大尺寸。图 4-63 和图 4-64 分别为 $\phi$813mm×11mm、$\phi$711mm×8.8mm 管道寿命与表面裂纹深度长度关系。

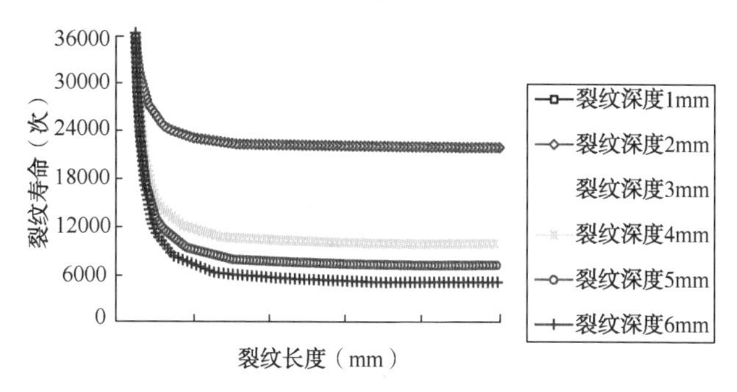


图 4-63　$\phi$813mm×11mm 管道寿命与表面裂纹深度长度关系(压力波动值为 2MPa)

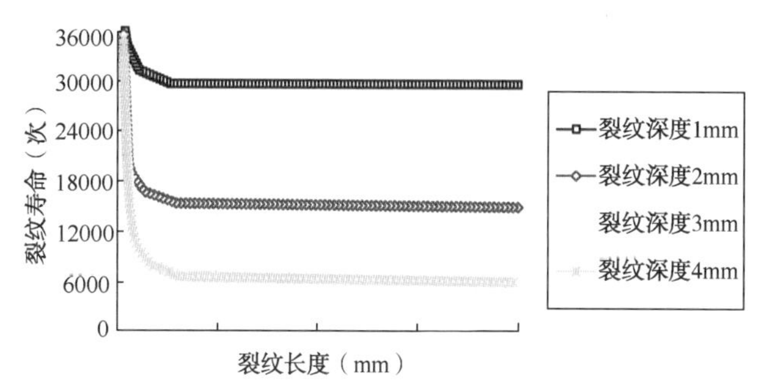


图 4-64　$\phi$711mm×8.8mm 管道寿命与表面裂纹深度长度关系(压力波动值为 2MPa)

由图 4-63 和图 4-64 可见，对于 $\phi$813mm×11mm 管道，当要求的疲劳寿命大于 6000 次时，管壁表面裂纹许可最大深度为 5mm；对于 $\phi$711mm×8.8mm 管道，当要求的疲劳寿命大于 6000 次时，管壁表面裂纹许可最大深度为 4mm。

6. 小结

（1）根据鄯兰干线 L450 管材力学性能、冷热交替输送工艺条件及 API Std 1104—1999 新建管道验收标准，对各种缺陷寿命进行了计算，当压力波动为 2MPa 时，$\phi$813mm×11mm 管道最低寿命最小为 5995 次，$\phi$711mm×8.8mm 管道最低寿命最小为 5069 次。

（2）当压力波动为 2MPa 且管道疲劳寿命大于 6000 次时，$\phi$813mm×11mm 管道管壁表面裂纹许可最大深度为 5mm，$\phi$711mm×8.8mm 管道管壁表面裂纹许可最大深度为 4mm。

## 五、油气长输管道结构分析及固定墩尺寸优化设计软件

为了便于工程技术人员确定管道的静态强度及疲劳强度，本研究开发了油气长输管道结

构分析及固定墩尺寸优化设计软件。软件共分六部分，包括埋地长输管道在温度压力载荷作用下的静态强度校核，疲劳寿命估算以及固定墩尺寸优化设计，其中管道结构分析包括直管段、弯头、进出站管段等典型管段的静态强度校核。

1. 埋地长输管道直管段强度校核

本模块用于埋地长输管道中直管段的强度校核。通过输入管道的结构尺寸、管材类型及载荷条件，可计算出管道的各应力值。

2. 无锚固埋地长输管道结构分析程序

本模块用于埋地长输管道受热胀及内压载荷作用时的结构强度、刚度计算及校核。所计算管段除两端外没有固定墩，如有，则需将其划分为若干段分别计算。通过输入所计算管道的结构参数、管材及土壤类型，可计算出管道中各弯头的内力、应力、位移及变形，并进行强度及刚度校核。

3. 固定墩许可位移及最小推力计算

对于埋地长输管道中强度或刚度不足的弯头，应在其两侧设置固定墩以减少弯头处的内力和应力。为了节省建设投资，应在保证弯头强度和刚度满足设计要求的前提下，尽可能减小固定墩体积。因此，可以允许它有适量的位移。当然此位移应小于土壤弹性许可范围。本模块可用于埋地管道中弯头两侧固定墩的许可位移及最小设计推力计算。这两个参数是对固定墩几何尺寸进行优化设计必不可少的指标性参数。

4. 进出站管道结构分析

在埋地长输管道泵站的进出站管道中，为了限制管道的热胀位移，保护弯头及泵站设备，管道设计中需要设置固定墩。只要输入管道的结构尺寸、管材及土壤参数和工作载荷，即可根据弯头的强度条件、刚度条件和固定墩后背的土体破坏条件来计算出泵站进出口管道各点的弯矩、轴向力、剪力、位移及固定墩的位移和推力，供固定墩设计使用。

5. 埋地热输管道矩形固定墩尺寸优化设计

本模块用于埋地热输管道固定墩尺寸设计。给定固定墩的各个初始参数(包括固定墩的止推力，固定墩尺寸参数及土壤的有关参数等)，能在该墩的尺寸允许界限内，算出墩在不同许可位移时的最优尺寸。

6. 埋地长输管道疲劳寿命预测

该模块用于埋地管道疲劳寿命的预测，根据管道焊接形式(直焊缝或螺旋焊缝)，输入管道相关参数及裂纹的相关尺寸和裂纹形式，可算出管道在温度压力交变载荷作用下的疲劳寿命，为工程设计提供参考。

## 第六节　冷热原油交替输送现场试验及工业应用

冷热油交替输送是全新的输油工艺，运行工况复杂。为了确保生产运行万无一失，并检验理论分析结果，工业化应用之前进行了现场试验。

### 一、现场试验

2007 年 6 月，西部原油管道投产。在运行的第一个冬季，为确保原油管道安全运行并调试加热炉，采用站站点炉的加热方式，2007 年 10 月中旬，各站相继运行加热炉。在沿线关键站场设置原油物性监测点，测试管输原油物性、监测管道运行状况，保证原油管道冬季安全、平稳运行。

2008 年 3—5 月，随着地温升高，鄯兰原油管道各站加热炉相继停炉，这样就出现了“冷油”顶“热油”出站的情况，即冷热交替顺序输送工况。经过周密部署，采用循序渐进的方式，先停运中间维温站加热炉，再停运各热处理站加热炉，具体停炉时间见表 4-29。期间鄯兰干线共输送原油 60 批次共 $215\times10^4m^3$，其中塔里木原油 18 批次共 $46.2\times10^4m^3$、塔里木—北疆混合油 14 批次共 $79.8\times10^4m^3$、哈国油 15 批次共 $49.7\times10^4m^3$ 和加剂吐哈原油 13 批次共 $39.3\times10^4m^3$。

**表 4-29　冷热交替输送现场试验各站停炉时间一览表**

| 站名 | 一次停炉时间 | $T_1$ | $T_2$ | 二次停炉时间 | $T_3$ | 备注 |
|---|---|---|---|---|---|---|
| 鄯善 | 2008. 5. 15 17：00 | 55. 0 | 18. 0 | — | — | 热处理站 |
| 四堡 | 2008. 4. 13 20：00 | 46. 0 | 26. 4 | — | — | 维温站 |
| 翠岭 | 2008. 3. 3 0：00 | 37. 0 | 31. 8 | 2008. 3. 25 0：00 | 27. 5 | 维温站 |
| 河西 | 2008. 5. 7 20：00 | 51. 0 | 21. 2 | — | — | 热处理站 |
| 瓜州 | 2008. 3. 6 0：00 | 40. 0 | 30. 0 | 2008. 3. 22 0：00 | 23. 0 | 维温站 |
| 玉门 | 2008. 5. 14 18：00 | 54. 0 | 19. 0 | — | — | 热处理站 |
| 张掖 | 2008. 4. 7 18：00 | 40. 0 | 25. 6 | 2008. 5. 1 18：00 | 16. 7 | 维温站 |
| 山丹 | 2008. 5. 15 20：00 | 50. 0 | 16. 4 | — | — | 热处理站 |
| 西靖 | 2008. 4. 5 22：00 | 35. 0 | 20. 4 | 2008. 4. 14 2：00 | 12. 3 | 维温站 |
| 新堡 | 2008. 4. 17 16：00 | 40. 0 | 20. 2 | 2008. 5. 8 20：00 | 14. 1 | 维温站 |

注：$T_1$、$T_2$代表第一次停炉前后各站出站油温，$T_3$代表第二次停炉后各站出站油温。

根据现场试验期间的运行数据(包括管输油品的种类、输量、出站温度、压力等)，利用软件计算下一站的进站温度和进站压力，其结果与管道运行参数进行对比分析。图 4-65至图 4-68为 2008 年 5 月鄯善首站停炉前后出站油温示意图及四堡进站油温、压力、流量的计算值与实测值的对比图。表 4-30 统计了鄯善—玉门站间各参数计算结果与实测结果的平均偏差。

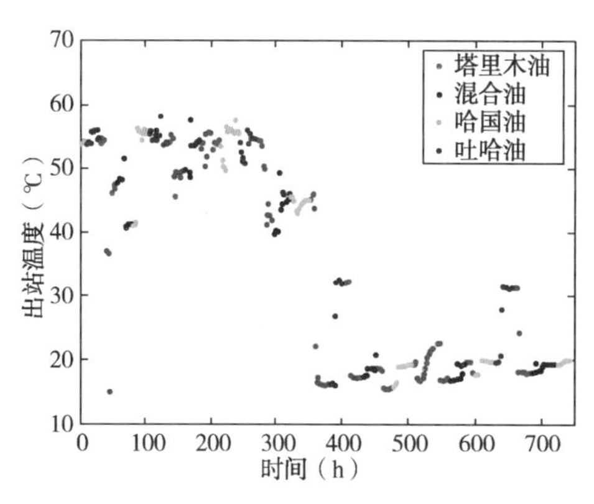


图 4-65　冷热交替输送现场试验期间鄯善停炉前后出站温度(2008 年 5 月)

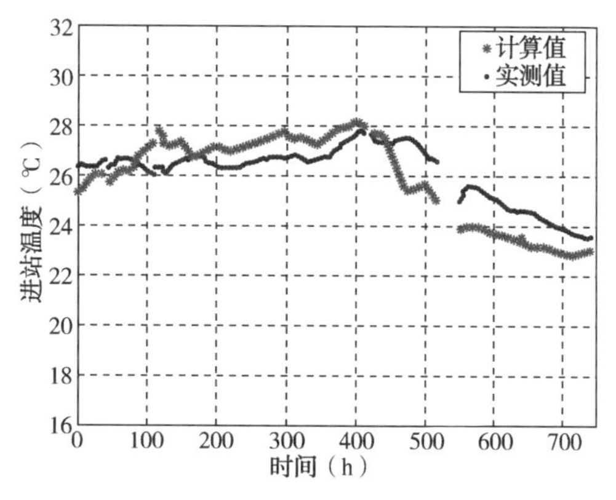


图 4-66　四堡进站温度计算值与实测值对比(2008 年 5 月，平均偏差 0.9℃)

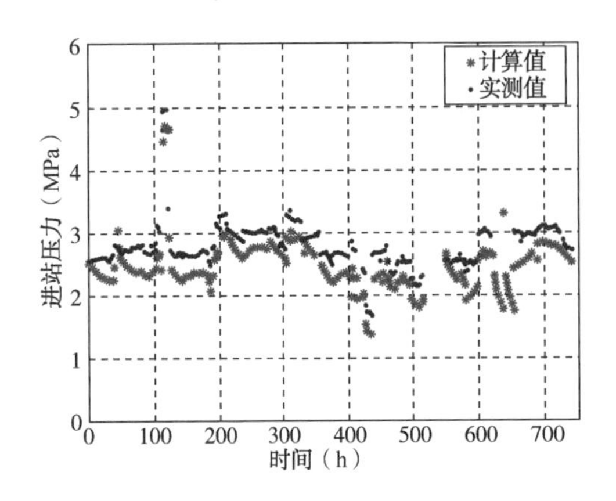


图 4-67　四堡进站压力计算值与实测值对比
（2008 年 5 月，平均偏差 0.3MPa）

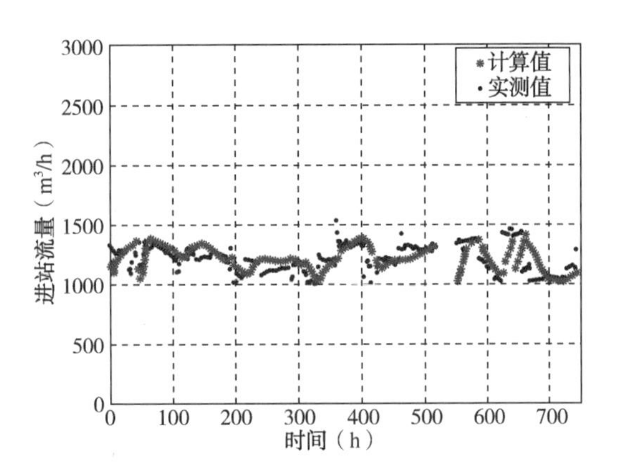


图 4-68　四堡进站流量计算值与实测值对比
（2008 年 5 月，平均偏差 77.3$m^3$/h）

**表 4-30　鄯善—玉门站间计算结果与实测值偏差的统计结果**

| 项目 | 最大偏差 | 最小偏差 | 平均偏差 |
|---|---|---|---|
| 温度(℃) | 1.6 | 0.2 | 0.7 |
| 摩阻(MPa) | 0.3 | 0.1 | 0.19 |
| 流量($m^3$/h) | 95.2 | 15.6 | 52.1 |

分析验证结果可知，鄯善—玉门管段进站温度计算结果与实测值平均偏差为 0.7℃；站间摩阻计算结果与实测值平均偏差不超过 0.2MPa；进站流量计算结果与实测值平均偏差 52.1$m^3$/h(相对偏差约为 5%)。这不仅再次充分验证了西部原油管道冷热交替输送软件的可靠性，而且证明了西部原油管道采用冷热原油交替顺序输送的可行性。

## 二、工业应用

在理论分析和现场试验的基础上，2008 年冬季和 2009 年冬季，在西部原油管道上成功进行了冷热交替顺序输送工艺的工业应用。

1. 2008 年冬季鄯兰干线冷热交替输送工业应用

2008 年 11 月 2 日—12 月 14 日，在鄯善—玉门管段进行了冷热油交替顺序输送。其间，仅鄯善一站点炉，加剂改性吐哈原油和哈国油在鄯善加热至 55℃左右后外输，而流动性较好的塔里木原油和塔里木—北疆混合油的出站温度约为 35℃(这两种原油本可不加热外输，但考虑到现场操作的实际问题，塔里木原油和塔里木—北疆混合油外输时不停炉，只是降低加热炉的负荷)。共输油 40 批次、118×$10^4$$m^3$，包括塔里木原油 16 批次约 42×$10^4$$m^3$、塔里木—北疆混合油 8 批次约 32×$10^4$$m^3$、哈国原油 9 批次约 26×$10^4$$m^3$和吐哈加剂油 7 批次约 18×$10^4$$m^3$，详细信息见表 4-31。

**表 4-31　冷热交替输送期间鄯善首站出站油温及批次量**

| 油品种类 | 油品批次号 | 平均出站油温(℃) | 批次量($m^3$) |
|---|---|---|---|
| 塔里木原油 | TLM08250 | 42.9 | 30000 |
| | TLM08254 | 32.8 | 40000 |
| | TLM08257 | 31.2 | 23770 |
| | TLM08259 | 34.8 | 20000 |
| | TLM08261 | 33.6 | 20000 |
| | TLM08263 | 34.3 | 20000 |
| | TLM08266 | 32.5 | 20000 |
| | TLM08268 | 32.4 | 20000 |
| | TLM08271 | 29.3 | 30000 |
| | TLM08273 | 38.6 | 30000 |
| | TLM08275 | 33.6 | 30000 |
| | TLM08278 | 34.9 | 20000 |
| | TLM08280 | 37.8 | 27586 |
| | TLM08282 | 31.4 | 40000 |
| | TLM08284 | 40.9 | 19733 |
| | TLM08286 | 40.0 | 30000 |
| 塔里木—北疆混合油 | H-108252 | 42.4 | 41460 |
| | H-108256 | 33.4 | 66000 |
| | H-108264 | 33.4 | 30000 |
| | H-108269 | 33.6 | 38000 |
| | H-108276 | 37.0 | 40000 |
| | H-108281 | 39.3 | 45000 |
| | H-108285 | 46.9 | 31097 |
| | H-108287 | 45.9 | 30000 |
| 哈国油 | HGY08251 | 50.2 | 30000 |
| | HGY08255 | 44.1 | 30000 |
| | HGY08260 | 50.7 | 30000 |
| | HGY08262 | 52.3 | 30000 |
| | HGY08267 | 52.8 | 30000 |
| | HGY08272 | 52.6 | 30000 |
| | HGY08277 | 51.2 | 30000 |
| | HGY08283 | 51.5 | 50000 |
| | HGY08288 | 52.8 | 3698 |
| 加剂吐哈原油 | THY08249 | 54.4 | 30000 |
| | THY08253 | 51.9 | 30000 |
| | THY08258 | 52.3 | 30000 |
| | THY08265 | 52.4 | 30000 |
| | THY08270 | 50.6 | 30000 |
| | THY08274 | 52.4 | 30000 |
| | THY08279 | 52.3 | 20000 |

表4-32和图4-69给出了冷热交替现场试验期间所输油品的统计信息以及鄯善站出站温度变化。表4-33为工业应用期间各油品凝点测试结果。可以看出，采用冷热交替输送工艺，原油流动性稍有变化，但其凝点均在0℃以下，可以满足管道运行的热力安全性。

这是国内首次在数百公里的长距离管道上实现物性变化大的原油的冷热交替顺序输送。为期43d的冷热原油交替顺序输送工业应用期间，共节省燃料油650t，约合人民币139万元(按2008年12月原油价格计算)，减少$CO_2$排放2000t。

**表4-32 冷热交替输送现场试验期间鄯善首站出站油温及批次量**

| 油品种类 | 油品批次数 | 平均出站油温(℃) | 最高出站油温(℃) | 最低出站油温(℃) | 批次量($10^4m^3$) |
|---|---|---|---|---|---|
| 塔里木原油 | 16 | 35.0 | 42.9 | 29.3 | 42 |
| 塔里木—北疆混合油 | 8 | 39.0 | 45.9 | 33.4 | 32 |
| 哈国油 | 9 | 50.9 | 52.8 | 44.1 | 26 |
| 加剂吐哈原油 | 7 | 52.3 | 54.4 | 50.6 | 18 |

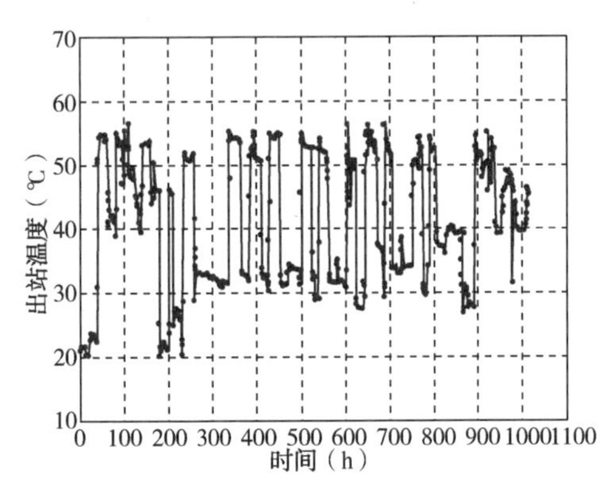


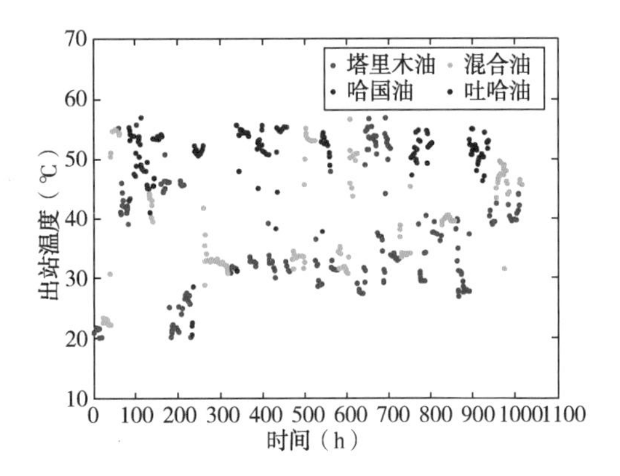


图4-69 冷热油交替顺序输送期间鄯善出站温度

**表4-33 冷热油交替顺序输送原油凝点测试结果**

| 站场 | 最低进站油温(℃) | 加剂吐哈原油(℃) | | 哈国油(℃) | | 塔里木原油(℃) | | 塔里木—北疆混合油(℃) | |
|---|---|---|---|---|---|---|---|---|---|
| | | 均温 | 冷热交替 | 均温 | 冷热交替 | 均温 | 冷热交替 | 均温 | 冷热交替 |
| 鄯善 | — | — | -1.4 | — | -0.5 | -6.7 | -1.5 | -6.0 | -0.2 |
| 河西 | 15.7 | — | -0.4 | — | -2.8 | — | — | — | — |
| 玉门 | 13.0 | — | 2.8 | — | -1.3 | -3.3 | 0 | -3.8 | 2.0 |

2. 2009年冬季西部原油管道冷热交替输送工业应用

2009年11月，西部原油管道乌鄯支干线和鄯兰干线同时进行了冷热交替输送现场工业应用。

11月23日，乌鲁木齐启动加热炉，北疆原油加热至50~55℃出站，哈国油以常温出站。至1月1日采用冷热交替输送工艺，共输送油品16个批次$35\times10^4m^3$，其中哈国油8批次$24.7\times10^4m^3$，北疆原油8批次$10.3\times10^4m^3$。采用冷热交替输送工艺共节省天然气$40\times10^4m^3$，折合人民币40万元，减少$CO_2$排放840 t。

11月24日23：00，鄯善启动加热炉，吐哈原油加热至50~55℃出站；由于塔里木—哈国—北疆混合油输量占整体输量比例较大，因此采用完全冷热交替的运行方式，对该种油品常温输送。至1月1日，共输送油品33个批次共92.8×$10^4m^3$，其中混合油24批次69×$10^4m^3$，哈国油3批次6.2×$10^4m^3$，吐哈原油6批次15.2×$10^4m^3$。期间共节省燃料油1294 t，折合人民币462万元(按平均油价75美元/桶计算)，减少$CO_2$排放超过4000 t。

## 参 考 文 献


[1] Mecham T, Stanley G, Pelletierm. High speed data communications and high speed leak detectionmodels: impact of thermodynamic properties for heated crude oil in large diameter, insulated pipelines: application to pacific pipeline system. [C]Calgary: Proc of ASME 3rd International Pipeline Conference, 2000.

[2] Shauers D, Sarkissian H, Decker B. California line beats odds, beginsmoving viscous crude oil., Oil & Gas Journal, 2000, 98(15).54-66.

[3] Mecham T, Wikerson B, Templeton B. Full integration of SCADA, field control systems and high speed hydraulicmodels - application pacific pipeline system. [C] Calgary: Proc of ASME 3rd International Pipeline Conference, 2000.

[4] Mchughm, Hanks K. Pacific pipeline designed with latest leak detection technology, Pipeline & Gas Industry, 1998, 81(3).87-93.

[5] 崔秀国．冷热油交替输送管道非稳态水力—热力耦合问题分析及应用[D]．北京：中国石油大学(北京)，2005.

[6] 王凯．原油管道差温顺序输送工艺数值研究[D]．北京：中国石油大学(北京)，2009

[7] 姚峰．西部原油管道冷热油交替输送方案研究[D]．北京：中国石油大学(北京)，2006.

[8] 夏庆春．鲁宁线原油顺序输送技术研究[D]．北京：中国石油大学(北京)，2006.

[9] 范海成．冷热油交替输送研究[D]．北京：中国石油大学(北京)，2005.

[10] 鹿广辉．冷热原油交替输送非稳态传热的研究[D]．北京：中国石油大学(北京)，2005

[11] 崔秀国，张劲军．冷热油交替顺序输送过程热力问题的研究[J]．油气储运，2004(11).

[12] 王凯，张劲军，宇波．原油差温顺序输送管道温度场的数值模拟研究[J]．西安石油大学学报(自然科学版)，2008，23(6)，63-66.

[13] 王凯，张劲军，宇波．冷热原油交替顺序输送中加热时机的经济比选[J]．中国石油大学学报(自然科学版)，2008，32(5)，102-107.

[14] 王凯，张劲军，宇波．冷热油交替输送加热方案的经济比选[J]．西南石油大学学报(自然科学版)，2008，30(2)，158-162.

[15] Wang K(王凯)，Zhang J J(张劲军)，Yu B(宇波). Numerical simulation on the thermal and hydraulic behaviors of batch pipelining crude oils with different onlet temperatures, Oil & Gas Science and Technology. 2009, 64 (4): 503-520.

# 第五章　西部原油管道含蜡原油间歇输送技术

西部原油管道输送的原油中，吐哈原油、北疆原油和哈中管道进口原油(简称哈国油)的凝点高于最低地温，管道长时间停输存在凝管风险。但该管道在运行中又恰恰面临频繁停输(即间歇输送)问题。

首先，按照设计要求，吐哈原油在玉门全分输，这使得间歇输送成为长达792km的玉门—兰州管段的常态化运行方式。据统计，从2007年7月投产至2009年12月31日，因玉门分输共计停输148次，平均运行5.4d停输1次，平均停输时间25.4h，最长停输时间48h。

此外，2008年12月，受国际金融危机影响，鄯兰原油管道计划输量下调到$500\times10^4$t/a，只有设计最低输量($900\times10^4$t/a)的55%，处于超低输量状态。由于鄯兰管道输油泵的最低运行输量为$1000m^3/h$(约合$730\times10^4$t/a)，在$500\times10^4$t/a的输量下，已无法采用连续输送的方式运行，只能实行间歇输送。雪上加霜的是，由于油田压产，管输原油中流动性较好的塔里木原油的比例将大幅度下降，管道安全运行面临极其严峻的挑战。

在间歇输送状态下，管道沿线土壤温度场始终处于不规则的非稳态变化中。在这种状态下输送凝点高于地温的原油，管道冬季运行风险高、难度大。在鄯兰干线这样的大口径、长距离管道上以间歇输送作为管道的常态化运行方式，输送具有凝管风险的含蜡原油，国内外没有先例。

针对西部原油管道间歇输送难题，本研究开发了含蜡原油间歇输送管道水力、热力仿真软件，通过数值模拟掌握了西部原油管道间歇输送的热力水力特性；通过降凝剂改性大幅改善了管输原油的流动性；通过现场试验验证了数值模拟结果的准确性和间歇输送可靠性；结合数值模拟和降凝剂改性输送模拟试验的结果，提出了玉门分输时玉门—兰州管段间歇输送的可行方案，以及超低输量下全线间歇输送运行的方案，为玉门—兰州管段的设计提供了依据，确保了吐哈原油在玉门站全分输时管道的常态化间歇输送安全运行，以及金融危机影响导致超低输量情况下的全线间歇输送安全运行。

## 第一节　含蜡原油间歇输送问题分析及软件开发

### 一、数学模型

1. 问题分析

热油管道的间歇输送运行包括正常输送、停输和再启动三个阶段，都涉及非稳态的流动与传热。众所周知，非稳态问题的求解需要有初始条件。对于一般热油管道的停输再启动，由于停输前管道在正常状态下运行的时间较长，可以认为停输前管道周围土壤温度场蓄热达到平衡状态，停输的初始条件比较容易确定。间歇输送时，由于管道频繁启停，管道周围的土壤温度场始终处于不稳定状态，土壤温度场不仅仅是停输时间的函数，还取决于以往的运行历史(停输时间、运行时间、运行时的加热情况等)，上一个阶段末了时刻的条件就是下一个阶段的初始条件。这样一来，计算累计误差的影响将会很大。这是间歇输送管道水力、热力模拟的特殊困难。从工程上讲，由于土壤温度场蓄热量减小，间歇输送管道的停输温降较相同条件下常规热油管道快，因此，停输再启动的风险加大。

埋地含蜡原油管道停输后的温降过程一般可分为两个阶段：第一阶段，管内油温较快地冷却到略高于管外壁土壤温度，尤其是靠近管壁处的油温下降很快；第二阶段，管内存油和管外土壤作为一个整体缓慢冷却。按照传热方式的不同，停输后管内原油的传热又可分为三个阶段：自然对流传热阶段、自然对流与热传导共同控制阶段和纯导热阶段。

第一阶段为自然对流传热阶段。管道停输后，管内原油温度高于周围介质(土壤)温度，原油向管外介质散热。在该阶段，整个管道截面上含蜡原油温度以一个较快的速度比较均匀地下降，因而该阶段是温降最快的一个阶段。

第二阶段为自然对流与热传导共同控制阶段。当原油温度下降至析蜡点以后，原油中的石蜡在整个管道截面上逐渐析出，同时放出结晶潜热。结晶潜热的释放延缓了管内原油的温降过程，而蜡晶的析出则使原油的流动性变差，削弱了原油的自然对流强度。析出的大量蜡晶形成的网状结构最终使原油失去流动性。由于管壁处的温度最低，因而管壁处析出蜡晶数量最多，从而使管壁处的原油最先胶凝。随着停输时间延长，管内油温不断下降，凝油层不断向管中心移动，凝油层不断增加，而液相区不断减少。此时，液相区仍然发生自然对流，而凝油区则进行着热传导。在传热学上，该阶段是典型的移动边界传热问题。由于结晶潜热释放以及凝油层的产生，该阶段在温降的三个阶段中温降速率最慢。

第三阶段为纯导热阶段。当管道中心的原油温度降至滞流点之后，蜡晶网络结构使管内原油整体失去流动性，原油全部以热传导的方式向外界散热。该阶段中的温降速率低于第一阶段而高于第二阶段。

含蜡原油管道的停输温降过程是一个伴随相变、自然对流及移动边界的三维不稳定传热问题，热力分析较为复杂。针对这一情况做如下简化：

(1) 在停输温降过程中不太长的时间内，假设全线的大气温度和地表对流换热系数为一定值。

(2) 在停输后降温过程中，随着油温降低，原油要形成网络结构，管内出现凝油层。为了简化计算，我们假设凝油层与管道同心。

(3) 引入滞流点概念。在停输温降的第二阶段，温降过程是一个伴随有相变、边界移动和内部自然对流的不稳定传热过程。当原油温度低于析蜡点后，网络结构的形成使管内原油逐渐从液态向固态转化。在这里我们引用滞流点概念将管道内部分成液相区域和固相区域。液相区域的传热方式为自然对流，固相区域的传热方式是导热。

(4) 引入当量导热系数。由于直接求解管内含蜡原油的自然对流传热计算量很大，计算中引入当量导热系数，将管道内部的自然对流当量成导热问题来处理。当量导热系数的大小与管内原油的自然对流系数、液流油温和相界面的温度差以及相界面处的温度梯度有关，即

$$\lambda_e = \frac{-\alpha_o(T_o - T_w)}{\left(\frac{\partial T_o}{\partial r}\right)_w} \tag{5-1}$$

式中：$\alpha_o$ 为油流对管内壁的放热系数；$\left(\frac{\partial T_o}{\partial r}\right)_w$ 为相界面处温度梯度；$T_o$ 为液相原油温度；$T_w$ 为液相原油与凝油交界处的温度。

在物理意义上，当量导热系数并不是原油的真实导热系数，而是根据能量守恒原理将原油的自然对流转化为导热的一个量。引入当量导热系数，在保留停输后自然对流影响的基础上，统一了温度计算方式，简化了运算过程，在目前对自然对流没有更好处理方法的情况上，这种处理方法比较合理。

（5）结晶潜热对停输温降的影响。温降过程中，蜡晶析出时结晶潜热的释放延缓了原油的温降过程。由于停输过程中管内大部分原油温度在析蜡点以下，因此必须考虑结晶潜热释放对温降的影响，而原油比热容随温度的变化即表征了温降过程中结晶潜热的释放。

2. 数学模型

含蜡原油管道间歇输送问题的数学模型包括正常输送过程、停输温降过程和再启动过程的数学模型。其中，正常输送过程的描述与上一章介绍的“冷热油交替输送”相同，不再赘述。

1）停输温降过程

根据上述假设与简化，参照图 3-2(a)，综合考虑界面上原油、结蜡层、管壁、防腐层、土壤及大气之间的相互影响，建立埋地热油管道停输温降过程的传热数学模型。

油流方程：

$$\rho_o C_o \frac{\partial T_o}{\partial \tau} = \frac{1}{r}\frac{\partial}{\partial r}\left(\lambda_o r \frac{\partial T_o}{\partial r}\right) + \frac{1}{r^2}\frac{\partial}{\partial \theta}\left(\lambda_o \frac{\partial T_o}{\partial \theta}\right) \tag{5-2}$$

当停输温降过程中有自然对流区域存在时，液相的导热系数取当量导热系数。式中：$\rho$ 为密度；$C$ 为比热容；$T$ 为温度；$\lambda$ 为导热系数；$\tau$ 为时间；$r$ 为径向坐标；$\theta$ 为周向坐标。下标 o 表示“油”。

结蜡层、管壁和防腐层的传热方程：

$$\rho_k C_k \frac{\partial T_k}{\partial \tau} = \frac{1}{r}\frac{\partial}{\partial r}\left(\lambda_k r \frac{\partial T_k}{\partial r}\right) + \frac{1}{r^2}\frac{\partial}{\partial \theta}\left(\lambda_k \frac{\partial T_k}{\partial \theta}\right) \tag{5-3}$$

$k=1$，2，3 分别表示结蜡层、管壁和防腐层土壤导热方程：

$$\rho_s C_s \frac{\partial T_s}{\partial \tau} = \frac{\partial}{\partial x}\left(\lambda_s \frac{\partial T_s}{\partial x}\right) + \frac{\partial}{\partial y}\left(\lambda_s \frac{\partial T_s}{\partial y}\right) \tag{5-4}$$

式中，下标 s 表示土壤。

初始条件：以埋地输油管道本阶段正常输送的计算结果作为本阶段停输温降计算的初始条件。以本阶段停输温降计算的结果作为下一阶段正常输送的初始条件。

连接条件：管内原油、结蜡层、管壁、防腐层以及土壤的传热过程是相互关联的，满足：

$$\lambda_o \frac{\partial T_o}{\partial r}\bigg|_{r=R_0} = \lambda_1 \frac{\partial T_1}{\partial r}\bigg|_{r=R_0} \tag{5-5}$$

$$\lambda_k \frac{\partial T_k}{\partial r}\bigg|_{r=R_k} = \lambda_{k+1} \frac{\partial T_{k+1}}{\partial r}\bigg|_{r=R_k} \qquad k=1，2 \tag{5-6}$$

$$T_k\big|_{r=R_k}=T_{k+1}\big|_{r=R_k}\qquad k=1,\ 2 \tag{5-7}$$

$$\lambda_3\frac{\partial T_3}{\partial r}\Big|_{r=R_3}=\lambda_s\frac{\partial T_s}{\partial r}\Big|_{r=R_3} \tag{5-8}$$

$$T_3\big|_{r=R_3}=T_s\big|_{r=R_3} \tag{5-9}$$

式中，$R_0$表示结蜡层内半径。

边界条件：由于计算区域的对称性，仅取管道的右半部分进行研究，于是边界条件为：

$$\text{当 } x=0,\ 0\leqslant|y|\leqslant H_0-R_3 \text{ 时，} \lambda_s\frac{\partial T_s}{\partial x}=0 \tag{5-10}$$

$$\text{当 } x=0,\ H_0+R_3\leqslant|y|\leqslant H \text{ 时，} \lambda_s\frac{\partial T_s}{\partial x}=0 \tag{5-11}$$

$$\text{当 } y=0 \text{ 时，} \frac{\partial T_s}{\partial y}=\frac{\alpha_a}{\lambda_s}(T_a-T_s) \tag{5-12}$$

$$\text{当 } |x|=L \text{ 时，} \frac{\partial T_s}{\partial x}=0 \tag{5-13}$$

$$\text{当 } |y|=H \text{ 时，} T_s=T_n \tag{5-14}$$

式中：$H_0$表示管道埋深；$H$为土壤计算区域的深度，$L$为土壤计算区域宽度的1/2(详见第三章图3-2)；$\alpha_a$为地表向大气的放热系数，$T_a$为大气温度，$T_n$为恒温层温度。

2）再启动过程

埋地热油管道停输后的再启动过程是一个水力和热力相互影响的不稳定过程。此过程中原油的控制方程和结蜡层、管壁和防腐层的导热方程以及土壤导热方程与正常输送过程一样。对于动量方程，当停输时间较长、部分或全部原油表现出触变性时，对触变性流体采用如下方程来描述：

$$\frac{\partial v}{\partial \tau}+v\frac{\partial v}{\partial z}+\frac{1}{\rho}\frac{\partial p}{\partial z}+g\sin\alpha+\frac{4\tau_w}{\rho D}=0 \tag{5-15}$$

其中，管壁处流体的剪应力 $\tau_w$ 用触变模型计算。本研究采用Houska触变模型：

$$\sigma=\sigma_{y0}+\lambda\sigma_{y1}+(K+\lambda\Delta K)\dot{\gamma}^n \tag{5-16}$$

$$\frac{\mathrm{d}\lambda}{\mathrm{d}\tau}=a(1-\lambda)-b\lambda\dot{\gamma}^m \tag{5-17}$$

式中：$\sigma$ 为剪应力；$\sigma_{y0}$和$\sigma_{y1}$分别为结构充分裂解的屈服应力和与结构相关的屈服应力；$K$ 和 $\Delta K$ 分别为稠度系数和与结构参数相关的稠度系数；$\dot{\gamma}$ 为剪切率；$n$ 为流变行为指数；$\lambda$ 为结构参数；$m$ 为模型参数；$a$ 为结构建立速率常数；$b$ 为结构裂降速率常数。

数学模型的求解方法与第三章类似，不再赘述。

## 二、含蜡原油管道间歇输送仿真软件的开发及验证

根据以上数学模型，采用Gauss-Seidel方法求解计算，编制程序得到停输过程沿管道原油温度分布、摩阻、土壤温度场分布等，计算的流程图如图5-1所示。再启动过程的数值模拟流程图如图5-2所示。采用Visual Fortran语言编写计算程序，再将正常输送、停输和再启动程序整合后，采用Visual Basic语言编写软件界面，开发出西部原油管道间歇输送水力热力仿真软件。

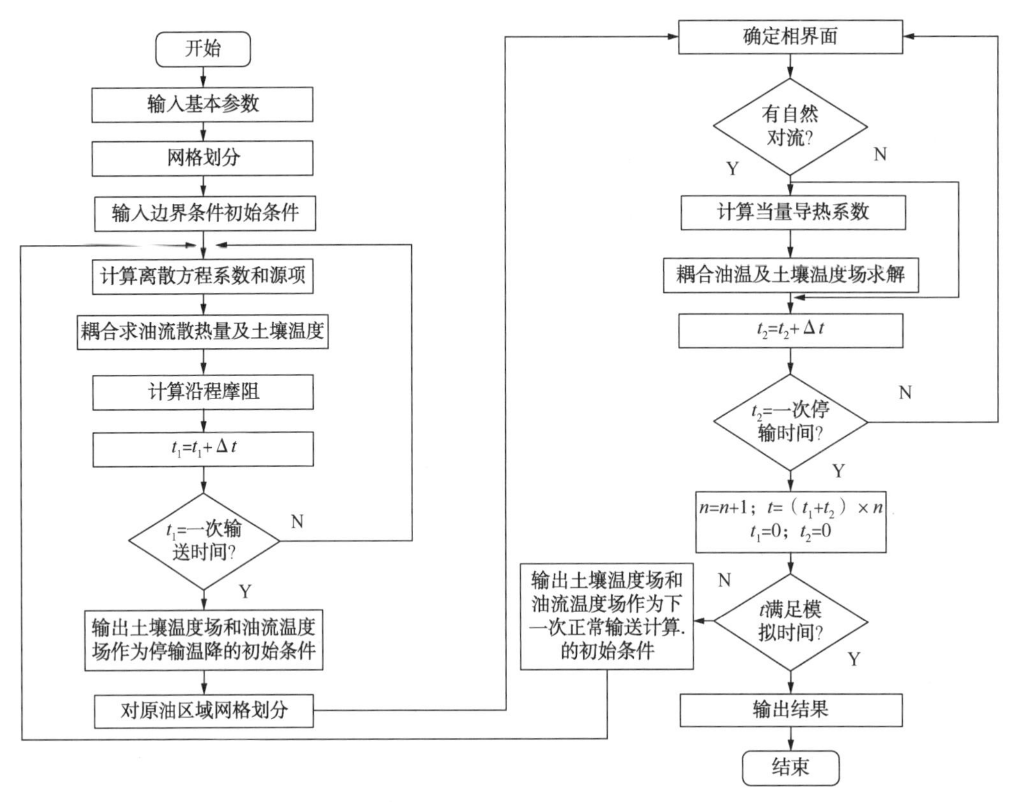


图 5-1　停输过程计算流程图

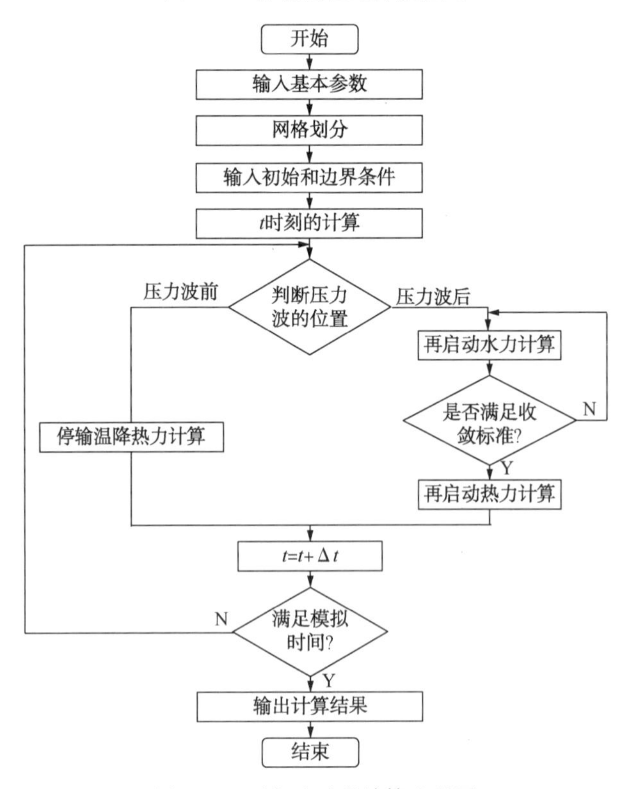


图 5-2　再启动过程计算流程图

该软件具有如下特点：

（1）针对性强。软件综合考虑了西部原油管道实际运行工况以及所处地理环境的特点，使得其模拟结果与现场生产数据吻合良好，能充分反映管道运行实际。

（2）计算方法先进。软件综合运用有限容积法和有限差分法对所建立的数学模型进行求解，获得了精确、稳定的解。

（3）具有良好的用户界面、可操作性强。

该软件的主要功能包括：

（1）模拟西部原油管道在不同间歇输送方式、不同点炉方式等工况下，管道的热力、水力特性。

（2）模拟西部原油管道采用小流量连续输送方式运行时，管道的水力、热力特性。

（3）模拟不同月份停输时、不同站间的停输再启动过程，分析西部原油管道鄯兰干线各站再启动的安全性。

（4）确定不同输送方式运行时鄯兰干线的最低启输量。

采用西部原油管道 2008 年 12 月—2009 年 1 月四次间歇输送现场试验数据，对该软件进行了检验，结果表明，停输后各站进站处温降预测结果与实测结果的最大偏差 1.4℃，平均偏差小于 0.4℃；根据正常输送时的出站压力预测的启泵 1h 时的流量与实测流量的平均偏差 10.4%，若采用启动过程实际出站压力变化曲线进行计算，流量误差还可大幅度减小。说明了软件计算结果可靠。具体的验证结果见本章第三节。

该软件不仅适用于西部原油管道，而且由于其采用模块化设计，可容易推广应用到其他长距离原油管道间歇输送的水力热力仿真。该软件已获得国家版权局软件著作权（软著登字第 0145338 号）。

## 第二节　混合原油超低输量间歇输送室内模拟试验

2008 年 12 月，受到国际金融危机影响，鄯兰原油管道的输量计划由 $900\times10^4$t/a 下调到 $500\times10^4$t/a。为确保管道在超低输量状态下的安全、平稳运行，西部管道分公司与中国石油大学（北京）、北京油气调控中心等单位密切配合，于 2008 年 12 月中旬开展了西部原油管道超低输量（$500\times10^4$t/a）间歇输送的研究，包括原油流动性研究、间歇输送运行仿真、间歇输送现场试验等。

### 一、混合原油物性分析

为了确保管道安全运行万无一失，间歇输送期间对塔里木原油、哈国油和北疆原油进行混合输送；由于各油田不同程度压产，各管输原油的比例可能发生系列变化。为此，对不同配比混合油的流动性及热处理和加降凝剂改性效果进行了系统的研究。不同配比混合原油的物性测试结果见表 5-1 至表 5-4。

**表 5-1　2008 年 11 月混合原油物性测试结果**

<table>
<tr><td rowspan="5">取样情况</td><td>油样名称</td><td colspan="2">取样位置</td><td colspan="2">取样时间</td><td colspan="2">20℃密度(kg/m³)</td><td>凝点(℃)</td></tr>
<tr><td>塔里木原油</td><td colspan="2">库—鄯线进站取样口</td><td colspan="2">2008. 11. 27 17：10</td><td colspan="2">866. 0</td><td>-7</td></tr>
<tr><td>哈国原油</td><td colspan="2">鄯善首站 3#罐</td><td colspan="2">2008. 11. 26 19：20</td><td colspan="2">834. 3</td><td>5</td></tr>
<tr><td>北疆原油</td><td colspan="2">乌—鄯线进站取样口</td><td colspan="2">2008. 11. 27 13：15</td><td colspan="2">886. 3</td><td>6</td></tr>
<tr><td>吐哈原油</td><td colspan="2">吐哈原油库 17#、18#罐</td><td colspan="2">2008. 11. 29 10：00</td><td colspan="2">834. 0</td><td>3</td></tr>
<tr><td rowspan="27">混合原油物性测试结果</td><td colspan="4">混合原油比例(质量比)</td><td rowspan="2">20℃密度(kg/m³)</td><td colspan="3">凝点(℃)</td></tr>
<tr><td>塔里木</td><td>哈国</td><td>北疆</td><td>吐哈</td><td>混合后直接测试</td><td>50℃热处理</td><td>加剂 50mg/kg、50℃处理</td></tr>
<tr><td>440</td><td>220</td><td>120</td><td>160</td><td>857. 8</td><td>2</td><td>—</td><td>—</td></tr>
<tr><td>240</td><td>390</td><td>320</td><td>170</td><td>857</td><td>4</td><td>—</td><td>—</td></tr>
<tr><td>34. 43</td><td>8. 5</td><td>12. 3</td><td>12. 73</td><td>859. 3</td><td>0</td><td>—</td><td>—</td></tr>
<tr><td>34. 43</td><td>8. 5</td><td>12. 3</td><td>12. 73</td><td>859. 7</td><td>3</td><td>-4</td><td>-12</td></tr>
<tr><td>34. 43</td><td>8. 5</td><td>0</td><td>0</td><td>860. 1</td><td>-1</td><td>—</td><td>—</td></tr>
<tr><td>34. 43</td><td>8. 5</td><td>12. 3</td><td>0</td><td>866. 3</td><td>2</td><td>—</td><td>—</td></tr>
<tr><td>47. 8</td><td>25. 2</td><td>37</td><td>0</td><td>863. 9</td><td>2</td><td>—</td><td>—</td></tr>
<tr><td>43. 3</td><td>25. 5</td><td>37</td><td>0</td><td>865. 3</td><td>3</td><td>-6</td><td>-18</td></tr>
<tr><td>43</td><td>26</td><td>31</td><td>0</td><td>864. 1</td><td>3</td><td>—</td><td>—</td></tr>
<tr><td>43</td><td>26</td><td>31</td><td>0</td><td>864. 1</td><td>3</td><td>-9</td><td>-12</td></tr>
<tr><td>50</td><td>25</td><td>25</td><td>0</td><td>863. 2</td><td>2</td><td>—</td><td>—</td></tr>
<tr><td>55</td><td>25</td><td>20</td><td>0</td><td>862. 1</td><td>1</td><td>—</td><td>—</td></tr>
<tr><td>60</td><td>25</td><td>15</td><td>0</td><td>860. 6</td><td>1</td><td>-11</td><td>-15</td></tr>
<tr><td>60</td><td>20</td><td>20</td><td>0</td><td>863. 2</td><td>1</td><td>-11</td><td>-17</td></tr>
<tr><td>60</td><td>15</td><td>25</td><td>0</td><td>867. 4</td><td>1</td><td>-10</td><td>-18</td></tr>
<tr><td>63</td><td>17</td><td>20</td><td>0</td><td>864. 7</td><td>1</td><td>-11</td><td>-15</td></tr>
<tr><td>65</td><td>15</td><td>20</td><td>0</td><td>865. 3</td><td>1</td><td>-12</td><td>-16</td></tr>
<tr><td>68</td><td>15</td><td>17</td><td>0</td><td>864. 7</td><td>0</td><td>-10</td><td>-15</td></tr>
<tr><td>70</td><td>15</td><td>15</td><td>0</td><td>864. 3</td><td>0</td><td>-9</td><td>-15</td></tr>
<tr><td>40</td><td>30</td><td>30</td><td>0</td><td>860. 7</td><td>4</td><td>-8</td><td>-12</td></tr>
<tr><td>40</td><td>35</td><td>25</td><td>0</td><td>860. 1</td><td>4</td><td>-8</td><td>-12</td></tr>
<tr><td>40</td><td>40</td><td>20</td><td>0</td><td>857. 3</td><td>4</td><td>-7</td><td>-11</td></tr>
<tr><td>35</td><td>35</td><td>30</td><td>0</td><td>861. 2</td><td>5</td><td>-7</td><td>-11</td></tr>
<tr><td>35</td><td>30</td><td>35</td><td>0</td><td>862. 5</td><td>4</td><td>-8</td><td>-12</td></tr>
<tr><td>4. 5</td><td>6</td><td>0</td><td>38. 2</td><td>838. 1</td><td>0</td><td>8</td><td>-4</td></tr>
<tr><td>0</td><td>6</td><td>0</td><td>38. 2</td><td>832. 7</td><td>0</td><td>8</td><td>-2</td></tr>
</table>

**表 5-2　2009 年 5 月混合原油物性测试结果**

<table>
<tr><td rowspan="4">取样情况</td><td colspan="2">油样名称</td><td colspan="2">取样位置</td><td colspan="2">取样时间</td><td colspan="2">20℃密度(kg/$m^3$)</td><td>凝点(℃)</td></tr>
<tr><td colspan="2">塔里木原油</td><td colspan="2">库—鄯线进站取样口</td><td colspan="2">2009. 5. 12 14：20</td><td colspan="2">867. 4</td><td>-8</td></tr>
<tr><td colspan="2">哈国原油</td><td colspan="2">乌—鄯线进站取样口</td><td colspan="2">2009. 5. 12 12：15</td><td colspan="2">831. 7</td><td>7</td></tr>
<tr><td colspan="2">北疆原油</td><td colspan="2">乌—鄯线进站取样口</td><td colspan="2">2009. 5. 10 17：30</td><td colspan="2">865. 1</td><td>11</td></tr>
<tr><td rowspan="26">混合原油物性测试结果</td><td colspan="3">混合原油比例(质量比)</td><td rowspan="2">20℃密度(kg/$m^3$)</td><td colspan="5">凝点(℃)</td></tr>
<tr><td>塔里木</td><td>哈国</td><td>北疆</td><td>混合后直接测试</td><td>50℃热处理</td><td>55℃热处理</td><td>加剂 25mg/kg、50℃处理</td><td>加剂 25mg/kg、55℃处理</td></tr>
<tr><td>0</td><td>50</td><td>50</td><td>848. 8</td><td>10</td><td>3</td><td>-3</td><td>-5</td><td>-8</td></tr>
<tr><td>50</td><td>50</td><td>0</td><td>849. 4</td><td>3</td><td>-14</td><td>-13</td><td>-9</td><td>-13</td></tr>
<tr><td>50</td><td>0</td><td>50</td><td>866. 4</td><td>6</td><td>0</td><td>-2</td><td>-11</td><td>-11</td></tr>
<tr><td>10</td><td>30</td><td>60</td><td>855. 3</td><td>9</td><td>4</td><td>-1</td><td>-3</td><td>-7</td></tr>
<tr><td>10</td><td>35</td><td>55</td><td>853. 6</td><td>9</td><td>3</td><td>-2</td><td>-4</td><td>-7</td></tr>
<tr><td>10</td><td>40</td><td>50</td><td>852. 8</td><td>9</td><td>2</td><td>-3</td><td>-6</td><td>-9</td></tr>
<tr><td>10</td><td>45</td><td>45</td><td>851. 0</td><td>9</td><td>1</td><td>-4</td><td>-6</td><td>-9</td></tr>
<tr><td>10</td><td>55</td><td>35</td><td>847. 0</td><td>8</td><td>-1</td><td>-6</td><td>-8</td><td>-10</td></tr>
<tr><td>10</td><td>60</td><td>30</td><td>845. 3</td><td>8</td><td>-2</td><td>-7</td><td>-8</td><td>-10</td></tr>
<tr><td>10</td><td>50</td><td>40</td><td>849. 0</td><td>8</td><td>0</td><td>-5</td><td>-7</td><td>-9</td></tr>
<tr><td>20</td><td>30</td><td>50</td><td>855. 9</td><td>8</td><td>0</td><td>-4</td><td>-6</td><td>-9</td></tr>
<tr><td>20</td><td>40</td><td>40</td><td>852. 9</td><td>7</td><td>-1</td><td>-6</td><td>-7</td><td>-10</td></tr>
<tr><td>20</td><td>50</td><td>30</td><td>849. 4</td><td>6</td><td>-3</td><td>-7</td><td>-8</td><td>-11</td></tr>
<tr><td>30</td><td>20</td><td>50</td><td>858. 7</td><td>6</td><td>1</td><td>-4</td><td>-7</td><td>-10</td></tr>
<tr><td>30</td><td>30</td><td>40</td><td>855. 6</td><td>5</td><td>-2</td><td>-6</td><td>-8</td><td>-11</td></tr>
<tr><td>30</td><td>40</td><td>30</td><td>853. 0</td><td>3</td><td>-5</td><td>-8</td><td>-9</td><td>-12</td></tr>
<tr><td>40</td><td>20</td><td>40</td><td>859. 4</td><td>4</td><td>-3</td><td>-6</td><td>-10</td><td>-12</td></tr>
<tr><td>40</td><td>25</td><td>35</td><td>857. 7</td><td>3</td><td>-4</td><td>-7</td><td>-10</td><td>-12</td></tr>
<tr><td>40</td><td>30</td><td>30</td><td>856. 5</td><td>2</td><td>-5</td><td>-9</td><td>-10</td><td>-13</td></tr>
<tr><td>40</td><td>40</td><td>20</td><td>853. 1</td><td>0</td><td>-8</td><td>-10</td><td>-11</td><td>-13</td></tr>
<tr><td>50</td><td>20</td><td>30</td><td>858. 8</td><td>2</td><td>-6</td><td>-8</td><td>-11</td><td>-13</td></tr>
<tr><td>50</td><td>25</td><td>25</td><td>857. 9</td><td>0</td><td>-7</td><td>-9</td><td>-12</td><td>-13</td></tr>
<tr><td>50</td><td>30</td><td>20</td><td>855. 9</td><td>-1</td><td>-8</td><td>-10</td><td>-11</td><td>-14</td></tr>
<tr><td>60</td><td>20</td><td>20</td><td>857. 9</td><td>-1</td><td>-8</td><td>-10</td><td>-12</td><td>-14</td></tr>
</table>

**表 5-3　混合原油加热至不同温度后的凝点**

| 混合原油比例(质量比) | | | | 加热至不同温度后的凝点(℃) | | | | | |
|---|---|---|---|---|---|---|---|---|---|
| 塔里木 | 哈国 | 北疆 | 吐哈 | 20℃ | 30℃ | 33℃ | 35℃ | 40℃ | 50℃ |
| 43. 3 | 25. 5 | 37 | 0 | 3 | 3 | 3 | 4 | -4 | -6 |
| 4. 5 | 6 | 0 | 38. 2 | 3 | 9 | 9 | 8 | 8 | 8 |
| 0 | 6 | 0 | 38. 2 | 4 | 13 | 14 | 12 | 8 | 8 |

**表 5-4　混合原油 50℃加剂处理后的凝点**

| 混合原油比例(质量比) | | | | 加不同量降凝剂后的凝点(℃) | | | | | |
|---|---|---|---|---|---|---|---|---|---|
| 塔里木 | 哈国 | 北疆 | 吐哈 | 0 | 10mg/kg | 20mg/kg | 30mg/kg | 40mg/kg | 50mg/kg |
| 43.3 | 25.5 | 37 | 0 | -6 | -13 | -14 | -18 | -18 | -18 |
| 4.5 | 6 | 0 | 38.2 | 8 | 0 | -3 | -4 | -4 | -4 |
| 0 | 6 | 0 | 38.2 | 8 | -2 | -2 | -2 | -3 | -3 |

对塔里木—哈国—北疆混合原油研究表明：

(1) 随混合油中塔里木原油比例升高，混合油凝点有所下降：当塔里木原油的比例不低于30%时，凝点可降至6℃以下；当塔里木原油的比例不低于40%时，凝点可降至4℃以下；当塔里木原油的比例不低于50%时，凝点可降至2℃以下；当塔里木原油的比例不低于60%时，凝点可降至1℃以下。

(2) 混合原油的热处理效果和加剂改性效果良好：50℃热处理后，各混合原油的凝点可降至4℃以下；55℃热处理后，各混合原油的凝点都可降至0℃以下(其中塔里木原油的比例不低于30%时，凝点可降至-4℃以下)。加剂25mg/kg、50℃处理后，各混合原油的凝点都可降至-3℃以下；处理温度提升至55℃时，各混合原油的凝点都可降至-7℃以下(其中当塔里木原油的比例不低于30%时，凝点可降至-10℃以下)。当加剂量稳定在30mg/kg以上时，混合原油的降凝效果稳定(表5-4)。

(3) 由于西部原油管道管输原油来源广、物性不稳定，导致混合原油的物性也有一定程度的波动，如表5-1和表5-2中同一比例的混合油物性有所差异。

此外，塔里木—哈国—北疆—吐哈混合原油、塔里木—哈国—吐哈混合原油以及哈国—吐哈混合原油也有良好的加剂改性效果。

## 二、鄯兰干线间歇输送塔里木—哈国—北疆混合油模拟试验研究

### 1. 模拟试验条件

上述混合原油物性测试结果表明，塔里木—哈国—北疆混合油的热处理效果和加剂改性效果良好。但在长距离输送过程中，多次的过泵剪切、长时间的管流剪切，都可能对原油的低温流动性产生不良影响(称剪切效应)。为了掌握管道输送条件下原油流动性的变化规律，基于间歇输送水力热力仿真结果，运用加剂原油管输过程剪切和热力效应模拟技术，对不同配比的塔里木—哈国—北疆混合油(塔里木原油比例0~50%、哈国油比例25%~60%、北疆原油比例20%~60%)，在不同加剂量(0、25mg/kg、50mg/kg)、1—4月地温条件、不同运行方式(1000$m^3$/h全线或分段间歇输送、小流量连续输送)、不同间歇时间、不同点炉方式(鄯善一站点炉，鄯善、玉门两站点炉)等多个组合条件下，进行了26组管输及停输再启动模拟试验，研究了这些条件下混合原油输送的可行性和安全性，为原油配产方案、管道输送方案的决策提供了及时准确的依据。各组模拟试验的条件见表5-5。

**表 5-5 西部原油管道超低输量混合油改性输送模拟试验条件**

| 序号 | 混合原油比例 | | | 处理条件 | | 模拟管段 | 瞬时输量（$m^3$/h） | 地温 | 输送方式 | 点炉站场 | 备注 |
|---|---|---|---|---|---|---|---|---|---|---|---|
| | 塔里木 | 哈国 | 北疆 | 加剂量（mg/kg） | 处理温度（℃） | | | | | | |
| 1 | 50 | 25 | 25 | 50 | 55 | 玉门—兰州 | 410 | 2 月 | 连续输送 | 玉门 | |
| 2 | 50 | 25 | 25 | 25 | 55 | 玉门—兰州 | 1000 | 1 月 | 间歇输送 | 玉门 | |
| 3 | 50 | 25 | 25 | 0 | 55 | 玉门—兰州 | 1000 | 1 月 | 间歇输送 | 玉门 | |
| 4 | 50 | 25 | 25 | 25 | 55 | 鄯善—山丹 | 1000 | 2 月 | 间歇输送 | 鄯善 | |
| 5 | 50 | 30 | 20 | 50 | 55 | 玉门—兰州 | 1000 | 2 月 | 间歇输送 | 玉门 | |
| 6 | 50 | 30 | 20 | 25 | 55 | 鄯善—兰州 | 1000 | 2 月 | 间歇输送 | 鄯善、玉门 | |
| 7 | 50 | 30 | 20 | 25 | 55 | 鄯善—兰州 | 1000 | 2、3 月 | 间歇输送 | 鄯善、玉门 | 输送 4d、停输 2d 的间歇输送 |
| 8 | 50 | 30 | 20 | 25 | 55 | 鄯善—兰州 | 700 | 2 月 | 连续输送 | 鄯善 | |
| 9 | 50 | 32 | 18 | 0 | 50 | 鄯善—兰州 | 1000 | 3、4 月 | 连续输送 | 鄯善 | 2009 年 3 月 14 日鄯善实际外输油样中的北疆原油在乌鲁木齐首站加过剂 |
| 10 | 51 | 31 | 18 | 0 | 50 | 鄯善—兰州 | 1000 | 3、4 月 | 连续输送 | 鄯善 | 2009 年 3 月 25 日鄯善实际外输油样中的北疆原油在乌鲁木齐首站加过剂 |
| 11 | 40 | 25 | 35 | 25 | 55 | 玉门—兰州 | 1000 | 2 月 | 间歇输送 | 玉门 | |
| 12 | 40 | 25 | 35 | 25 | 55 | 玉门—兰州 | 1000 | 2 月 | 间歇输送 | 玉门 | |
| 13 | 40 | 25 | 35 | 50 | 55 | 鄯善—兰州 | 1000 | 2 月 | 间歇输送 | 鄯善 | |
| 14 | 40 | 25 | 35 | 25 | 55 | 鄯善—兰州 | 1000 | 2 月 | 间歇输送 | 鄯善 | |
| 15 | 40 | 25 | 35 | 0 | 55 | 鄯善—兰州 | 1000 | 2 月 | 间歇输送 | 鄯善 | |
| 16 | 30 | 40 | 30 | 25 | 55 | 鄯善—兰州 | 1000 | 2 月 | 间歇输送 | 鄯善 | |
| 17 | 30 | 40 | 30 | 0 | 55 | 鄯善—兰州 | 1000 | 2 月 | 连续—间歇 | 鄯善 | 鄯善—玉门管段连续输送，玉门—兰州管段间歇输送 |
| 18 | 30 | 40 | 30 | 0 | 55 | 鄯善—兰州 | 1000 | 2 月 | 间歇输送 | 鄯善 | |
| 19 | 30 | 30 | 40 | 25 | 55 | 鄯善—兰州 | 1000 | 2 月 | 间歇输送 | 鄯善 | |
| 20 | 30 | 30 | 40 | 0 | 55 | 鄯善—兰州 | 1000 | 2 月 | 间歇输送 | 鄯善 | |
| 21 | 10 | 60 | 30 | 25 | 55 | 鄯善—兰州 | 1000 | 2 月 | 间歇输送 | 鄯善 | |
| 22 | 10 | 60 | 30 | 0 | 55 | 鄯善—兰州 | 1000 | 2 月 | 间歇输送 | 鄯善 | |
| 23 | 10 | 30 | 60 | 25 | 55 | 鄯善—兰州 | 1000 | 2 月 | 间歇输送 | 鄯善 | |
| 24 | 0 | 40 | 60 | 25 | 55 | 玉门—兰州 | 1000 | 2 月 | 间歇输送 | 玉门 | |
| 25 | 0 | 40 | 60 | 25 | 55 | 鄯善—兰州 | 1000 | 2 月 | 间歇输送 | 鄯善 | |
| 26 | 0 | 60 | 40 | 25 | 55 | 鄯善—兰州 | 1000 | 2 月 | 间歇输送 | 鄯善 | |

2. 试验结果分析

1）塔里木原油比例为50%的混合原油试验结果分析

预计2008年12月下旬至2009年4月中旬鄯善停炉前，鄯兰干线管输混合油中塔里木原油的比例大多在50%左右，故重点对塔里木原油占50%的混合油进行了10组不同条件的管输及停输模拟试验，其中为验证模拟试验结果的可靠性，对鄯兰干线当时实际外输原油进行了两组现场试验。10组模拟试验及模拟停输试验的结果表明：

（1）混合油加剂改性效果较好：加剂25mg/kg以上并经50℃以上处理后，凝点可降至-10℃以下；经过多站间的过泵剪切以及长时间管流剪切后，凝点有较明显反弹（最高反弹14℃，最低反弹7℃，平均反弹9.1℃），但反弹后的凝点依然在-1℃以下。在山丹、兰州模拟停输24~72h后，凝点反弹幅度在0~2℃范围。

（2）不加剂混合油55℃热处理后的凝点虽只降至-5℃左右，但其改性效果的稳定性较好，沿线凝点（包括模拟停输72h）均保持在0℃以下。

（3）对于鄯善、玉门两站点炉热处理，在处理站后约650km管段（鄯善—瓜州以及玉门—新堡）的凝点反弹较为明显，之后凝点基本不再反弹；对于鄯善一站点炉处理，鄯善—山丹管段的凝点反弹现象较为明显，山丹站之后凝点反弹幅度基本在2℃以内。

（4）两组鄯兰干线实际外输原油模拟试验的凝点基本都落在现场测试结果的范围内，说明管输模拟试验结果是可靠的。

2）塔里木原油比例为40%的混合原油试验结果分析

进行了5组管输及停输模拟试验，结果与塔里木原油比例为50%的混合油的结果类似：

（1）混合油加剂改性效果较好：加剂25mg/kg以上并经55℃处理后，凝点可降至-10℃以下；经过多站间的过泵剪切以及长时间管流剪切后，凝点有较明显反弹（最高反弹14℃，最低反弹11℃，平均反弹12.3℃），但反弹后的凝点依然在-2℃以下。在山丹、兰州模拟停输24~72h后，凝点反弹幅度在0~1℃范围。

（2）不加剂混合油55℃热处理后的凝点虽不及加剂油的低，但沿线凝点反弹幅度没有加剂油的大，且沿线凝点（包括模拟停输72h）均保持在-2℃以下。

（3）对于鄯善、玉门两站点炉热处理，处理站后约650km管段（鄯善—瓜州以及玉门—新堡）的凝点反弹较为明显，之后凝点基本不再反弹；对于鄯善一站点炉热处理，鄯善—山丹管段的凝点反弹现象较为明显，山丹站之后凝点反弹幅度基本在2℃以内。

3）塔里木原油比例为30%的混合原油试验结果分析

进行了5组鄯善一站点炉的管输及停输模拟试验，结果表明：

（1）混合油加剂改性效果较好：加剂25mg/kg、55℃处理后，凝点可降至-10℃以下；经过多站间的过泵剪切以及长时间管流剪切后，凝点有10~14℃的反弹，但反弹后的凝点依然在-3℃以下。在山丹、兰州模拟停输24~72h后，凝点反弹幅度在0~1℃范围。

（2）不加剂混合油55℃热处理后的凝点虽不及加剂油的低，但沿线凝点反弹幅度没有加剂油的大，且沿线凝点（包括模拟停输72h）均保持在0℃以下。

（3）与塔里木原油比例不低于40%的混合油相似，鄯善—山丹管段的凝点反弹现象较为明显，山丹站之后凝点反弹幅度基本在2℃以内。

4）塔里木原油比例为10%的混合原油试验结果分析

进行了3组鄯善一站点炉的管输及停输模拟试验，结果表明：

（1）混合油的加剂改性效果较好：加剂 25mg/kg、55℃处理后，凝点可降至约-9℃；经过多站间的过泵剪切以及长时间管流剪切后，凝点反弹至-2℃左右。在山丹、兰州模拟停输 24~72h 后，凝点反弹幅度在 0~1℃范围。

（2）混合油 55℃热处理的改性效果比其加剂改性效果略差，凝点降至约-5℃，经过多站间的过泵剪切以及长时间管流剪切后，凝点反弹至-2℃左右。在山丹、兰州模拟停输24~72h 后，凝点反弹幅度在 0~1℃范围。

（3）同样，鄯善—山丹管段的凝点反弹现象较为明显，山丹站之后凝点反弹幅度在 2℃以内。

5）混合原油中无塔里木原油的试验结果分析

进行了 3 组管输及停输模拟试验，结果表明，混合油虽仍有较好的加剂改性效果（加剂 25mg/kg、55℃处理后，凝点可降至-7℃以下），但沿线凝点反弹较为明显，特别是模拟停输后的凝点反弹明显大于有塔里木原油的混合油（反弹幅度 3~7℃）。

6）混合原油模拟试验结果小结

26 组塔里木—哈国—北疆混合油在不同条件下的模拟试验结果表明：

（1）混合油加剂改性效果良好：加剂 25mg/kg、55℃处理后，凝点可降至-7℃以下；当混合油中的塔里木原油比例不低于 10%时，加剂油凝点可降至约-9℃；当混合油中的塔里木原油比例不低于 30%时，加剂油凝点可降至-10℃以下。

（2）加剂改性混合油经过多站间过泵剪切以及长时间管流剪切后，凝点有较明显反弹，但只要塔里木原油比例不低于 10%，反弹后的加剂油凝点依然可保持在-1℃以下。

（3）当塔里木原油比例不低于 10%时，模拟停输 24~72h 后，凝点反弹幅度在 0~2℃。但当混合油中没有塔里木原油时，模拟停输后的凝点反弹幅度可达 3~7℃。

（4）当塔里木原油比例不低于 10%时，混合油不加剂 55℃热处理的效果及其稳定性较好。混合油 55℃热处理改性效果比其加剂改性效果略差，凝点降至-7~-3℃，但沿线凝点反弹幅度没有加剂油的反弹幅度大，55℃热处理后沿线凝点（包括模拟停输 72h）均可保持在 0℃以下。

综上分析，基于 2008~2009 年冬季管输原油的物性，在 $500\times10^4$t/a 输量条件下，当混合油中塔里木原油比例不低于 10%时，在 11—12 月中旬采用鄯善一站 55℃热处理间歇输送，12 月下旬至次年 3 月上中旬采用加剂 25mg/kg 以上鄯善一站 55℃处理间歇输送，3 月中下旬至 4 月中旬采用鄯善一站 55℃热处理间歇输送，可实现管道的安全运行。这一研究结果不仅为金融危机影响下西部原油管道的运行提供了指导，也为油田配产方案的制定提供了依据。

## 三、乌鄯支干线冬季低输量顺序输送模拟试验研究

当西部原油管道来油量大幅降低时，乌鄯支干线也将面临低输量运行问题。为摸索乌鄯支干线冬季顺序输送加剂北疆原油和哈国油的最低启输量，进行了 6 组管输及停输模拟试验，试验条件详见表 5-6。试验表明：

（1）哈国油 55℃处理后的改性效果较好（凝点由约 10℃降至约-4℃），且改性效果的稳定性较好，管道沿线凝点（包括模拟停输后的凝点）均在-1℃以下，可保证管道的安全运行。模拟停输 72h 后，凝点反弹在 2℃以内。

(2) 北疆原油加剂 50mg/kg、55℃处理后的改性效果良好，经过管流剪切、过泵剪切、模拟停输后沿线凝点均可保持在-2℃以下(模拟停输 72h 后，凝点反弹 3~6℃)，可保证管道安全运行。

(3) 北疆原油加剂 20mg/kg、55℃处理后的改性效果虽不及加剂 50mg/kg 好，但沿线凝点可稳定在-3~-1℃范围。模拟停输 72h 后，凝点反弹在 1℃以内。

**表 5-6　乌鄯支干线低输量顺序输送模拟试验条件**

| 序号 | 原　油 | 未处理原油凝点（℃） | 处理条件 | | 处理后原油凝点（℃） | 瞬时输量（$m^3/h$） | 年输量（$\times10^4t/a$） | 地温条件 |
|---|---|---|---|---|---|---|---|---|
| | | | 加剂量（mg/kg） | 处理温度（℃） | | | | |
| 1 | 哈国油 | 9 | 0 | 55 | -5 | 270 | 200 | 2 月 |
| 2 | 北疆原油 | 2 | 50 | 55 | -7 | 270 | 200 | 2 月 |
| 3 | 北疆原油 | 9 | 50 | 55 | -10 | 270 | 200 | 2 月 |
| 4 | 哈国油 | 10 | 0 | 55 | -4 | 360① | 260 | 2 月 |
| 5 | 北疆原油 | 9 | 50 | 55 | -10 | 360① | 260 | 2 月 |
| 6 | 北疆原油 | 9 | 20 | 55 | -2 | 360① | 260 | 2 月 |

① $360m^3/h$ 为乌鄯支干线输油泵高效工作区的最小输量。

根据管输及停输模拟试验结果，基于 2008—2009 年冬季管输原油的物性，乌鄯支干线冬季允许最低输量可由设计最低输量 $420m^3/h$(相当于 $305\times10^4t/a$)进一步降至 $360m^3/h$(相当于 $260\times10^4t/a$)；如果管道输量需进一步降低，可考虑采用瞬时输量不低于 $360m^3/h$(乌鄯支干线输油泵高效工作区的最小输量)的间歇输送方式运行，停输不超过 48h。

# 第三节　鄯兰干线间歇输送现场试验

在间歇输送数值模拟和试验模拟的基础上，为考察间歇输送的可靠性，经周密部署，在 2008 年 12 月底—2009 年 1 月下旬的 25d 时间里，在鄯兰干线进行了停输 14h、24h、36h 和 48h 的四次现场试验，验证了研究结果，为随后的间歇输送运行积累了经验。

## 一、现场试验概况

在总结 2007—2008 年运行的基础上，经过水力热力分析，2008—2009 年冬季拟采用“停运保安炉，仅大站(具备加剂处理能力的站)点炉”的顺序输送优化加热方式，鄯兰干线仅三站点炉，点炉方案如表 5-7 所示。

**表 5-7　2008—2009 年冬季鄯兰干线拟定点炉方案**

| 月份＼站场 | 鄯善 | 四堡 | 翠岭 | 河西 | 瓜州 | 玉门 | 张掖 | 山丹 | 西靖 | 新堡 |
|---|---|---|---|---|---|---|---|---|---|---|
| 11 月 | √ | | | | | | | | | |
| 12 月 | √ | | | | | √ | | | | |
| 1 月 | √ | | | | | √ | | √ | | |

续表

| 月份＼站场 | 鄯善 | 四堡 | 翠岭 | 河西 | 瓜州 | 玉门 | 张掖 | 山丹 | 西靖 | 新堡 |
|---|---|---|---|---|---|---|---|---|---|---|
| 2月 | √ | | | | | √ | | √ | | |
| 3月 | √ | | | | | √ | | √ | | |
| 4月 | √ | | | | | √ | | √ | | |
| 5月 | √ | | | | | | | | | |

2008年11月初，鄯善首站点炉；12月初玉门站点炉；11月2日—12月20日，西部原油管道顺序输送塔里木原油、塔里木—北疆混合油、哈国油和吐哈原油四种油品。12月20日，鄯善首站开始输送塔里木—哈国—北疆混合油。由于管输原油中个别批次油品物性较差（如HGY08288），12月中旬河西和瓜州两站相继点炉，12月底张掖站点炉。各站详细的启停炉时间如表5-8所示。

**表5-8　2008—2009年冬季鄯兰干线启停炉时间一览表**

| 月份＼站场 | 鄯善 | 河西 | 瓜州 | 玉门 | 张掖 | 山丹 |
|---|---|---|---|---|---|---|
| 11月 | 2008.11.2点炉 | | | | | |
| 12月 | | 2008.12.14点炉<br>2008.12.31停炉 | 2008.12.18点炉<br>2008.12.28停炉 | 2008.12.1点炉 | 2008.12.30点炉 | 2008.12.15点炉 |
| 1月 | | | | | 2009.1.6停炉 | 2009.1.15停炉 |
| 2月 | | | | | | |
| 3月 | | | | 2009.3.11停炉 | | |
| 4月 | 2009.4.16停炉 | | | | | |

四次停输现场试验的相关信息见表5-9。停输现场试验期间，根据SCADA系统采集了停输前后西部原油管道各站进出站流量、压力和温度等数据，获取了反映管道处于频繁停输工况下的水力热力特性。此外，在沿线某些站点对停输前后原油物性（主要是凝点）进行了测试，考察了频繁停输对原油物性的影响。

**表5-9　四次停输现场试验概况**

| | 停输时间 | 停输时长 | 停输前沿线点炉站场 |
|---|---|---|---|
| 第一次停输 | 2008.12.23 20：00—2008.12.24 10：00 | 14h | 鄯善、河西、玉门、山丹 |
| 第二次停输 | 2008.12.28 10：00—2008.12.29 10：00 | 24h | 鄯善、河西、玉门、山丹 |
| 第三次停输 | 2009.01.06 10：00—2009.01.07 22：00 | 36h | 鄯善、河西、玉门 |
| 第四次停输 | 2009.01.15 10：00—2009.01.17 10：00 | 48h | 鄯善、玉门 |

## 二、间歇输送现场试验结果分析

1. 停输温降

表5-10~表5-13为四次停输现场试验前后各站进出站油温实测值和软件计算值的对比。

表 5-10　12 月 23 日停输 14h 后各站进站油温及停输温降对比

| 站点 | 停输前油温(℃) | | 停输后油温(℃) | | | 停输温降幅度(℃) | | |
|---|---|---|---|---|---|---|---|---|
| | 实测值 | 计算值 | 实测值 | 预测值 | 偏差 | 实测值 | 预测值 | 偏差 |
| 四堡进站 | 21.5 | 21.4 | 20.4 | 20.2 | 0.2 | 1.1 | 1.2 | -0.1 |
| 翠岭进站 | 17.7 | 17.8 | 16.9 | 16.8 | 0.1 | 0.8 | 1.0 | -0.2 |
| 河西进站 | 18.0 | 18.0 | 16.7 | 17.0 | -0.3 | 1.3 | 1.0 | 0.3 |
| 瓜州进站 | 15.9 | 15.7 | 14.9 | 14.9 | 0 | 1.0 | 0.8 | 0.2 |
| 玉门进站 | 17.6 | 17.5 | 16.1 | 15.7 | 0.4 | 1.5 | 1.8 | -0.3 |
| 张掖进站 | 11.3 | 11.2 | 10.8 | 10.7 | 0.1 | 0.5 | 0.5 | 0 |
| 山丹进站 | 10.2 | 10.3 | 10.0 | 10.0 | 0 | 0.2 | 0.3 | -0.1 |
| 西靖进站 | 9.8 | 9.9 | 9.5 | 9.6 | -0.1 | 0.3 | 0.3 | 0 |
| 新堡进站 | 8.9 | 8.6 | 8.4 | 8.2 | 0.2 | 0.5 | 0.4 | 0.1 |

由表 5-10 可以看出，本次停输鄯善—玉门段各站进站油温降幅在 0.8~1.5℃，玉门—兰州段各站进站油温降幅在 0.5℃以内。全线进站油温最大降幅 1.5℃，出现在玉门进站处。其次为河西进站处，温降 1.3℃。这是由于 12 月中旬瓜州站点炉，站间土壤温度场尚未稳定；且点炉使得玉门进站油温升高，与土壤之间的温差增大，停输温降也随之增大。而玉门下游，由于各站进站油温较低，停输温降幅度较小。

表 5-11　12 月 28 日停输 24h 后各站进站处油温及停输温降对比

| 站点 | 停输前油温(℃) | | 停输后油温(℃) | | | 停输温降幅度(℃) | | |
|---|---|---|---|---|---|---|---|---|
| | 实测值 | 计算值 | 实测值 | 预测值 | 偏差 | 实测值 | 预测值 | 偏差 |
| 四堡进站 | 21.1 | 21.0 | 19.6 | 19.1 | -0.5 | 1.5 | 1.9 | 0.4 |
| 翠岭进站 | 16.3 | 16.4 | 15.3 | 14.6 | -0.7 | 1.0 | 1.8 | 0.8 |
| 河西进站 | 15.2 | 15.3 | 13.7 | 13.5 | -0.2 | 1.5 | 1.8 | 0.3 |
| 瓜州进站 | 16.9 | 16.6 | 14.9 | 14.8 | -0.1 | 2.0 | 1.6 | -0.4 |
| 玉门进站 | 19.1 | 18.4 | 16.5 | 16.4 | -0.1 | 2.6 | 2.0 | -0.6 |
| 张掖进站 | 11.2 | 11.2 | 10.3 | 10.4 | 0.1 | 0.9 | 0.8 | -0.1 |
| 山丹进站 | 9.8 | 9.7 | 9.5 | 9.2 | -0.3 | 0.3 | 0.5 | 0.2 |
| 西靖进站 | 10.0 | 9.7 | 9.3 | 9.1 | -0.2 | 0.7 | 0.6 | -0.1 |
| 新堡进站 | 8.6 | 8.6 | 7.9 | 8.0 | 0.1 | 0.7 | 0.6 | -0.1 |
| 兰州进站 | 10.6 | 10.6 | 10.2 | 10.3 | 0.1 | 0.4 | 0.3 | -0.1 |

由表 5-11 可以看出，2008 年 12 月 28 日停输 24h，鄯善—玉门段各站进站油温降幅为 1.0~2.6℃，玉门—兰州段各站进站油温降幅在 1℃以内。全线进站处最大温降为 2.6℃，仍然出现在玉门进站处。其次为瓜州进站处，温降幅度为 2.0℃。这同样是由于 12 月中旬河西站和瓜州站点炉，站间土壤温度场尚未稳定；加之这两站点炉使得瓜州和玉门进站油温升高，与土壤之间的温差增大，停输温降也随之增大。而玉门下游，由于各站进站油温较低，停输温降幅度较小。

表 5-12　1 月 6 日停输 36h 后各站进站处油温及停输温降对比

| 站　点 | 停输前油温(℃) | | 停输后油温(℃) | | | 停输温降幅度(℃) | | |
|---|---|---|---|---|---|---|---|---|
| | 实测值 | 计算值 | 实测值 | 预测值 | 偏差 | 实测值 | 预测值 | 偏差 |
| 四堡进站 | 21.3 | 21.2 | 19.3 | 19.2 | -0.1 | 2.0 | 2.0 | 0.0 |
| 翠岭进站 | 15.4 | 15.4 | 14.0 | 14.0 | 0.0 | 1.4 | 1.4 | 0.0 |
| 河西进站 | 13.9 | 13.8 | 12.0 | 12.0 | 0.0 | 1.9 | 1.8 | -0.1 |
| 瓜州进站 | 18.0 | 17.6 | 15.3 | 14.7 | -0.6 | 2.7 | 2.9 | 0.2 |
| 玉门进站 | 14.7 | 14.5 | 13.5 | 11.9 | -1.6 | 1.2 | 2.6 | 1.4 |
| 张掖进站 | 11.0 | 11.1 | 9.6 | 9.8 | 0.2 | 1.4 | 1.3 | -0.1 |
| 山丹进站 | 14.3 | 14.4 | 11.8 | 10.8 | -1.0 | 2.5 | 3.6 | 1.1 |
| 西靖进站 | 9.7 | 9.6 | 8.9 | 8.6 | -0.3 | 0.8 | 1.0 | 0.2 |
| 新堡进站 | 8.3 | 8.3 | 7.4 | 7.4 | 0 | 0.9 | 0.9 | 0.0 |
| 兰州进站 | 9.9 | 9.8 | 9.6 | 9.3 | -0.3 | 0.3 | 0.5 | 0.2 |

由表 5-12 可以看出，2009 年 1 月 6 日停输 36h，鄯善—玉门段各站进站油温降幅在 1.2~2.7℃，玉门—兰州段各站进站油温降幅在 0.3~2.5℃。全线进站处最大温降为 2.7℃，出现在瓜州进站处。其次为山丹进站处，温降幅度为 2.5℃。这是由于 12 月 14—31 日河西站点炉，站间土壤温度场尚未充分建立，所以瓜州进站处停输温降较大。张掖站在 12 月 30 日至次年 1 月 6 日期间点炉，因此山丹进站油温显著提升(停输前油温较 12 月 28 日时高 4.5℃)，因此停输温降也显著增大。

表 5-13　1 月 15 日停输 48h 后各站进站处油温及停输温降对比

| 站　点 | 停输前油温(℃) | | 停输后油温(℃) | | | 停输温降幅度(℃) | | |
|---|---|---|---|---|---|---|---|---|
| | 实测值 | 计算值 | 实测值 | 预测值 | 偏差 | 实测值 | 预测值 | 偏差 |
| 四堡进站 | 21.7 | 21.3 | 18.6 | 18.8 | 0.2 | 3.1 | 2.5 | -0.6 |
| 翠岭进站 | 15 | 15 | 12.9 | 13.4 | 0.5 | 2.1 | 1.6 | -0.5 |
| 河西进站 | 13.3 | 13.8 | 10.6 | 11.6 | 1 | 2.7 | 2.2 | -0.5 |
| 瓜州进站 | 13.7 | 13.7 | 12 | 11.6 | -0.4 | 1.7 | 2.1 | 0.4 |
| 玉门进站 | 12.7 | 12.6 | 11.4 | 11.2 | -0.2 | 1.3 | 1.4 | 0.1 |
| 张掖进站 | 11.3 | 11.5 | 8.9 | 9.9 | 1 | 2.4 | 1.6 | -0.8 |
| 山丹进站 | 10.3 | 10.3 | 9.3 | 9.5 | 0.2 | 1 | 0.8 | -0.2 |
| 西靖进站 | 10.5 | 10.3 | 8.9 | 8.9 | 0 | 1.6 | 1.4 | -0.2 |
| 新堡进站 | 8.3 | 8.6 | 6.8 | 7.4 | 0.6 | 1.5 | 1.2 | -0.3 |
| 兰州进站 | 10 | 10 | 9.6 | 9.6 | 0 | 0.4 | 0.4 | 0 |

由表 5-13 可以看出，2009 年 1 月 15 日停输 48h 现场试验时，由于停输时间延长至 48h，温降幅度大大增大。鄯善—玉门段各站进站处温降幅度在 1.3~3.1℃之间，玉门—兰州段各站进站处温降幅度在 0.4~2.4℃。全线进站处最大温降为 3.1℃，出现在四堡进站处。其次为河西进站处和张掖进站处，温降幅度分别为 2.7℃和 2.4℃。

*2. 启动后流量恢复及温度恢复*

分析停输 14h、24h、36h 和 48h 后四次启输过程所采集的 SCADA 数据可知，自鄯善首站开始启输，到兰州进站流量逐渐稳定，整个启动过程需要近2h。启输后2~3h内，管道流量即达到稳定状态。再启动后8h内原油温度的恢复随着启输流量的增大而加快。但在1000~1500m$^3$/h的流量范围内，温度的差值在0.4℃以内。

3. 停输前后管输原油流动性分析

现场试验期间，对停输前后管输原油的物性进行了测试。其中前三次现场试验时，管内尚有顺序输送时的各种油品。停输前对管内原油凝点预测结果(表5-14)表明，前三次停输试验时，除凝点异常的HGY08288外，凝点基本在2℃以下，第四次停输试验时，管内均为塔里木—哈国—北疆混合油，管内原油凝点应在0℃以下。

**表5-14　停输现场试验前管内原油凝点预测值**

| 停输时长(h) | 管内原油品种 | 管内原油凝点(℃) |
|---|---|---|
| 14、24 | 塔里木、哈国、塔里木—北疆、塔里木—哈国—北疆 | <2 |
| 36 | | <2 |
| 48 | 塔里木—哈国—北疆 | <0 |

对停输前后管内原油的凝点测试结果的统计分析(表5-15)表明，管输原油的凝点大都在1℃以下，这与停输试验前的凝点预测结果吻合；停输后管输原油凝点和停输前管输原油的凝点相差基本在2℃以内，与室内模拟停输的测试结果一致，说明停输48h以内可保证管道的安全再启动，也验证了室内模拟试验结果的可靠性。

**表5-15　鄯兰干线间歇输送现场试验期间管输原油凝点测试结果统计**

| 停输时间 | 停输时长(h) | 停输前点炉站场 | 停输前后原油凝点测试结果 | | | |
|---|---|---|---|---|---|---|
| | | | 测试站点 | 测试油品 | 停输前平均凝点(℃) | 启输前平均凝点(℃) |
| 2008.12.23 20:00—2008.12.24 10:00 | 14 | 鄯善、河西、玉门、山丹 | 河西进站 | 塔里木原油 | -6.5 | -6.5 |
| | | | 玉门进站 | 哈国油 | 1.5 | 1.2 |
| 2008.12.28 10:00—2008.12.29 10:00 | 24 | 鄯善、河西、玉门、山丹 | 四堡进站 | 塔里木—哈国—北疆混合油 | -10.8 | -11.3 |
| | | | 山丹进站 | 塔里木—北疆混合油 | -0.2 | 0.3 |
| | | | 山丹出站 | | -3.0 | -0.8 |
| | | | 新堡进站 | 塔里木原油 | -2.2 | -1.0 |
| 2009.01.06 10:00—2009.01.07 22:00 | 36 | 鄯善、玉门、山丹 | 玉门进站 | 塔里木—哈国—北疆混合油 | -3.8 | -0.4 |
| | | | 玉门出站 | | -5.0 | -4.3 |
| | | | 张掖进站 | 塔里木原油 | 0.3 | 0.5 |
| | | | 山丹进站 | 塔里木原油 | -0.3 | 0.2 |
| 2009.01.15 10:00—2009.01.17 10:00 | 48 | 鄯善、玉门 | 山丹进站 | 塔里木—哈国—北疆混合油 | 0.3 | -0.1 |
| | | | 山丹出站 | | 0.5 | 0.0 |

## 三、间歇输送模拟软件验证

采用四次停输现场试验温降数据，对间歇输送模拟软件进行了验证。具体方法是：各次停输前，采用西部原油管道现场运行数据进行数值模拟，得出正常输送工况下的运行结果；以这一结果作为该次停输过程的初始状态，对停输后油温下降幅度和启输时进站处流量和温度的恢复情况进行模拟；将 SCADA 系统采集的现场运行数据与数值模拟的结果进行对比。计算结果表明：

（1）各次停输温降模拟值与实测值吻合良好，最大偏差为 1.4℃，四次停输温降模拟结果与实测值的平均偏差均在 0.4℃以内，如表 5-16 所示。

**表 5-16　四次现场停输试验各站进站处停输温降预测偏差统计**

| | 停输时间 | 停输时长(h) | 最大偏差(℃) | 最小偏差(℃) | 平均偏差(℃) |
|---|---|---|---|---|---|
| 第一次停输 | 2008.12.23 20：00—2008.12.24 10：00 | 14 | 0.3 | 0 | 0.15 |
| 第二次停输 | 2008.12.28 10：00—2008.12.29 10：00 | 24 | 0.8 | 0.1 | 0.31 |
| 第三次停输 | 2009.01.06 10：00—2009.01.07 22：00 | 36 | 1.4 | 0 | 0.33 |
| 第四次停输 | 2009.01.15 10：00—2009.01.17 10：00 | 48 | 0.8 | 0 | 0.36 |

（2）启动后温度恢复的数值模拟结果与现场实测数据吻合良好，各站进站油温偏差均在 1℃以内。部分结果如图 5-3～图 5-7 所示。

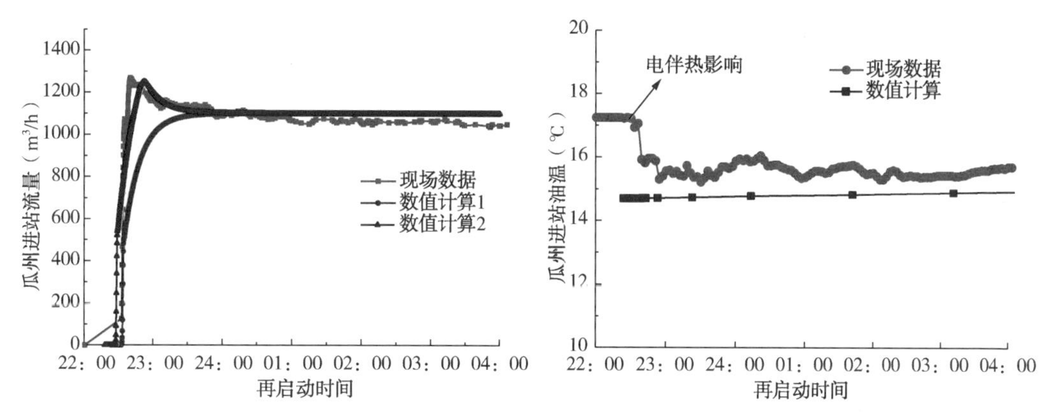


图 5-3　停输 36h 后再启动过程瓜州进站流量恢复和油温变化情况

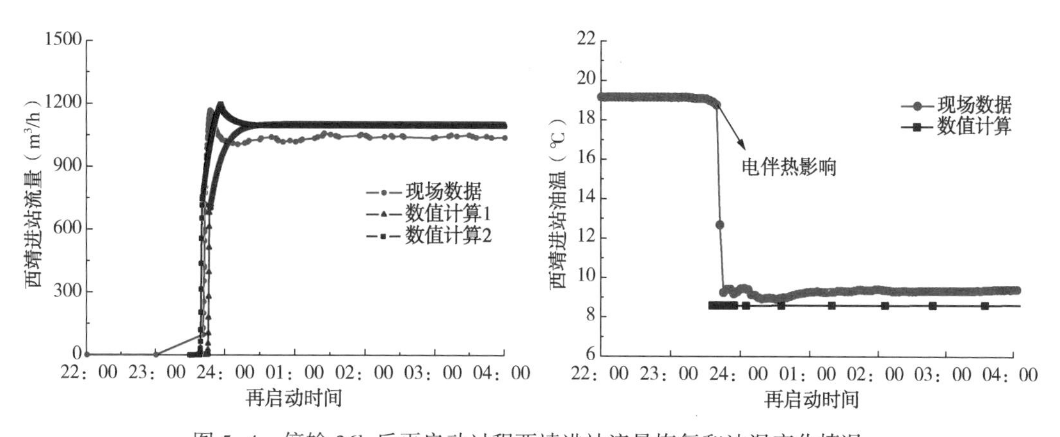


图 5-4　停输 36h 后再启动过程西靖进站流量恢复和油温变化情况

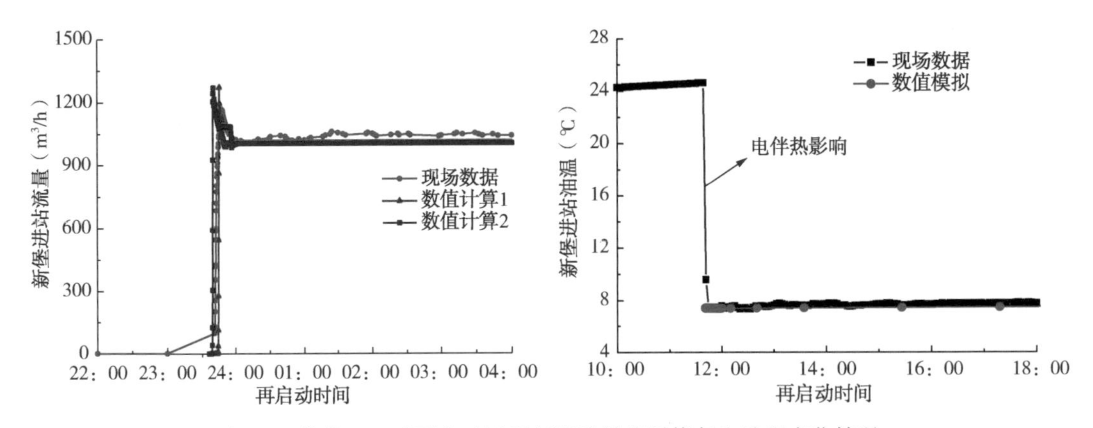


图 5-5　停输 36h 后再启动过程新堡进站流量恢复和油温变化情况

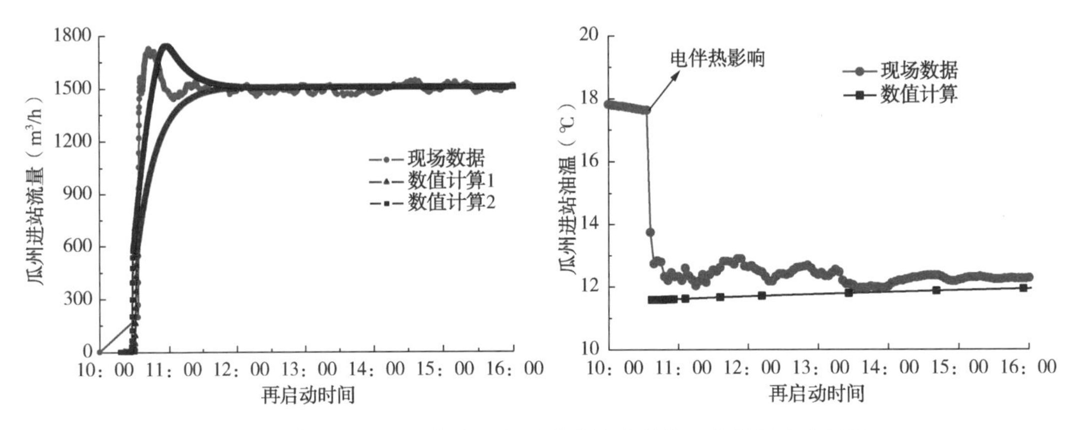


图 5-6　停输 48h 后再启动过程瓜州进站流量恢复和油温变化情况

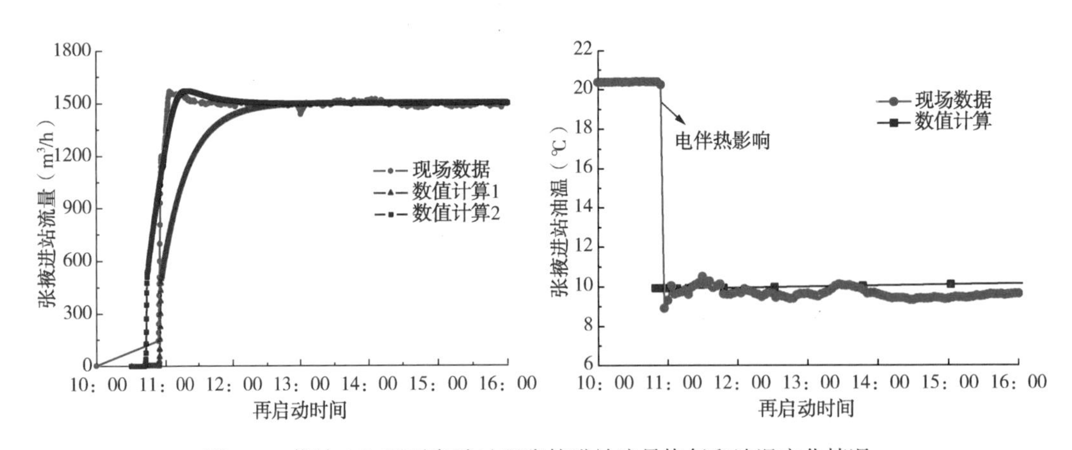


图 5-7　停输 36h 后再启动过程张掖进站流量恢复和油温变化情况

（3）流量恢复数值模拟结果与现场实测数据吻合良好，但在各站见流量后的 1~2h 内，流量恢复的数值计算结果与现场实测的流量数据有一定偏差。部分计算结果如图 5-3 至图 5-7 中“数值计算 1”所示。造成这一结果的原因是数值模拟过程中，假设管道采用恒压启动，而实际启动过程中由于调度员启动操作不同而有较大差异。

针对这一情况，在数值模拟过程中根据现场压力变化设定再启动压力，计算结果如图5-3至图5-7中“数值计算2”所示。可见采用实际启动压力条件进行模拟，所得流量变化结果与SCADA数据吻合很好。这也说明了所开发软件的可靠性。

# 第四节 鄯兰干线间歇输送运行方案研究

## 一、间歇输送运行热力水力特性

采用间歇输送仿真软件，模拟得到了鄯兰干线间歇输送运行时各站进站压力和进站油温随时间的变化，并讨论了不同点炉方式对进站油温的影响。

1. 间歇输送运行管道热力水力特性

针对 $500\times10^4$t/a 输量，研究了间歇输送运行的热力、水力特性。假设鄯兰干线年运行天数为350d，当输量为 $500\times10^4$t/a 时，采用间歇输送运行方式，受泵机组流量条件限制，若保证正常输送过程中平均流量为1000m$^3$/h，计算可知运行时间和停输时间的比值约为2∶1。

图5-8给出了鄯善、玉门两站点炉方式下，输送4d、停输2d运行的热力、水力特性数值模拟结果。图5-8(a1)~(a10)为各站进站油温随时间的变化，图5-8(b1)~(b10)为各站进站压力与站间摩阻随时间的变化。

从图5-8(a1)~(a10)可以看出，整个冬季，各站进站油温基本呈现锯齿形变化，在每个锯齿中，上升段为正常运行段，下降段为停输段。距离加热站越远，锯齿越小。点炉对下站进站油温有较大影响，距离加热站越远，进站油温所受影响越小。

数值模拟中各站出站压力根据2008年冬季西部原油管道输送塔里木—哈国—北疆混合原油时现场采集的运行数据确定，计算可得整个冬季各站进站压力的波动情况，如表5-17所示。结合图5-8(b1)~(b10)可以发现，采用间歇输送运行方式，整个冬季各站进站压力波动不大，各月最大进站压力与最小进站压力的差值不超过0.2MPa。这说明采用间歇输送运行方式，管道的水力特性比较稳定。

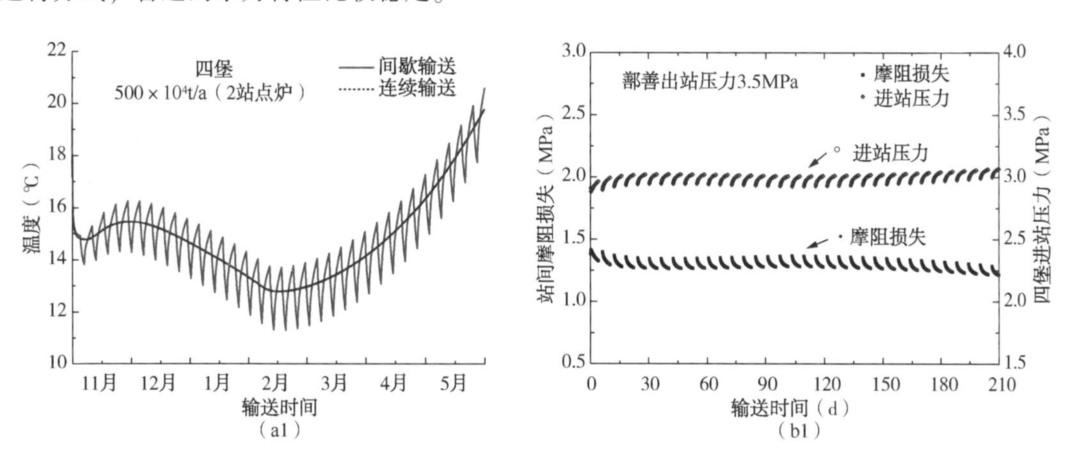


图5-8 11月至次年5月西部原油管道间歇输送运行水力热力特性

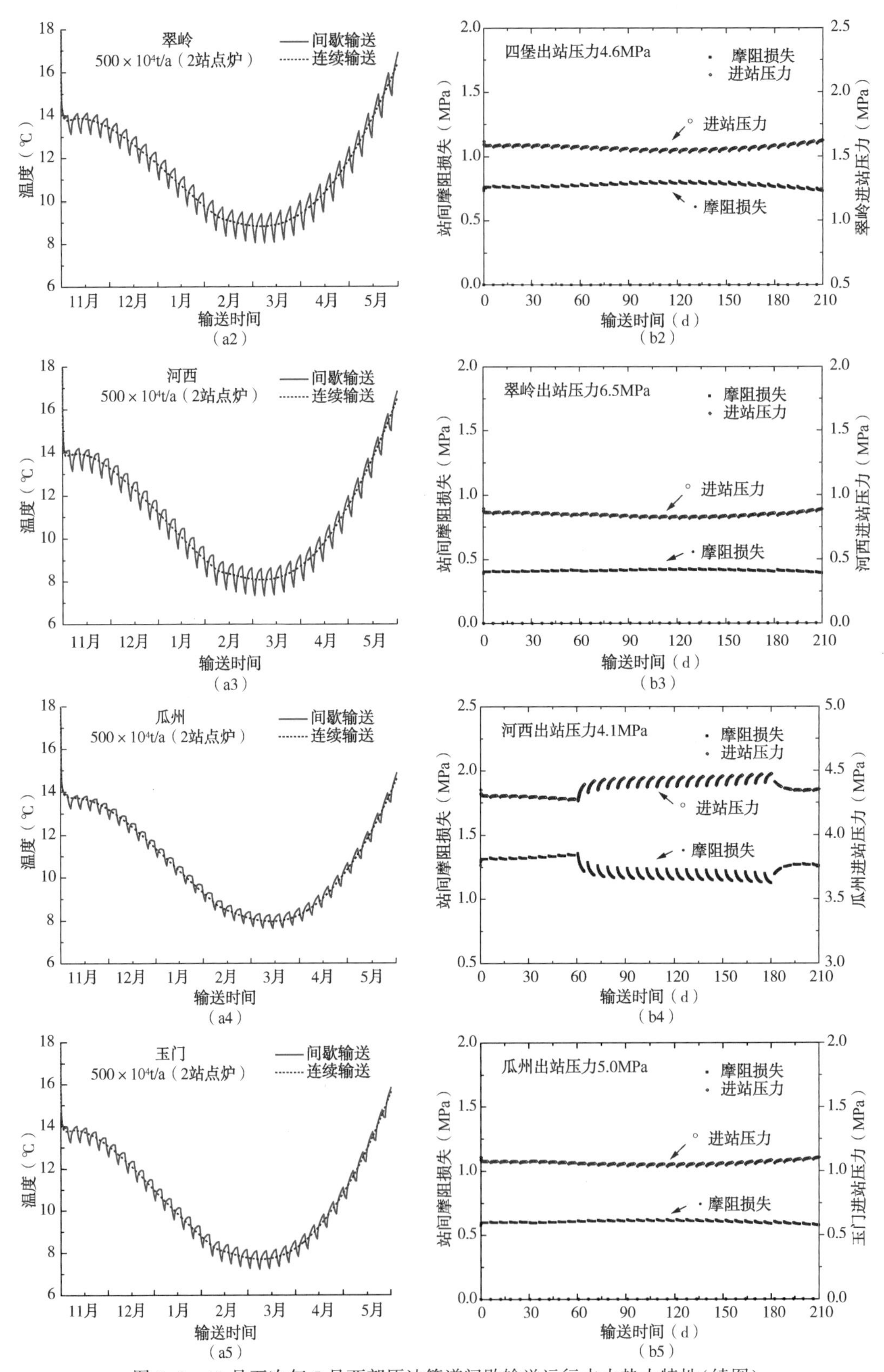


图 5-8　11 月至次年 5 月西部原油管道间歇输送运行水力热力特性(续图)

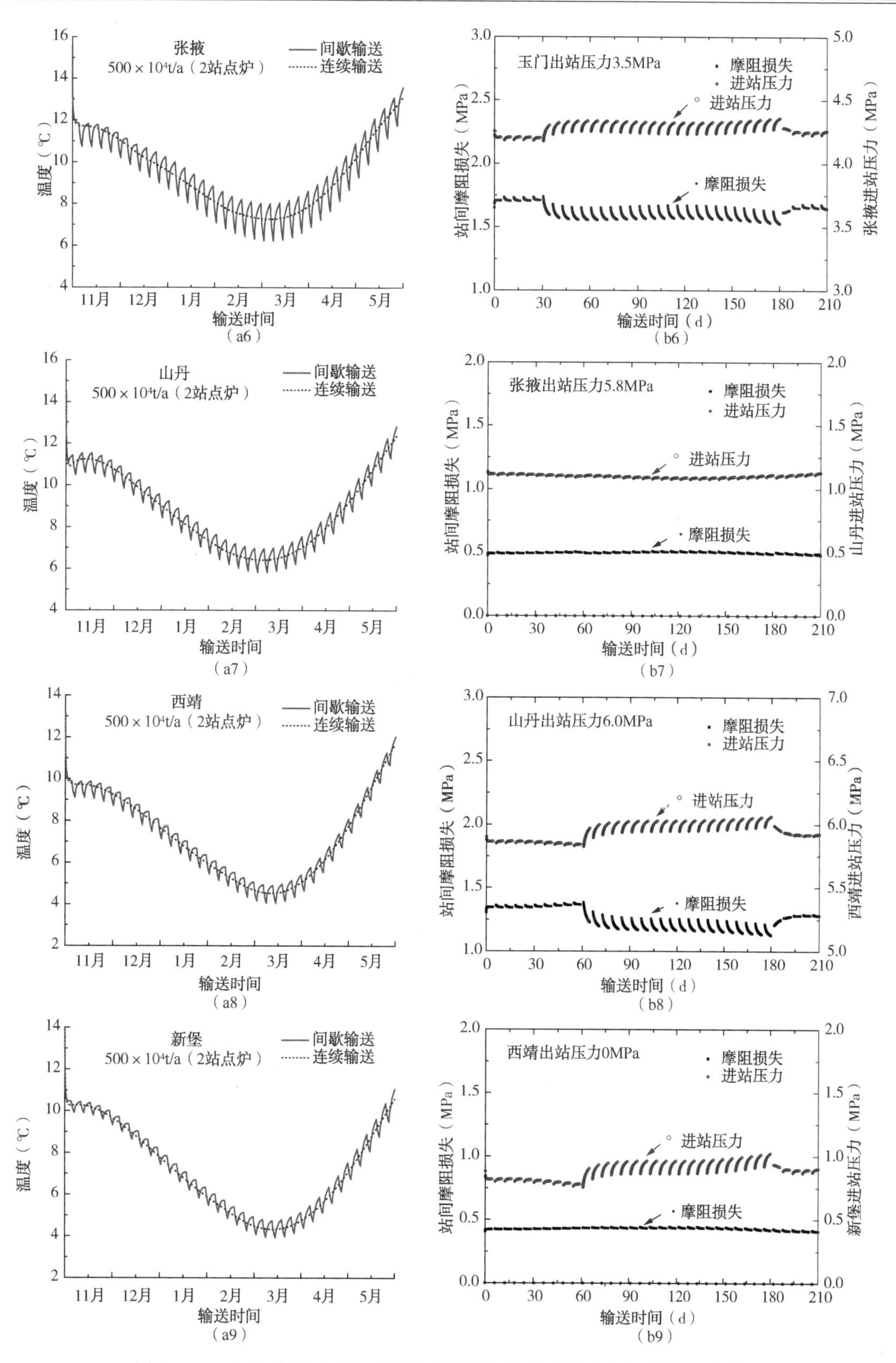


图5-8　11月至次年5月西部原油管道间歇输送运行水力热力特性(续图)

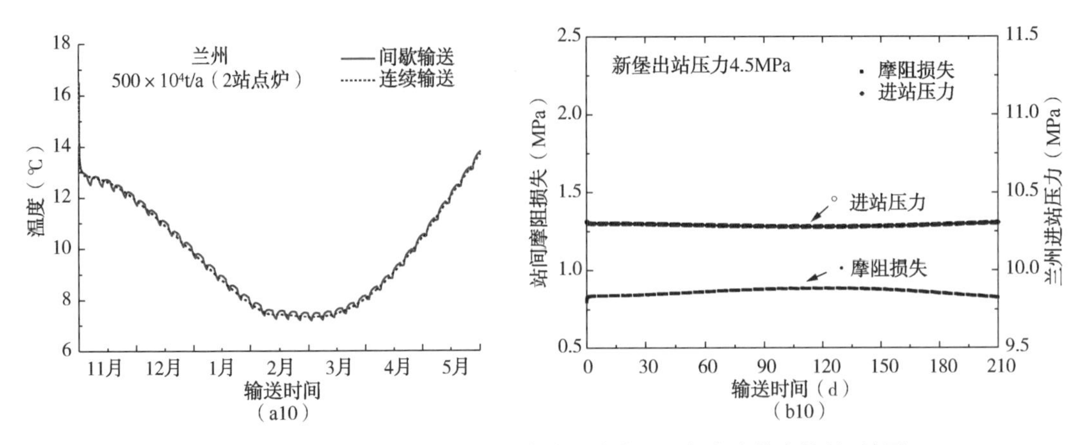


图 5-8　11 月至次年 5 月西部原油管道间歇输送运行水力热力特性(续图)

实际上，在采用一站点炉的加热方式时，大多数站间的热力水力特性与图 5-8 的结果类似。

**表 5-17　11 月至次年 5 月鄯兰干线进站压力计算结果(MPa)**

| 月份 | 出站压力 $p_{out}$ | 最大进站压力 $p_{in-max}$ | 最小进站压力 $p_{in-min}$ | 各月进站压力波动范围 |
|---|---|---|---|---|
| 鄯善 | 3.5 | — | — | — |
| 四堡 | 4.6 | 3.07 | 2.88 | 0.08～0.14 |
| 翠岭 | 6.5 | 1.62 | 1.53 | 0.03～0.05 |
| 河西 | 4.1 | 0.89 | 0.82 | 0.02～0.05 |
| 瓜州 | 5.0 | 4.48 | 4.26 | 0.03～0.14 |
| 玉门 | 3.5 | 1.11 | 1.04 | 0.02～0.05 |
| 张掖 | 5.8 | 4.36 | 4.18 | 0.07～0.13 |
| 山丹 | 6.0 | 1.14 | 1.08 | 0.01～0.04 |
| 西靖 | 越站 | 6.06 | 5.83 | 0.03～0.19 |
| 新堡 | 4.5 | 1.03 | 0.75 | 0.05～0.21 |
| 兰州 | — | 10.32 | 10.28 | 0～0.02 |

2. 不同点炉方式对进站油温的影响

模拟的间歇输送运行方式为输送 4d、停输 2d。计算中考虑了三种点炉方式。方式一：鄯善一站点炉；方式二：鄯善、玉门两站点炉；方式三：部分月份鄯善、玉门、河西、山丹四站点炉(表 5-18)。原油出站温度取 55℃。为了更好地反映地温变化对油温的热力影响，计算中将每个月份的地温分为上、中、下旬考虑，使得计算中的地温随时间不发生剧变。

**表 5-18　鄯兰干线不同加热方式加热炉情况**

| 加热方式 | 鄯善 | 四堡 | 翠岭 | 河西 | 瓜州 | 玉门 | 张掖 | 山丹 | 西靖 | 新堡 | 兰州 |
|---|---|---|---|---|---|---|---|---|---|---|---|
| 方式 1 | 11—5 | — | — | — | — | — | — | — | — | — | — |
| 方式 2 | 11—5 | — | — | — | — | 12—4 | — | — | — | — | — |
| 方式 3 | 11—5 | — | — | 1—3 | — | 12—4 | — | 1—4 | — | — | — |

注：表中数字为点炉月份，11—5 意指 11 月至次年 5 月；各加热站出站温度为 55℃。

表 5-19 为间歇输送时在不同加热条件下各站各月最低进站油温。可见：

(1) 各站进站油温均呈现出随时间先下降再上升的趋势，在一站点炉和两站点炉方式下，除四堡站外，各站最低进站油温均出现在 3 月份。实际上，2 月和 3 月各站进站油温差别极小。

(2) 一站点炉和两站点炉方式下，整个冬季西靖、新堡管段油温均为全线最低，为全线较危险的点。而对于四站点炉，1—4 月山丹点炉后，西靖进站油温有所提升，但新堡进站处油温仍然为全线油温最低点。三种加热方式下的进站油温差别并不大，山丹站点炉对提高西靖—新堡管段油温作用不大，其加热的主要作用是为了保证管输原油的加剂改性效果，改善其低温流动性。

**表 5-19　500×10⁴t/a 输量下不同点炉方式运行时各站各月最低进站油温(单位：℃)**

| 站场名称 | | 四堡 | 翠岭 | 河西 | 瓜州 | 玉门 | 张掖 | 山丹 | 西靖 | 新堡 | 兰州 |
|---|---|---|---|---|---|---|---|---|---|---|---|
| 11 月 | 一站点炉 | 13.8 | 12.9 | 12.6 | 12.8 | 12.7 | 10.3 | 10.3 | 8.8 | 9.4 | 11.7 |
| | 两站点炉 | 13.8 | 12.9 | 12.6 | 12.8 | 12.7 | 10.3 | 10.3 | 8.8 | 9.4 | 11.7 |
| | 四站点炉 | 13.8 | 12.9 | 12.6 | 12.8 | 12.7 | 10.3 | 10.3 | 8.8 | 9.4 | 11.7 |
| 12 月 | 一站点炉 | 13.5 | 11.3 | 10.8 | 11.2 | 10.7 | 8.6 | 8.6 | 7.3 | 7.6 | 9.8 |
| | 两站点炉 | 13.5 | 11.3 | 10.8 | 11.2 | 10.7 | 9.0 | 8.7 | 7.3 | 7.6 | 9.8 |
| | 四站点炉 | 13.5 | 11.3 | 10.8 | 11.2 | 10.7 | 9.0 | 8.7 | 7.3 | 7.6 | 9.8 |
| 1 月 | 一站点炉 | 12.2 | 9.4 | 8.7 | 9.2 | 8.7 | 6.7 | 6.8 | 5.7 | 5.8 | 7.9 |
| | 两站点炉 | 12.2 | 9.4 | 8.7 | 9.2 | 8.7 | 7.4 | 7.0 | 5.7 | 5.8 | 7.9 |
| | 四站点炉 | 12.2 | 9.4 | 8.7 | 10.4 | 8.8 | 7.4 | 7.0 | 6.8 | 6.2 | 7.9 |
| 2 月 | 一站点炉 | 11.3 | 8.1 | 7.4 | 7.9 | 7.4 | 5.4 | 5.5 | 4.3 | 4.3 | 7.2 |
| | 两站点炉 | 11.3 | 8.1 | 7.4 | 7.9 | 7.4 | 6.3 | 5.9 | 4.3 | 4.3 | 7.2 |
| | 四站点炉 | 11.3 | 8.1 | 7.4 | 10.5 | 7.9 | 6.3 | 5.9 | 7.0 | 5.2 | 7.3 |
| 3 月 | 一站点炉 | 11.5 | 8.0 | 7.3 | 7.6 | 7.2 | 5.2 | 5.4 | 4.0 | 3.9 | 7.2 |
| | 两站点炉 | 11.5 | 8.0 | 7.3 | 7.6 | 7.2 | 6.2 | 5.8 | 4.0 | 3.9 | 7.2 |
| | 四站点炉 | 11.5 | 8.0 | 7.3 | 10.7 | 7.8 | 6.2 | 5.8 | 6.9 | 5.0 | 7.3 |
| 4 月 | 一站点炉 | 12.7 | 8.7 | 8.0 | 8.0 | 7.8 | 5.7 | 6.0 | 4.6 | 4.4 | 8.0 |
| | 两站点炉 | 12.7 | 8.7 | 8.0 | 8.0 | 7.8 | 6.9 | 6.5 | 4.6 | 4.4 | 8.0 |
| | 四站点炉 | 12.7 | 8.7 | 8.0 | 11.4 | 8.6 | 6.9 | 6.5 | 7.9 | 5.6 | 8.2 |
| 5 月 | 一站点炉 | 15.0 | 11.3 | 11.0 | 10.2 | 10.6 | 8.1 | 8.3 | 7.4 | 6.7 | 10.5 |
| | 两站点炉 | 15.0 | 11.3 | 11.0 | 10.2 | 10.6 | 9.3 | 8.8 | 7.4 | 6.7 | 10.5 |
| | 四站点炉 | 15.0 | 11.3 | 11.0 | 13.8 | 11.4 | 9.3 | 8.8 | 10.9 | 8.1 | 10.7 |

3. 不同间歇输送方式对进站油温的影响

采用间歇输送仿真软件进行模拟，对比了 500×10⁴t/a 输量下三种运行方式(运行 6d、停输 3d；运行 4d、停输 2d；运行 2d、停输 1d)时，间歇输送运行的安全性。鄯善一站点炉、鄯善和玉门两站点炉运行时，冬季各站各月最低进站油温计算结果如表 5-20 和表 5-21 所示。可以看出，采用不同的间歇方式，整个冬季各站各月最低进站油温差别不大，均在 1℃

之内。这是由于管道距离长，不论一站或两站点炉，在 $500\times10^4$t/a 的低输量下运行，沿线大部分管段油温与地温差值不大。

将不同点炉方式、不同间歇输送方式条件下各运行工况的最低进站油温汇总于表 5-22，可以得到年输量为 $500\times10^4$t/a 时冬季各站最低进站油温。可以看出，停输时间越长，最低进站油温越低，但不同间歇方式所对应的进站油温之间的差值均在 1℃ 以内。同时可以看到，不论采用何种点炉方式和间歇输送方式，新堡进站处的油温均为全线最低。

表 5-20　鄯善一站点炉不同间歇输送方式下各站各月最低进站油温(单位:℃)

| | | 四堡 | 翠岭 | 河西 | 瓜州 | 玉门 | 张掖 | 山丹 | 西靖 | 新堡 | 兰州 |
|---|---|---|---|---|---|---|---|---|---|---|---|
| 11 月 | 输 6d 停 3d | 13.7 | 12.8 | 12.5 | 12.8 | 12.6 | 10.2 | 10.1 | 8.7 | 9.4 | 11.8 |
| | 输 4d 停 2d | 13.8 | 12.9 | 12.6 | 12.8 | 12.7 | 10.3 | 10.3 | 8.8 | 9.4 | 11.7 |
| | 输 2d 停 1d | 14.1 | 13.1 | 12.9 | 13.0 | 12.9 | 10.6 | 10.5 | 9.0 | 9.6 | 11.9 |
| 12 月 | 输 6d 停 3d | 13.3 | 11.3 | 10.7 | 11.3 | 10.8 | 8.6 | 8.6 | 7.4 | 7.7 | 10.0 |
| | 输 4d 停 2d | 13.5 | 11.3 | 10.8 | 11.2 | 10.7 | 8.6 | 8.6 | 7.3 | 7.6 | 9.8 |
| | 输 2d 停 1d | 13.8 | 11.4 | 10.9 | 11.3 | 10.9 | 8.8 | 8.8 | 7.5 | 7.8 | 9.9 |
| 1 月 | 输 6d 停 3d | 12.0 | 9.2 | 8.4 | 9.0 | 8.4 | 6.4 | 6.6 | 5.5 | 5.6 | 7.7 |
| | 输 4d 停 2d | 12.2 | 9.4 | 8.7 | 9.2 | 8.7 | 6.7 | 6.8 | 5.7 | 5.8 | 7.9 |
| | 输 2d 停 1d | 12.5 | 9.4 | 8.7 | 9.2 | 8.7 | 6.8 | 6.8 | 5.8 | 5.8 | 7.9 |
| 2 月 | 输 6d 停 3d | 11.0 | 8.0 | 7.2 | 7.7 | 7.2 | 5.1 | 5.4 | 4.1 | 4.0 | 7.2 |
| | 输 4d 停 2d | 11.3 | 8.1 | 7.4 | 7.9 | 7.4 | 5.4 | 5.5 | 4.3 | 4.3 | 7.2 |
| | 输 2d 停 1d | 11.8 | 8.4 | 7.7 | 8.0 | 7.5 | 5.6 | 5.7 | 4.4 | 4.3 | 7.3 |
| 3 月 | 输 6d 停 3d | 11.3 | 7.9 | 7.2 | 7.6 | 7.1 | 5.0 | 5.3 | 3.9 | 3.8 | 7.2 |
| | 输 4d 停 2d | 11.5 | 8.0 | 7.3 | 7.6 | 7.2 | 5.2 | 5.4 | 4.0 | 3.9 | 7.2 |
| | 输 2d 停 1d | 12.0 | 8.3 | 7.6 | 7.8 | 7.4 | 5.5 | 5.7 | 4.2 | 4.1 | 7.3 |
| 4 月 | 输 6d 停 3d | 12.6 | 8.6 | 8.1 | 8.0 | 7.9 | 5.7 | 6.1 | 4.7 | 4.4 | 8.1 |
| | 输 4d 停 2d | 12.7 | 8.7 | 8.0 | 8.0 | 7.8 | 5.7 | 6.0 | 4.6 | 4.4 | 8.0 |
| | 输 2d 停 1d | 13.2 | 9.0 | 8.4 | 8.2 | 8.0 | 6.0 | 6.3 | 4.8 | 4.6 | 8.1 |
| 5 月 | 输 6d 停 3d | 14.7 | 11.1 | 10.8 | 10.1 | 10.4 | 7.9 | 8.1 | 7.2 | 6.5 | 10.3 |
| | 输 4d 停 2d | 15.0 | 11.3 | 11.0 | 10.2 | 10.6 | 8.1 | 8.3 | 7.4 | 6.7 | 10.5 |
| | 输 2d 停 1d | 15.5 | 11.6 | 11.3 | 10.4 | 10.8 | 8.4 | 8.5 | 7.6 | 7.0 | 10.6 |

表 5-21　鄯善和玉门两站点炉时不同间歇输送方式下各站各月最低进站油温(单位:℃)

| | | 四堡 | 翠岭 | 河西 | 瓜州 | 玉门 | 张掖 | 山丹 | 西靖 | 新堡 | 兰州 |
|---|---|---|---|---|---|---|---|---|---|---|---|
| 11 月 | 输 6d 停 3d | 13.7 | 12.8 | 12.5 | 12.8 | 12.6 | 10.2 | 10.1 | 8.7 | 9.4 | 11.8 |
| | 输 4d 停 2d | 13.8 | 12.8 | 12.6 | 12.8 | 12.7 | 10.3 | 10.2 | 8.8 | 9.4 | 11.7 |
| | 输 2d 停 1d | 14.1 | 13.1 | 12.9 | 13.0 | 12.9 | 10.6 | 10.5 | 9.0 | 9.5 | 11.8 |
| 12 月 | 输 6d 停 3d | 13.3 | 11.2 | 10.6 | 11.0 | 10.5 | 8.8 | 8.6 | 7.2 | 7.5 | 9.6 |
| | 输 4d 停 2d | 13.5 | 11.2 | 10.7 | 11.1 | 10.6 | 8.9 | 8.6 | 7.3 | 7.6 | 9.7 |
| | 输 2d 停 1d | 13.8 | 11.4 | 10.9 | 11.3 | 10.9 | 9.1 | 8.8 | 7.5 | 7.8 | 9.8 |

续表

| | | 四堡 | 翠岭 | 河西 | 瓜州 | 玉门 | 张掖 | 山丹 | 西靖 | 新堡 | 兰州 |
|---|---|---|---|---|---|---|---|---|---|---|---|
| 1月 | 输6d停3d | 11.6 | 8.9 | 8.1 | 8.8 | 8.1 | 6.9 | 6.6 | 5.3 | 5.4 | 7.6 |
| | 输4d停2d | 12.2 | 9.3 | 8.6 | 9.1 | 8.5 | 7.4 | 7.0 | 5.6 | 5.7 | 7.8 |
| | 输2d停1d | 12.5 | 9.4 | 8.7 | 9.2 | 8.7 | 7.6 | 7.1 | 5.8 | 5.8 | 7.9 |
| 2月 | 输6d停3d | 11.0 | 8.0 | 7.2 | 7.7 | 7.2 | 6.1 | 5.7 | 4.1 | 4.0 | 7.2 |
| | 输4d停2d | 11.3 | 8.1 | 7.4 | 7.9 | 7.4 | 6.3 | 5.9 | 4.3 | 4.3 | 7.2 |
| | 输2d停1d | 11.8 | 8.4 | 7.7 | 8.0 | 7.5 | 6.6 | 6.1 | 4.4 | 4.3 | 7.3 |
| 3月 | 输6d停3d | 11.3 | 7.9 | 7.2 | 7.6 | 7.1 | 6.0 | 5.7 | 3.9 | 3.8 | 7.2 |
| | 输4d停2d | 11.5 | 8.0 | 7.3 | 7.6 | 7.2 | 6.2 | 5.8 | 4.0 | 3.9 | 7.2 |
| | 输2d停1d | 12.0 | 8.3 | 7.6 | 7.8 | 7.4 | 6.6 | 6.1 | 4.2 | 4.1 | 7.3 |
| 4月 | 输6d停3d | 13.1 | 9.3 | 8.8 | 8.5 | 8.5 | 7.4 | 7.1 | 5.4 | 4.9 | 8.5 |
| | 输4d停2d | 12.7 | 8.7 | 8.0 | 8.0 | 7.8 | 6.9 | 6.5 | 4.6 | 4.4 | 8.0 |
| | 输2d停1d | 13.2 | 9.0 | 8.4 | 8.2 | 8.0 | 7.3 | 6.7 | 4.9 | 4.6 | 8.1 |
| 5月 | 输6d停3d | 15.6 | 12.3 | 12.1 | 11.1 | 11.7 | 10.0 | 9.5 | 8.4 | 7.5 | 11.2 |
| | 输4d停2d | 15.0 | 11.3 | 11.0 | 10.2 | 10.6 | 9.3 | 8.8 | 7.4 | 6.7 | 10.5 |
| | 输2d停1d | 15.5 | 11.6 | 11.3 | 10.4 | 10.8 | 9.7 | 9.0 | 7.7 | 7.0 | 10.6 |

**表5-22 $500\times10^4$t/a输量下冬季各站最低进站油温(单位:℃)**

| | 不同点炉方式(输4d停2d) | | | 不同间歇方式(一站点炉) | | |
|---|---|---|---|---|---|---|
| | 一站点炉 | 两站点炉 | 四站点炉 | 输6d停3d | 输4d停2d | 输2d停1d |
| 四堡进站 | 11.3 | 11.3 | 11.3 | 11.0 | 11.3 | 11.8 |
| 翠岭进站 | 8.0 | 8.0 | 8.0 | 7.9 | 8.0 | 8.3 |
| 河西进站 | 7.3 | 7.3 | 7.3 | 7.2 | 7.3 | 7.6 |
| 瓜州进站 | 7.6 | 7.6 | 10.4 | 7.6 | 7.6 | 7.8 |
| 玉门进站 | 7.2 | 7.2 | 7.8 | 7.1 | 7.2 | 7.4 |
| 张掖进站 | 5.2 | 6.2 | 6.2 | 5.0 | 5.2 | 5.5 |
| 山丹进站 | 5.4 | 5.8 | 5.8 | 5.3 | 5.4 | 5.7 |
| 西靖进站 | 4.0 | 4.0 | 6.8 | 3.9 | 4.0 | 4.2 |
| 新堡进站 | 3.9 | 3.9 | 5.0 | 3.8 | 3.9 | 4.1 |
| 兰州进站 | 7.2 | 7.2 | 7.3 | 7.2 | 7.2 | 7.3 |

4. 间歇输送与小流量连续输送对比

以$500\times10^4$t/a的输量为例，比较间歇输送与连续输送条件下各站进站油温的差别。需要特别说明的是，若采用连续输送，鄯兰干线流量为700$m^3$/h，已低于输油泵高效工作区的最小输量。

表5-23为连续输送方式下各站各月最低进站油温。将其与间歇输送方式所对应的各站最低进站油温表5-19和表5-20相比较，可得二者的差值，如表5-24所示。

从表中可以看出，采用连续输送比间歇输送油温略高，但二者相差基本在1℃左右，最大相差幅度约为 1.8℃。需要指出的是，尽管采用小流量连续输送运行所得的最低进站油温比间歇输送的最低油温高，但不能因此而简单得出前者比后者安全性更高的结论。因为间歇输送过程中油温呈现周期性起伏变化特性，表中所列仅仅是间歇输送的最低进站油温。

**表 5-23　500×10⁴t/a 输量连续输送条件下各站各月最低进站油温(单位:℃)**

| | | 四堡 | 翠岭 | 河西 | 瓜州 | 玉门 | 张掖 | 山丹 | 西靖 | 新堡 | 兰州 |
|---|---|---|---|---|---|---|---|---|---|---|---|
| 11 月 | 一站点炉 | 14.8 | 13.4 | 13.2 | 13.2 | 13.1 | 11.0 | 10.8 | 9.3 | 9.7 | 11.9 |
| | 两站点炉 | 14.8 | 13.4 | 13.2 | 13.2 | 13.1 | 11.0 | 10.8 | 9.3 | 9.7 | 11.9 |
| | 四站点炉 | 14.8 | 13.4 | 13.3 | 13.2 | 13.1 | 11.0 | 10.8 | 9.3 | 9.7 | 11.9 |
| 12 月 | 一站点炉 | 14.7 | 11.7 | 11.2 | 11.4 | 11.0 | 9.1 | 8.9 | 7.6 | 7.8 | 9.8 |
| | 两站点炉 | 14.7 | 11.7 | 11.2 | 11.4 | 11.0 | 9.6 | 9.0 | 7.7 | 7.8 | 9.8 |
| | 四站点炉 | 14.7 | 11.7 | 11.2 | 11.4 | 11.0 | 9.6 | 9.0 | 7.7 | 7.8 | 9.8 |
| 1 月 | 一站点炉 | 13.3 | 9.8 | 9.0 | 9.3 | 8.8 | 7.1 | 7.0 | 5.9 | 5.9 | 7.9 |
| | 两站点炉 | 13.3 | 9.8 | 9.0 | 9.3 | 8.8 | 8.1 | 7.3 | 6.0 | 5.9 | 7.9 |
| | 四站点炉 | 13.4 | 9.8 | 9.1 | 10.9 | 9.1 | 8.1 | 7.4 | 7.2 | 6.5 | 7.9 |
| 2 月 | 一站点炉 | 12.8 | 8.9 | 8.1 | 8.1 | 7.8 | 6.0 | 6.0 | 4.6 | 4.5 | 7.3 |
| | 两站点炉 | 12.8 | 8.9 | 8.1 | 8.1 | 7.8 | 7.3 | 6.4 | 4.7 | 4.5 | 7.3 |
| | 四站点炉 | 12.8 | 8.9 | 8.1 | 11.6 | 8.5 | 7.3 | 6.4 | 8.2 | 5.9 | 7.5 |
| 3 月 | 一站点炉 | 13.0 | 8.8 | 8.0 | 8.0 | 7.7 | 5.9 | 6.0 | 4.5 | 4.3 | 7.3 |
| | 两站点炉 | 13.0 | 8.8 | 8.0 | 8.0 | 7.7 | 7.3 | 6.4 | 4.5 | 4.3 | 7.3 |
| | 四站点炉 | 13.0 | 8.8 | 8.0 | 11.9 | 8.5 | 7.3 | 6.4 | 8.3 | 5.8 | 7.5 |
| 4 月 | 一站点炉 | 14.2 | 9.4 | 8.7 | 8.3 | 8.2 | 6.4 | 6.5 | 5.0 | 4.7 | 8.1 |
| | 两站点炉 | 14.2 | 9.4 | 8.7 | 8.3 | 8.2 | 7.9 | 7.0 | 5.0 | 4.7 | 8.1 |
| | 四站点炉 | 14.2 | 9.4 | 8.7 | 12.7 | 9.2 | 7.8 | 7.0 | 9.3 | 6.4 | 8.2 |
| 5 月 | 一站点炉 | 16.4 | 11.9 | 11.5 | 10.4 | 10.8 | 8.6 | 8.6 | 7.7 | 7.1 | 10.5 |
| | 两站点炉 | 16.4 | 11.9 | 11.5 | 10.4 | 10.8 | 10.2 | 9.2 | 7.7 | 7.1 | 10.5 |
| | 四站点炉 | 16.3 | 11.8 | 11.4 | 15.0 | 11.9 | 10.1 | 9.2 | 12.1 | 8.9 | 10.6 |

**表 5-24　500×10⁴t/a 输量连续输送与间歇输送最低进站油温的差值 $\Delta T$(单位:℃)**

| | 输 4d 停 2d | | | 一站点炉 | | |
|---|---|---|---|---|---|---|
| | 一站点炉 | 两站点炉 | 四站点炉 | 输 6d 停 3d | 输 4d 停 2d | 输 2d 停 1d |
| 四堡进站 | 1.5 | 1.5 | 1.5 | 1.8 | 1.5 | 1 |
| 翠岭进站 | 0.8 | 0.8 | 0.8 | 0.9 | 0.8 | 0.5 |
| 河西进站 | 0.7 | 0.7 | 0.7 | 0.8 | 0.7 | 0.4 |
| 瓜州进站 | 0.4 | 0.4 | 1.2 | 1.2 | 0.9 | 0.7 |
| 玉门进站 | 0.5 | 0.5 | 0.7 | 0.8 | 0.7 | 0.4 |
| 张掖进站 | 0.7 | 1.1 | 1.1 | 1.3 | 1.1 | 0.7 |
| 山丹进站 | 0.6 | 0.6 | 0.6 | 0.7 | 0.6 | 0.3 |
| 西靖进站 | 0.5 | 0.5 | 1.4 | 1.6 | 1.3 | 0.8 |

续表

| | 输 4d 停 2d | | | 一站点炉 | | |
|---|---|---|---|---|---|---|
| | 一站点炉 | 两站点炉 | 四站点炉 | 输 6d 停 3d | 输 4d 停 2d | 输 2d 停 1d |
| 新堡进站 | 0.4 | 0.4 | 0.8 | 1 | 0.8 | 0.5 |
| 兰州进站 | 0.1 | 0.1 | 0.2 | 0.3 | 0.2 | 0.2 |
| 平均温差 | 0.6 | 0.7 | 0.9 | 1.0 | 0.9 | 0.6 |

注：$\Delta T=T_1-T_2$；其中 $T_1$、$T_2$ 分别为连续输送和间歇输送的最低进站油温。

## 二、输量 $500\times10^4$t/a 时鄯兰干线冬季间歇输送的安全性分析

受输油泵高效工作区最小输量 1000m³/h 的限制，在 $500\times10^4$t/a 的输量条件下，鄯兰干线运行时间和停输时间的比值约为 2∶1，有若干种可能的间歇方案。由于长时间停输可能导致管内原油凝点反弹，且未进行过停输超过 72h 的模拟试验和现场试验。因此在间歇输送中，建议停输时间不超过 72h。

根据上文对间歇输送水力、热力特性的分析，不论采用何种点炉方式和间歇输送方式，新堡进站处的油温均为全线最低，该管段为运行中较危险的站间，在方案分析时应重点分析其进站油温是否满足"高于所输原油凝点 3℃"。

表 5-20 表明，即使是在热力条件最恶劣的鄯善一站点炉，输送 6d、停输 3d 的运行工况下，鄯兰干线最低的进站油温也在 3.8℃以上。

1. 输送塔里木—哈国—北疆混合油

对塔里木—哈国—北疆混合原油间歇输送的模拟试验结果表明，当混合油中的塔里木原油比例不低于 10%时，无论加剂与否，55℃处理后沿线凝点(包括模拟停输 72h 的凝点)均可保持在 0℃以下。因此鄯兰干线在 $500\times10^4$t/a 的超低输量条件下，间歇输送塔里木—哈国—北疆混合油可以保证管道的安全运行。

由于管道全线最低油温尚高于管输油品凝点约 4℃以上，此时油品并不表现出触变性，再启动过程可顺利进行。考虑到间歇输送停输结束后出现意外情况不能按时启输，此时停输时间延长，有可能对管道的安全运行带来隐患。由于玉门—兰州站间地温较低，且管道沿线高程起伏明显，主要针对这一管段进行停输再启动安全性分析，考察停输 48h(即输送 4d、停输 2d 间歇方式下直接启动)和 72h(即在采用输送 4d、停输 2d 间歇方式的基础上再停输 24h)后各站再启动时进站流量的恢复情况。数值模拟结果表明，再启动 2h 内各站均能恢复到正常输量，即使是油温最低的西靖—新堡站间，停输 72h 后再启动 2h 内新堡进站流量也可较快恢复，如图 5-9 所示。

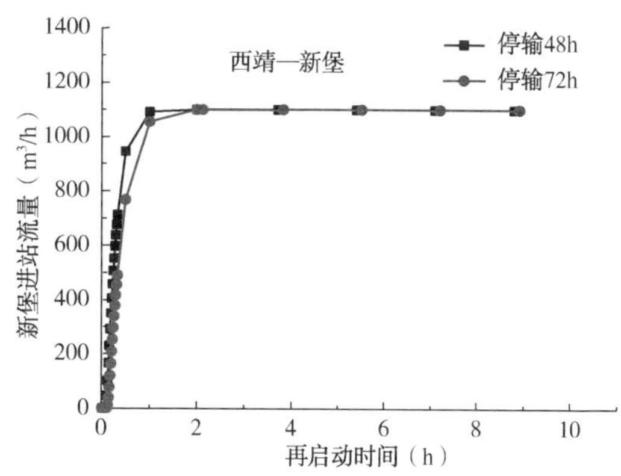

图 5-9　鄯兰干线间歇输送塔里木—哈国—北疆混合油再启动时新堡进站流量恢复情况

2. 顺序输送加剂吐哈原油、哈国油、塔里木原油、塔里木—北疆混合油

2007 年 9 月—2008 年 12 月鄯兰管道顺序输送塔里木原油、塔里木—北疆混合油、吐哈

原油和哈国油的运行实践表明：塔里木原油、塔里木—北疆混合油的凝点都在0℃以下，对管道的安全运行无威胁；11月至次年4月吐哈原油和哈国油需经改性处理后才能保证管道的安全运行。根据2007年9月—2008年11月现场测试的大量管输原油凝点的统计分析结果，并结合室内试验结果，总结得到管输加剂吐哈原油和哈国油的凝点变化规律见表5-25。

**表5-25　加剂吐哈原油和哈国油在不同点炉方式下在各站的凝点参考值(单位:℃)**

| | 一站点炉 | | 两站点炉 | | 四站点炉 | |
|---|---|---|---|---|---|---|
| | 加剂吐哈原油 | 哈国油 | 加剂吐哈原油 | 哈国油 | 加剂吐哈原油 | 哈国油 |
| 鄯善出站 | -1 | -2 | -1 | -2 | -1 | -2 |
| 四堡进站 | 0 | -1 | 0 | -1 | 0 | -1 |
| 翠岭进站 | 1 | 0 | 1 | 0 | 1 | 0 |
| 河西进站 | 2 | 1 | 2 | 1 | 2 | 1 |
| 瓜州进站 | 4 | 3 | 4 | 3 | 0 | -1 |
| 玉门进站 | 5 | 4 | 5 | 4 | 1 | 0 |
| 张掖进站 | — | 6 | — | -1 | — | -1 |
| 山丹进站 | | 6 | | 0 | | 0 |
| 西靖进站 | | 6 | | 2 | | -1 |
| 新堡进站 | | 6 | | 3 | | 0 |
| 兰州进站 | | 6 | | 4 | | 1 |

根据间歇输送条件下的沿线油温数值模拟计算结果，并结合表5-25的管输原油凝点，可以得出四种油品(其中的吐哈原油在玉门全分输)顺序输送的间歇输送方案：

(1) 11—12月采用鄯善一站点炉的间歇输送(各站的最低进站油温和管输原油凝点参考值对比见图5-10)；

(2) 1—4月采用鄯善、玉门、山丹三站点炉的间歇输送(各站的最低进站油温和管输原油凝点参考值对比见图5-11)。

如果管输哈国油的流动性较好(沿线凝点需在1℃以下)，1—4月也可考虑鄯善、玉门两站点炉的间歇输送运行。

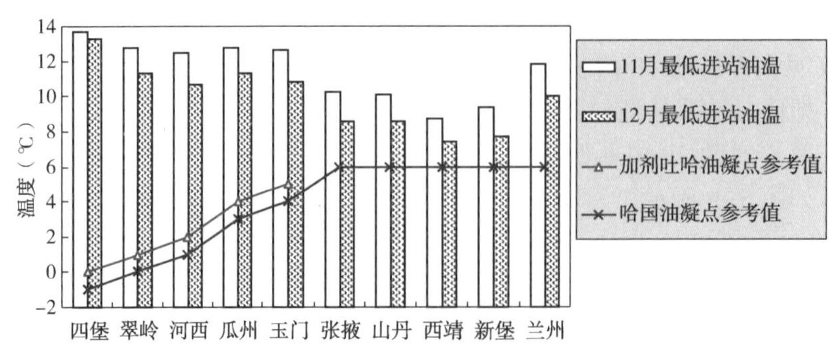


图5-10　11—12月鄯善一站点炉间歇输送的最低进站油温与管输原油凝点对比

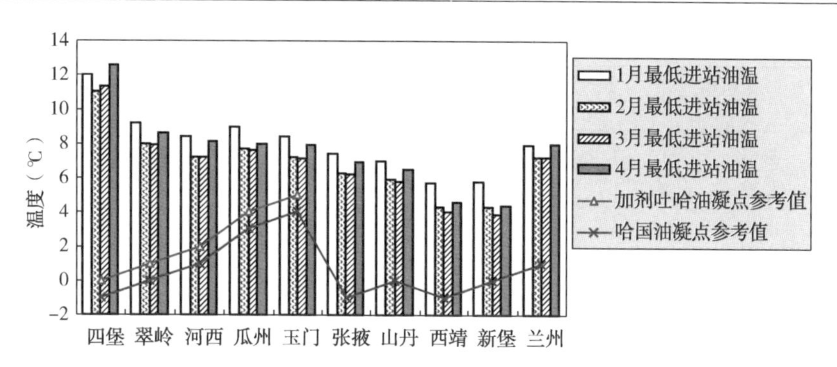


图 5-11　1—4 月鄯善、玉门、山丹三站点炉间歇输送最低进站油温与管输原油凝点对比

## 三、输量 $500\times10^4$t/a 时鄯兰干线冬季输油电耗分析

根据上文分析，在 $500\times10^4$t/a 的超低输量条件下输送塔里木—哈国—北疆混合油，既可采用鄯善一站点炉 55℃ 的间歇输送（输送时的瞬时输量为 1000m$^3$/h，停输时间不超过 72h），也可采用鄯善一站点炉 55℃ 的小流量连续输送（输量为 700m$^3$/h）。采用水力、热力仿真软件对这两种输送方案进行模拟，可确定间歇输送和连续输送条件下沿线各站的开泵情况，分别如表 5-26 和表 5-27 所示。

**表 5-26　$500\times10^4$t/a 间歇输送开泵情况（瞬时流量 1000m$^3$/h）**

| 编号 | 泵机编号 / 站场 | 1# | 2# | 3# | 4# | 5# | 6# | 7# | 8# |
|---|---|---|---|---|---|---|---|---|---|
| 1 | 鄯善 | 0 | 0 | 0 | 1 | 0 | 0 | 0 | 0 |
| 2 | 四堡 | 0 | — | — | 1 | 0 | 0 | 0 | — |
| 3 | 翠岭 | 1 | — | — | 1 | 1 | 0 | 0 | — |
| 4 | 河西 | 0 | — | — | 1 | 0 | 0 | 0 | — |
| 5 | 瓜州 | 0 | — | — | 1 | 0 | 0 | 0 | — |
| 6 | 玉门 | 1 | — | — | 0 | 0 | 0 | 0 | — |
| 7 | 张掖 | 1 | — | — | 0 | 0 | 0 | 0 | — |
| 8 | 山丹 | 0 | — | — | 1 | 1 | 0 | 0 | — |
| 9 | 西靖 | 0 | — | — | 0 | 0 | 0 | 0 | — |
| 10 | 新堡 | 1 | — | — | 1 | 0 | 0 | 0 | — |

注：（1）1#~3# 为小输油主泵（除鄯善首站有三台小主泵外，其他各中间站均只有一台小主泵）；4#~8# 为大输油主泵（鄯善首站有五台大主泵，其他各中间站有四台大主泵）。

（2）“0”表示该泵停运，“1”表示该泵运行。

**表 5-27　$500\times10^4$t/a 连续输送开泵情况（瞬时流量 700m$^3$/h）**

| 编号 | 泵机编号 / 站场 | 1# | 2# | 3# | 4# | 5# | 6# | 7# | 8# |
|---|---|---|---|---|---|---|---|---|---|
| 1 | 鄯善 | 0 | 0 | 0 | 1 | 0 | 0 | 0 | 0 |
| 2 | 四堡 | 0 | — | — | 1 | 0 | 0 | 0 | 0 |
| 3 | 翠岭 | 0 | — | — | 1 | 0 | 0 | 0 | 0 |
| 4 | 河西 | 0 | — | — | 1 | 0 | 0 | 0 | 0 |
| 5 | 瓜州 | 1 | — | — | 0 | 0 | 0 | 0 | 0 |

续表

| 编号 | 泵机编号<br>站场 | 1# | 2# | 3# | 4# | 5# | 6# | 7# | 8# |
|---|---|---|---|---|---|---|---|---|---|
| 6 | 玉门 | 1 | — | — | 0 | 0 | 0 | 0 | 0 |
| 7 | 张掖 | 1 | — | — | 0 | 0 | 0 | 0 | 0 |
| 8 | 山丹 | 1 | — | — | 1 | 0 | 0 | 0 | 0 |
| 9 | 西靖 | 0 | — | — | 0 | 0 | 0 | 0 | 0 |
| 10 | 新堡 | 1 | — | — | 1 | 0 | 0 | 0 | 0 |

注：(1) 1#~3#为小输油主泵(除鄯善首站有三台小主泵外，其他各中间站均只有一台小主泵)；4#~8#为大输油主泵(鄯善首站有五台大主泵，其他各中间站有四台大主泵)。

(2) “0”表示该泵停运，“1”表示该泵运行。

泵的输出功率为：

$$Ne=\rho gQH \tag{5-18}$$

电机输入功率为：

$$P=\frac{Ne}{K_{\eta}(Re)\eta_{p}\eta_{t}\eta_{e}}=\frac{\rho gQH}{K_{\eta}(Re)\eta_{p}\eta_{t}\eta_{e}} \tag{5-19}$$

式中，$\eta_p$、$\eta_t$ 和 $\eta_e$ 分别为泵效、传动效率和电机效率。

根据鄯兰原油管道小输油主泵和大输油主泵泵机特性曲线(图 5-12 和图 5-13)，可拟合出泵机组的 $Q\sim H$ 和 $Q\sim\eta$ 的关系式，如式(5-20)至式(5-23)所示。

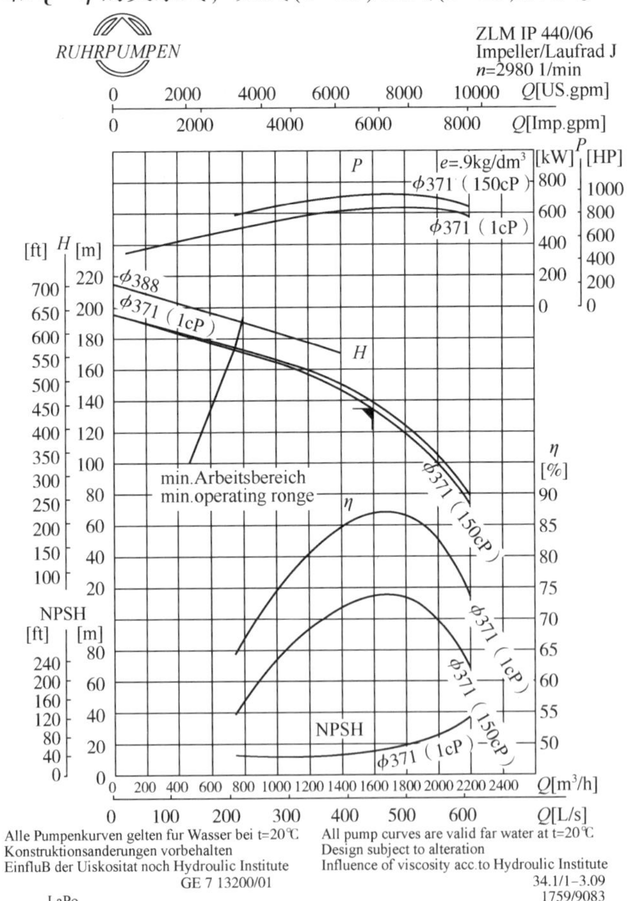


图 5-12 中间泵站小输油主泵特性曲线

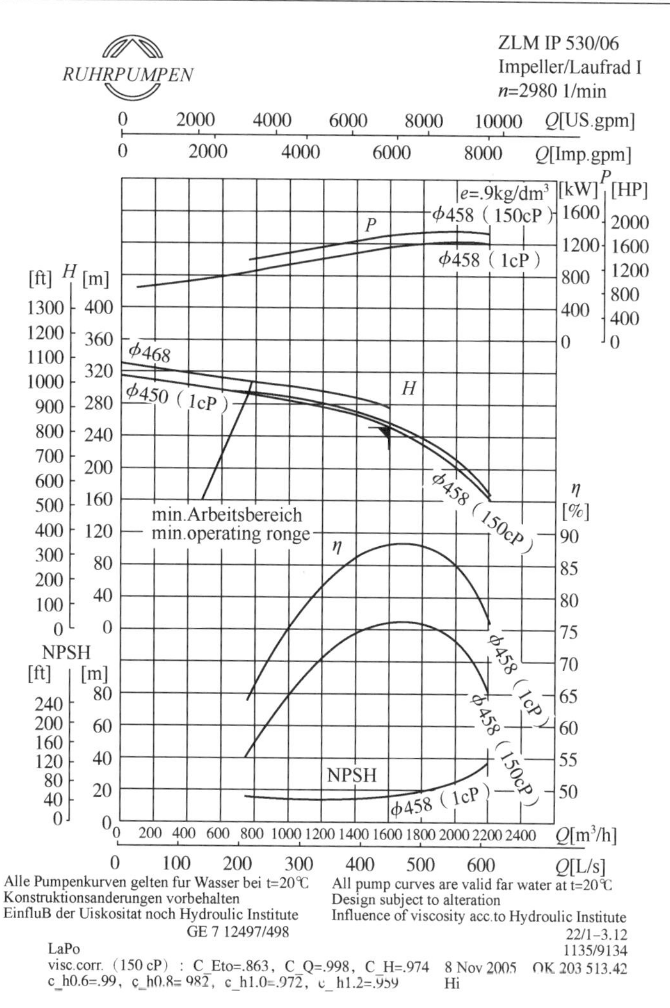


图 5-13　中间泵站大输油主泵(小叶轮)特性曲线

(1) 大输油主泵 $Q\sim\eta$ 关系式：

$$\eta=-3.187024042\times10^{-5}Q^{2}+0.104049552Q+3.109358174 \tag{5-20}$$

(2) 大输油主泵 $Q\sim H$ 关系式：

$$H=315.5497655-0.0001730830141Q^{1.75} \tag{5-21}$$

(3) 小输油主泵 $Q\sim\eta$ 关系式：

$$\eta=-3.117087428\times10^{-5}\times Q^{2}+0.1008345068\times Q+4.979408371 \tag{5-22}$$

(4) 小输油主泵 $Q\sim H$ 关系式：

$$H=191.8503659-0.0001439988255Q^{1.75} \tag{5-23}$$

根据美国水力学会的离心泵特性黏度修正图，得到泵效的修正系数计算式为：

$$K_{\eta}(Re)=290.97986-252.52172Re+86.52286\,Re^{2}-14.64792\,Re^{3}+1.22837\,Re^{4}-0.040878\,Re^{5} \tag{5-24}$$

其中，$Re=\lg(Re')$定义雷诺数为：$Re'=\dfrac{g^{0.25}Q_{opt}^{0.5}H_{opt}^{0.25}}{\nu}$。

式中：$Q_{opt}$为额定流量，$m^3/h$；$H_{opt}$为额定扬程(多级泵取单级叶轮的扬程)，m；$\nu$ 为输送温度下流体的运动黏度，m²/s。

从图 5-12 和图 5-13 可见，流量为 1600m³/h 时泵效最高，随着流量减小，泵效逐渐降低。因此采用 700m³/h 小流量运行时耗电量较 1000m³/h 间歇输送时更多，具体计算结果如表 5-28 所示。按工业用电 0.7 元/(kW·h)的价格计算，可以得到：2018 年 11 月—2019 年 5 月期间，间歇输送运行较连续输送运行可节电 278×10⁴kW·h，节省电费约 194.3 万元，具有较为显著的经济效益。

**表 5-28　间歇输送与连续输送电耗比较**

| 月份 | 间歇输送(×10⁴kW·h) | 连续输送(×10⁴kW·h) | 间歇输送节电(×10⁴kW·h) | 节省电费(万元) | 节省百分比 |
|---|---|---|---|---|---|
| 11 月 | 578 | 622 | 44 | 30.6 | 7.0% |
| 12 月 | 581 | 625 | 44 | 30.8 | 7.1% |
| 1 月 | 586 | 623 | 37 | 26.2 | 6.0% |
| 2 月 | 590 | 625 | 35 | 24.8 | 5.7% |
| 3 月 | 590 | 626 | 36 | 25.1 | 5.7% |
| 4 月 | 586 | 623 | 37 | 25.6 | 5.9% |
| 5 月 | 579 | 623 | 44 | 31.1 | 7.1% |
| 总计 | 4089 | 4365 | 278 | 194.3 | 6.4% |

# 第五节　鄯兰原油管道顺序、间歇、常温常态化输送混合油的工程应用

## 一、概况

根据间歇输送理论分析、管输模拟试验及现场试验结果，鄯兰原油管道在 2008 年 12 月下旬至 2009 年 4 月实行塔里木—哈国—北疆混合原油加剂改性间歇输送，期间共输送了 4 种不同比例的混合油，各时段鄯善外输混合原油的比例见表 5-29。

**表 5-29　鄯兰干线管输间歇输送混合原油比例**

| 混合油批次代号 | 鄯善外输时间 | 混合原油比例[%(质量分数)] | | |
|---|---|---|---|---|
| | | 塔里木 | 哈国 | 北疆 |
| H-408292 | 2008.12.20—2008.12.31 | 51 | 24.3 | 24.7 |
| H-409001 | 2009.1.1—2009.1.6 | | | |
| H-509002 | 2009.1.6—2009.2.2 | 40 | 25 | 35 |
| H-609003 | 2009.2.2—2009.3.12 | 50 | 30 | 20 |
| H-709004 | 2009.3.12—2009.4.16 | 51 | 31 | 18 |

## 二、间歇输送混合原油流动性分析

为确保管道安全运行，对 2008 年 12 月 20 日—2009 年 4 月 16 日(鄯善停炉)鄯兰干线输送的 4 种不同比例混合油的流动性进行了监测。

1. H-4 混合油(塔里木：哈国：北疆=51：24.3：24.7)流动性分析

2008 年 12 月 20 日 10：00—2009 年 1 月 6 日 2：00 从鄯善外输代号为 H-4 的混合油。该比例的混合油外输时，前 20km 左右在鄯善加剂约 50mg/kg，随后约 115km 的油品未加剂，之后又有 125km 左右的油品加剂约 50mg/kg，最后约 590km 的油品加剂量降至约 25mg/kg。该比例的混合油在沿线各站的凝点测试结果统计见表 5-30。

**表 5-30　H-4 混合油各站凝点统计**

| 加剂情况 | 取样站点 | 测试点数 | 平均取样温度(℃) | 平均取样压力(MPa) | 凝点(℃) | | | |
|---|---|---|---|---|---|---|---|---|
| | | | | | 最大值 | 最小值 | 平均值 | 标准差 |
| 未加剂 | 鄯善出站 | 28 | 52.7 | 3.48 | 4 | -6 | -3.6 | 2.67 |
| | 河西进站 | 16 | 14.6 | 1.59 | -1 | -5 | -3.4 | 1.26 |
| | 河西出站 | 5 | 15.6 | 4.06 | -1 | -3 | -1.8 | 0.84 |
| | 玉门进站 | 26 | 14.3 | 1.51 | 3 | -7 | -1.0 | 2.58 |
| | 玉门出站 | 14 | 44.9 | 3.53 | 1 | -8 | -3.7 | 2.89 |
| | 山丹进站 | 34 | 10.0 | 1.55 | 2 | -4 | -0.2 | 1.31 |
| | 山丹出站 | 16 | 32.1 | 6.31 | 1 | -4 | -1.3 | 1.96 |
| | 兰州进站 | 65 | 11.8 | 0.21 | 1 | -3 | -0.7 | 0.90 |
| 加剂约25mg/kg | 鄯善出站 | 97 | 52.7 | 3.42 | -5 | -16 | -11.3 | 2.01 |
| | 玉门进站 | 64 | 12.1 | 1.84 | -4 | -14 | -8.6 | 3.17 |
| | 玉门出站 | 53 | 50.1 | 3.92 | -2 | -14 | -9.3 | 3.04 |
| | 兰州进站 | 40 | 11.8 | 0.22 | -5 | -15 | -11.4 | 1.89 |
| 加剂约50mg/kg | 鄯善出站 | 26 | 52.9 | 3.49 | -6 | -15 | -11.0 | 2.91 |
| | 河西进站 | 13 | 14.5 | 1.59 | -10 | -15 | -14.2 | 1.86 |
| | 河西出站 | 4 | 15.6 | 4.08 | -10 | -14 | -12.3 | 1.71 |
| | 玉门进站 | 19 | 13.7 | 2.12 | -5 | -12 | -8.1 | 2.23 |
| 加剂约50mg/kg | 玉门出站 | 22 | 50.8 | 3.62 | -8 | -14 | -10.3 | 1.58 |
| | 山丹进站 | 17 | 9.7 | 1.92 | -5 | -15 | -9.4 | 2.98 |
| | 山丹出站 | 16 | 19.3 | 6.75 | 0 | -12 | -5.1 | 3.50 |
| | 兰州进站 | 117 | 11.9 | 0.21 | -2 | -13 | -8.9 | 1.93 |

由表 5-30 可见：沿线各站平均凝点均在 0℃以下；各站平均凝点比平均油温低 12℃以上；加剂油凝点比未加剂油凝点低约 8℃；加剂 25mg/kg 和加剂 50mg/kg 油段在各站的凝点测试结果相当，说明对于该比例的混合油加剂 25mg/kg 即可取得较为稳定的改性效果。

2. H-5 混合油(塔里木：哈国：北疆=40：25：35)流动性分析

2009 年 1 月 6 日 2：35—2 月 2 日 8：30 从鄯善外输代号为 H-5 的混合油。其中 1 月 6 日 2：35—1 月 20 日 22：30 外输的油品在鄯善加剂约 25mg/kg，此后由于混合油中的北疆原油在乌鲁木齐已添加过约 50mg/kg 的降凝剂，在鄯善不再添加降凝剂，将其加热至约 55℃后直接外输，并在玉门重新加热至约 50℃。该比例的混合油在沿线各站的凝点测试结果统计见表 5-31。从中可以看出：

（1）与 H-4 混合油相比，由于 H-5 混合油中塔里木原油的比例降低、北疆原油的比例增大，H-5 混合油在沿线各站的凝点较 H-4 略高，但沿线各站的平均凝点仍在 -1℃ 以下；

（2）与鄯善不加剂油段相比，在鄯善加剂 25mg/kg 的油段在沿线各站的平均凝点略低；

（3）两段油品均在玉门进站处的平均凝点最高，而兰州进站凝点和鄯善出站凝点相当。

**表 5-31　H-5 混合油(塔里木：哈国：北疆=40：25：35)各站凝点统计**

| 加剂情况 | 取样站点 | 测试点数 | 平均取样温度(℃) | 平均取样压力(MPa) | 凝点测试结果(℃) | | | |
|---|---|---|---|---|---|---|---|---|
| | | | | | 最大值 | 最小值 | 平均值 | 标准差 |
| 在鄯善加剂约 25mg/kg | 鄯善出站 | 108 | 52.2 | 3.53 | -5 | -15 | -10.9 | 2.18 |
| | 河西进站 | 34 | 12.2 | 1.23 | -7 | -15 | -11.4 | 2.52 |
| | 河西出站 | 34 | 13.2 | 3.63 | -5 | -12 | -8.3 | 2.30 |
| | 玉门进站 | 76 | 10.0 | 1.64 | 3 | -17 | -4.3 | 4.16 |
| | 玉门出站 | 66 | 49.9 | 2.98 | -3 | -14 | -8.9 | 2.66 |
| | 兰州进站 | 172 | 11.2 | 0.22 | -6 | -15 | -9.9 | 2.87 |
| 未在鄯善加剂，但其中的北疆原油在乌鲁木齐加剂 | 鄯善出站 | 112 | 53.6 | 3.28 | -4 | -15 | -9.3 | 3.21 |
| | 河西进站 | 116 | 11.8 | 1.41 | -3 | -15 | -9.3 | 2.89 |
| | 河西出站 | 107 | 12.8 | 3.79 | -2 | -12 | -7.1 | 2.27 |
| | 玉门进站 | 93 | 9.0 | 2.22 | 2 | -7 | -1.5 | 1.32 |
| | 玉门出站 | 73 | 49.6 | 3.58 | 1 | -10 | -6.0 | 2.01 |
| | 兰州进站 | 166 | 11.0 | 0.21 | 0 | -14 | -9.4 | 2.94 |

3. H-6 混合油(塔里木：哈国：北疆=50：30：20)流动性分析

2009 年 2 月 2 日 8：30—3 月 12 日 10：00 从鄯善外输代号为 H-6 的混合油。由于其中的北疆原油在乌鲁木齐已添加过约 50mg/kg 的降凝剂，混合油在鄯善加热至约 55℃后直接外输，3 月 10 日 10：00 前通过玉门站的油品被重新加热至约 50℃，3 月 10 日 10：00 后通过玉门站的油品未被重新加热。该比例的混合油在沿线各站的凝点测试结果统计见表 5-32。

**表 5-32　H-6 混合油(塔里木：哈国：北疆=50：30：20)各站凝点统计**

| 取样站点 | | 测试点数 | 平均取样温度(℃) | 平均取样压力(MPa) | 凝点测试结果(℃) | | | |
|---|---|---|---|---|---|---|---|---|
| | | | | | 最大值 | 最小值 | 平均值 | 标准差 |
| 鄯善出站 | | 295 | 52.0 | 3.44 | -4 | -15 | -8.9 | 2.04 |
| 河西进站 | | 157 | 11.3 | 1.39 | -7 | -15 | -9.8 | 1.60 |
| 河西出站 | | 157 | 12.3 | 3.78 | -5 | -12 | -7.5 | 1.42 |
| 玉门进站 | | 185 | 8.3 | 2.21 | 2 | -6 | -2.5 | 1.10 |
| 玉门出站 | 加热 | 72 | 50.5 | 3.49 | -4 | -9 | -6.3 | 1.16 |
| | 不加热 | 112 | 8.9 | 3.57 | 3 | -7 | -3.7 | 1.63 |
| 张掖进站 | 玉门加热 | 36 | 9.9 | 4.28 | -5 | -10 | -8.0 | 1.25 |
| | 玉门不加热 | 165 | 10.0 | 4.42 | 5 | -10 | -3.9 | 3.98 |

续表

| 取样站点 | | 测试点数 | 平均取样温度（℃） | 平均取样压力（MPa） | 凝点测试结果(℃) | | | |
|---|---|---|---|---|---|---|---|---|
| | | | | | 最大值 | 最小值 | 平均值 | 标准差 |
| 张掖出站 | 玉门加热 | 36 | 10.5 | 5.62 | -3 | -9 | -6.1 | 1.32 |
| | 玉门不加热 | 143 | 10.7 | 5.73 | 6 | -9 | -4.1 | 2.11 |
| 兰州进站 | 玉门加热 | 100 | 10.9 | 0.20 | 0 | -13 | -8.0 | 2.66 |
| | 玉门不加热 | 146 | 11.6 | 0.20 | 2 | -7 | -3.7 | 2.13 |

从表5-32数据可以看出：

(1) 沿线各站的平均凝点均在-2℃以下；

(2) 沿线各站中，玉门进站处的平均凝点最高，这可能与玉门进站处取样剪切有关；

(3) 在热力越站的情况下，出站平均凝点比进站平均凝点高约2℃；

(4) 在玉门加热的情况下，鄯善出站、张掖进站、兰州进站处的测试结果相当；

(5) 在玉门不加热的情况下，玉门出站、张掖进出站、兰州进站处的测试结果相当。

对数据的跟踪分析发现，玉门站停止加热后3d内所输原油在各站的凝点测试结果明显较其他时段该比例原油的凝点高。这很可能是玉门停止加热后所输原油进入热管道中被重复加热所致。随着玉门出站处的管道温度逐渐下降，以后各站的凝点又逐渐降低。

4. H-7混合油(塔里木：哈国：北疆=51：31：18)的流动性分析

2009年3月12日10：00开始从鄯善外输代号为H-7的混合油。由于其中的北疆原油在乌鲁木齐已添加过约50mg/kg的降凝剂，混合油在鄯善加热至约55℃后直接外输。该比例的混合油在输送过程中仅鄯善一站点炉，其在沿线各站的凝点测试结果统计见表5-33。

**表5-33　H-7混合油(塔里木：哈国：北疆=51：31：18)各站凝点统计**

| 取样站点 | 测试点数 | 平均取样温度（℃） | 平均取样压力（MPa） | 凝点测试结果(℃) | | | |
|---|---|---|---|---|---|---|---|
| | | | | 最大值 | 最小值 | 平均值 | 标准差 |
| 鄯善出站 | 200 | 51.4 | 3.30 | -3 | -12 | -8.6 | 1.61 |
| 玉门进站 | 40 | 8.9 | 2.05 | -2 | -6 | -3.6 | 0.90 |
| 玉门出站 | 46 | 9.6 | 3.36 | -2 | -6 | -3.9 | 0.96 |
| 张掖进站 | 72 | 10.3 | 3.68 | -3 | -7 | -4.9 | 0.75 |
| 张掖出站 | 62 | 11.4 | 5.89 | -2 | -6 | -4.1 | 0.86 |
| 兰州进站 | 47 | 13.1 | 0.24 | -3 | -6 | -4.6 | 0.77 |

从表5-33数据可以看出：

(1) 沿线各站的平均凝点均在-3℃以下；

(2) 沿线各站中，玉门进站处的平均凝点最高，这可能与玉门进站处取样剪切有关；

(3) 玉门站、张掖站、兰州站的测试结果相当，与H-6混合油在玉门不加热情况下的结果一致。

综上分析，对于鄯兰干线输送的塔里木—哈国—北疆混合油：

(1) 沿线各站的平均凝点均在0℃以下，比各站进站油温低8℃以上，说明管道运行是安全的；

(2) 加剂混合油的凝点明显低于未加剂混合油，说明降凝剂对于管道安全运行作用明显；

(3) 在鄯善、玉门两站点炉的工况下，兰州的进站平均凝点和鄯善的出站平均凝点相当；在鄯善一站点炉的情况下，兰州的进站凝点和玉门的出站凝点相当，比鄯善的平均出站凝点高约5℃，说明在中间大站的重新热处理也可提高管道运行的安全性。

## 三、顺序输送运行方式下玉门—兰州管段的间歇输送

按照设计要求，鄯兰干线采用顺序输送方式输送塔里木原油、北疆原油、吐哈原油以及哈国油。由于部分油品在玉门全分输，使得玉门—兰州管段处于间歇输送运行状态。从投产至2009年12月31日，下游管道因玉门分输而累计停输达到148次。鄯兰干线玉门—兰州管段长达792km，所输送的是具有凝管风险的含蜡原油，这种情况下以间歇输送作为管道的常规运行方式，在国内外没有先例。

1. 模拟试验

鄯兰干线顺序输送中，玉门分输导致下游管段频繁停输状态下的再启动安全性是管道设计时考虑的关键因素。为此，针对站间距最长、热力条件最恶劣的玉门—张掖管段，与输送模拟试验结合，进行了25组不同条件下的停输再启动模拟试验(详见第二章第2节)。研究表明，停输48h后管道可安全再启动。该成果为鄯兰原油管道的间歇输送运行提供了依据。

2. 顺序输送运行方式下玉门—兰州管段间歇输送的水力、热力特性

计算了玉门—兰州管段间歇输送运行时的进站油温及压力。计算条件如下：鄯善出站流量为1100$m^3$/h，塔里木原油、塔里木—北疆混合油、吐哈原油以及哈国油分别输送2d，所有油品在点炉的热站均加热至55℃出站。吐哈原油经玉门支线完全分输，分输时玉门下游停输。管内初始存油为塔里木原油。根据第二章“西部原油管道冬季加剂改性顺序输送的优化方案”，鄯—兰干线在11月实行鄯善一站加剂处理的顺序输送，12月实行鄯善、玉门两站加剂处理的顺序输送，1—4月实行三站(鄯善、玉门、山丹)加剂处理的顺序输送，5月实行鄯善一站加剂处理的顺序输送。

图5-14(a)是玉门完全分输运行时张掖进站油温随时间的变化。由于11月玉门站尚未点炉，因此实际上不存在加热方式的区别，管内油温随自然地温下降而下降。12月初玉门站点炉，张掖进站油温上升；当玉门分输吐哈原油时，下游管段停输，期间管内原油温度下降。由于塔里木原油、塔里木—北疆混合油、哈国原油和吐哈原油在管内循环输送，因此每运行6d，管道即会停输2d，张掖进站油温出现周期性的锯齿状。由于自然地温逐渐下降，平均进站油温整体上呈现下降趋势，且在2月底3月初降至最低值。之后，随着地温上升张掖进站油温也逐渐上升。

图5-14(b)是玉门完全分输运行时张掖进站压力随时间的变化，其中曲线断开部分对应玉门全分输。对于玉门—张掖站间而言，由于从11月开始张掖进站油温逐渐下降，整个站间油温也在逐渐下降，站间摩阻逐渐增加。11月下旬塔里木—北疆混合油到达玉门站，随后黏度较小的哈国油进入玉门—张掖管段，站间摩阻急剧下降。随着哈国油流出玉门—张掖站间管段，玉门—张掖站间摩阻又逐渐上升，形成周期性变化的趋势。12月初玉门站开始点炉，哈国油加热输送，黏度减小，整个站间摩阻稍有下降。由于油温在次年2月底3月

初时出现最低值，此时的站间摩阻达到最大值。此后随着油温升高，站间摩阻有所降低，进站压力的波动范围为3.4~3.8MPa，见表5-34。

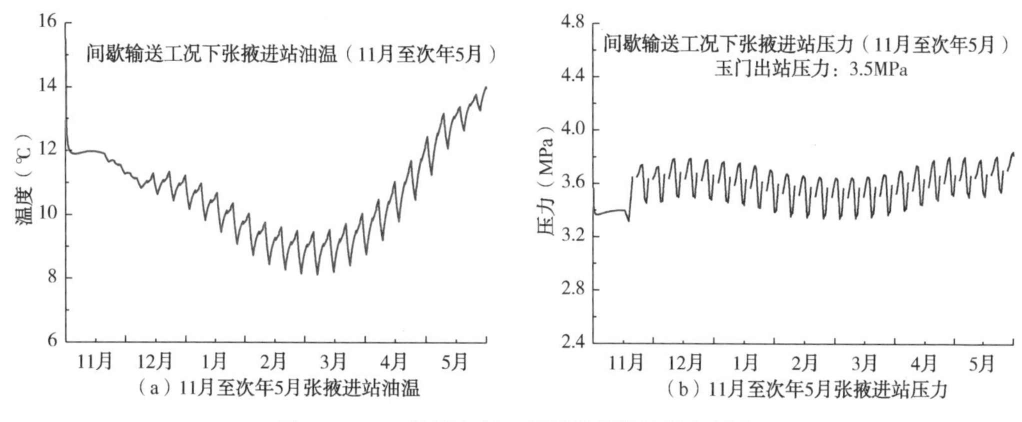


（a）11月至次年5月张掖进站油温　（b）11月至次年5月张掖进站压力

图5-14　11月至次年5月张掖进站油温和压力

**表5-34　间歇输送条件下鄯兰干线玉门—兰州管段进站压力计算结果**

| 站场 | 出站压力 $P_{out}$(MPa) | 高程 $Z$(m) | 进站压力波动范围(MPa) |
| --- | --- | --- | --- |
| 张掖 | 5.8 | 1456.5 | 3.3~3.8 |
| 山丹 | 6.0 | 1921.2 | 1.1~1.5 |
| 西靖 | 越站 | 1783.0 | 5.1~5.8 |
| 新堡 | 4.5 | 2290.0 | 0.3~0.9 |

图5-15(a)为11月至次年5月山丹进站油温。山丹站位于张掖站下游，且张掖站冬季不点炉，故山丹进站油温变化趋势与张掖进站油温变化趋势相同，均为先降低后升高，在2月底3月初出现最低值。但是由于山丹进站油温整体较张掖低，因此停输前后温降幅度也较小，见表5-35。

**表5-35　不同月份玉门分输前后各站进站油温**

| 站场 | 月份 | $T_1$(℃) | $T_2$(℃) | $T_1-T_2$(℃) |
| --- | --- | --- | --- | --- |
| 张掖 | 11 | 11.3 | 10.8 | 0.5 |
| | 12 | 10.7 | 9.5 | 1.2 |
| | 1 | 9.8 | 8.4 | 1.4 |
| | 2 | 9.5 | 8.2 | 1.3 |
| 山丹 | 11 | 10.4 | 9.6 | 0.8 |
| | 12 | 8.9 | 7.9 | 1 |
| | 1 | 7.9 | 7 | 0.9 |
| | 2 | 7.9 | 7.1 | 0.8 |
| 西靖 | 11 | 11 | 8.8 | 2.2 |
| | 12 | 12.6 | 9.7 | 1.9 |
| | 1 | 12.9 | 9.9 | 3 |
| | 2 | 14.4 | 11.5 | 2.9 |

续表

| 站场 | 月份 | $T_1$(℃) | $T_2$(℃) | $T_1-T_2$(℃) |
|---|---|---|---|---|
| 新堡 | 11 | 8.3 | 7.2 | 1.1 |
| | 12 | 8.5 | 6.6 | 1.9 |
| | 1 | 8.7 | 6.7 | 2 |
| | 2 | 10 | 8.1 | 1.9 |

注：$T_1$表示玉门开始分输吐哈原油前各站进站油温，$T_2$表示分输结束后各站进站油温。

由于整个冬季张掖站均不点炉，因此山丹进站油温主要受张掖进站油温和站间地温的影响，张掖—山丹站间摩阻整体变化趋势与玉门—张掖站间摩阻变化趋势一致。在塔里木—北疆混合油尚未到达张掖站时，站间摩阻较为恒定，此后出现周期性变化的趋势，并在2月底3月初出现最大值。由于张掖—山丹站间距离较短，站间摩阻较小，但需克服近2000m的站间高程差，进站压力的波动范围为1.1~1.5MPa，如图5-15(b)所示。

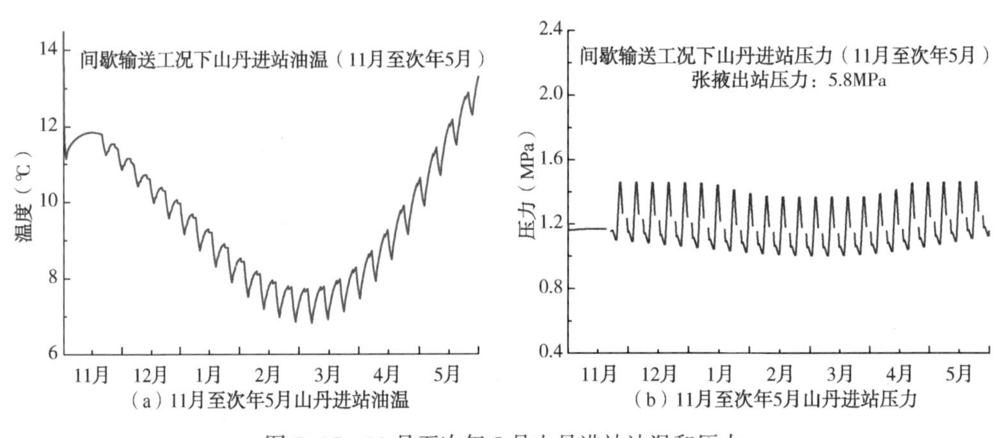


（a）11月至次年5月山丹进站油温　（b）11月至次年5月山丹进站压力

图5-15　11月至次年5月山丹进站油温和压力

图5-16(a)为西靖进站油温随时间的变化图。11月和12月山丹站不点炉，西靖进站油温呈现逐渐下降的趋势，两种加热方案对应的进站油温变化曲线重合。1月初开始，山丹站点炉，西靖进站油温逐渐升高。从表5-35可以看出，停输前后温差很大，2月和3月分输前后温差可达近3℃。这是由于山丹—西靖站间地温较低，山丹点炉时，山丹—西靖站间管内油品温度较高，管内外温差较大，油品温降幅度也较大。

水力方面，由于从11月开始西靖进站油温逐渐下降，整个站间油温也在逐渐下降，站间摩阻逐渐增加。1月初山丹站开始点炉，管输油品黏度减小，整个站间摩阻稍有下降。由于采用完全冷热交替方案时，1—3月西靖进站油温呈现较为平稳的周期性变化趋势[图5-16(a)]，因此站间摩阻变化也较为平稳。随着气温和地温上升，山丹—西靖站间管段油温也逐渐上升，摩阻减小。整个冬季站间摩阻的变化趋势如图5-16(b)所示。由于山丹—西靖站间距离较长，沿线摩阻损失较大，进站压力的波动范围为5.1~5.8MPa。

图5-17(a)为新堡进站油温随时间的变化图。由于西靖站不点炉，新堡进站油温变化趋势与西靖进站油温变化趋势一致，稍有滞后。采用均温加热方案时油品进站温度稍高，因此停输前后温降幅度较西靖进站油温小，见表5-35。

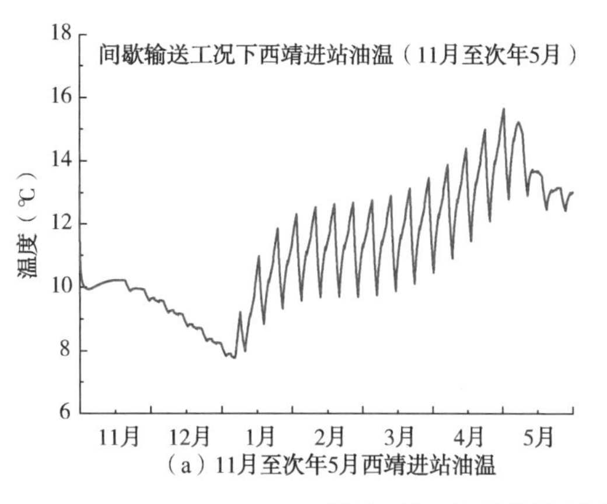

（a）11月至次年5月西靖进站油温

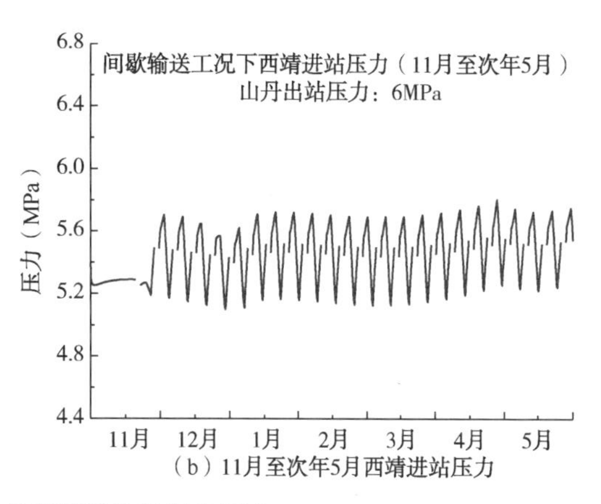

（b）11月至次年5月西靖进站压力

图 5-16　11 月至次年 5 月西靖进站油温和压力

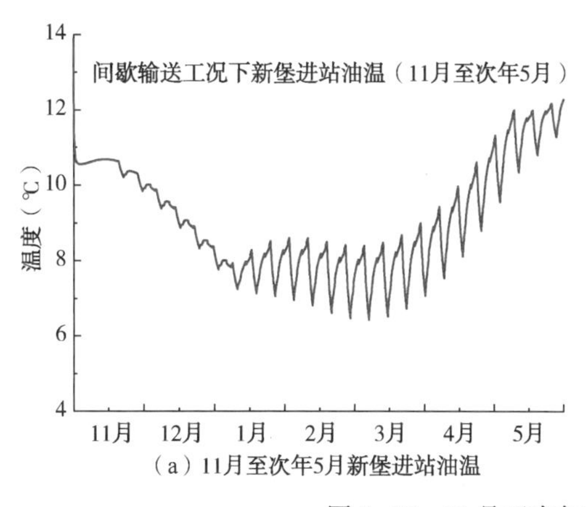

（a）11月至次年5月新堡进站油温

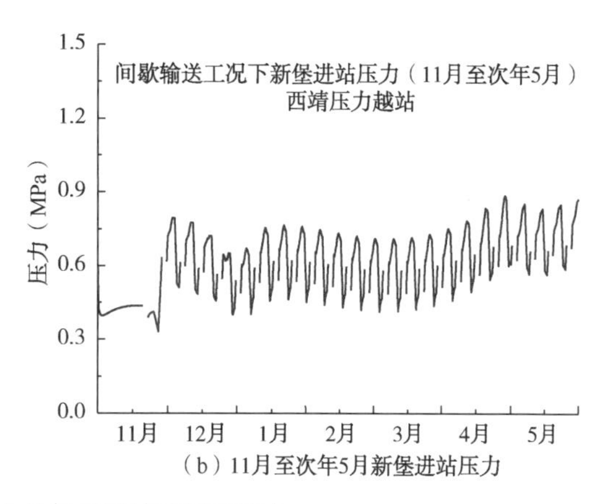

（b）11月至次年5月新堡进站压力

图 5-17　11 月至次年 5 月新堡进站油温和压力

新堡站位于山丹加热站的下游第二站，因此西靖—新堡站间摩阻损失变化特性与张掖—山丹站间较为相似。西靖—新堡站间地温较低，站间油温主要受地温影响，自 11 月开始下降，到 2 月底 3 月初出现最低值，之后逐渐上升。因此站间摩阻表现为先上升后下降的趋势，在 2 月底 3 月初出现最大值。由于西靖—新堡站间距离较短，站间摩阻较小，进站压力的波动范围在 0.3~0.9MPa 之间。如图 5-17(b)所示。

从图 5-14(a)~图 5-17(a)中可以看到，各站最低进站油温主要出现在 2 月底 3 月初，但二者结果较为接近。这与此前分析的超低输量间歇输送方式下的所得的结论类似。表 5-34 将各站进站压力波动范围进行了汇总，从中可以看出，各站进站压力波动幅度主要是由于顺序输送多种油品所致，由于间歇输送引起的压力波动并不大。

3. 玉门—兰州站间热力安全性分析

鄯兰干线顺序输送塔里木原油、塔里木—北疆混合油、哈国油和吐哈原油，其中吐哈原油在玉门完全分输，玉门—兰州站间管段内共有三种油品。由于哈国油物性的不确定性大，因此在对玉门下游间歇输送方案进行热力安全性分析时，应主要考虑进站油温与其凝点的差值。

上文分析表明，各站进站油温在 2 月底 3 月初出现最低值，且二者较为接近。不同流量下玉门—兰州站间 2 月最低进站油温与哈国油凝点的对比见表 5-36，可见即使在油温最低的新堡进站处，油温仍比哈国油凝点高约5℃，可以满足管道运行的热力安全性要求。

表5-36 玉门—兰州站间间歇输送2月各站最低进站油温及其与哈国油凝点对比

| 站场名称 | 最低进站油温(℃) | | | 哈国油凝点参考值(℃) | 最低进站油温与凝点差值(℃) | | |
|---|---|---|---|---|---|---|---|
| | A | B | C | | A | B | C |
| 张掖 | 6.6 | 6.8 | 7.1 | -1 | 7.6 | 7.8 | 8.1 |
| 山丹 | 6.1 | 6.3 | 6.6 | 0 | 6.1 | 6.3 | 6.6 |
| 西靖 | 6.2 | 6.4 | 6.8 | -1 | 7.2 | 7.4 | 7.8 |
| 新堡 | 4.8 | 5.1 | 5.5 | 0 | 4.8 | 5.1 | 5.5 |
| 兰州 | 7.5 | 7.6 | 7.7 | 1 | 6.5 | 6.6 | 6.7 |

注：A、B和C分别对应流量1000、1100和1200$m^3/h$的工况。

需要说明的是在间歇输送的数值计算中，实际已经考虑因分输引起的停输过程的影响，此时的最低进站油温为停输温降后所得的油温。但若分输结束后出现意外情况不能按时启输，此时停输时间延长，管内油温可能进一步降低。

1~4月鄯兰干线实行鄯善站、玉门站和山丹站三站点炉。上文对分输后各站进站油温温降进行了分析，从表5-35可以看出，受点炉影响，分输前后各站进站油温温降出现最大值的时间不一致。但由于2月各站进站油温较低，因此主要针对2月长时间停输条件下，各站进站油温的变化情况进行分析。

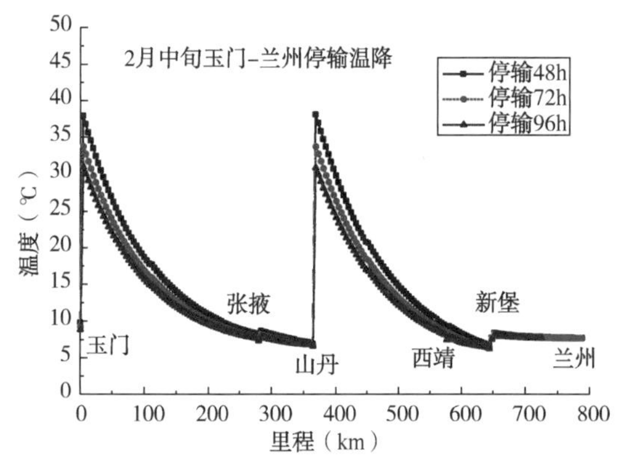


图5-18 2月中旬全线停输前后玉门—兰州管段油温分布图

图5-18为2月中旬某日停输前后玉门—兰州沿线油温变化情况。图中"停输48h"即为间歇输送运行方式下再启动的初始时刻，"停输96h"对应输送4d、停输2d的间歇输送运行基础上再次停输48h。图中曲线的跳跃式对应不同油品界面。

表5-37为玉门—兰州站间停输96h内进站油温的变化情况。从表中数据可以看出，在停输的前48h内(即间歇输送运行方案所对应的停输时间段)，进站油温降幅较大，如西靖进站处油温降幅达3.4℃；而在此之后再停输48h，进站油温降幅仅为1.4℃。

表5-37 进站处温度随停输时间的变化(单位:℃)

| | 张掖 | 山丹 | 西靖 | 新堡 | 兰州 |
|---|---|---|---|---|---|
| 停输起始时刻 | 9.6 | 8.0 | 12.3 | 8.4 | 7.9 |
| 停输24h | 8.8 | 7.5 | 10.6 | 7.4 | 7.8 |
| 停输48h | 8.1 | 6.9 | 8.9 | 6.7 | 7.7 |
| 停输72h | 7.6 | 6.7 | 8.0 | 6.5 | 7.7 |
| 停输96h | 7.4 | 6.6 | 7.5 | 6.2 | 7.7 |

4. 再启动安全性研究

与输送单一原油的热油管道不同，物性差异大的几种原油顺序输送的不同初始条件所对应的安全停输时间不同。管道停输的初始条件由两部分组成：(1)管道停输起始时刻管内的存油状态；(2)停输起始时刻管道沿线土壤温度场分布。

1）再启动特性

鄯兰干线全长1541km，顺序输送塔里木原油、塔里木—北疆混合油、哈国原油和吐哈原油，管内存油状态非常复杂，同一时间甚至有多达数十个批次的原油在管中。玉门—兰州管段地温较低，且沿线高程起伏大，其中站间距大于200km的管段有2个(玉门—张掖站间、山丹—西靖站间)。由于玉门—张掖站间距离最长(达280km)，管内存油种类多，故重点就这一站间进行再启动特性分析。

(1) 不同存油状态再启动数值模拟。

玉门—张掖管段长约280km，根据本节“二、间歇输送混合原油流动性分析”所给出的计算条件，同一时间内管段至少存在3种油品。下面主要就不同的管内存油状态所对应的再启动进行分析，如图5-19所示。工况1中触变性较强的油品位于玉门出站处，占站间管长的2/3；工况2中触变性较强的油品位于张掖进站处，占站间管长的2/3；工况3中触变性较强的油品分别位于玉门出站处和张掖进站处，总长度占站间管长的2/3。

图5-20为不同管内存油状态所对应的张掖站的进站流量恢复情况。显然，触变性强的油品长度越长，再启动流量恢复越慢。触变性强的油品所占站间管段相同时，若该油品位于高温段，油品流动性相对较好，则再启动难度较小；若油品位于低温段，再启动难度增大。因此在停输时应注意控制物性较差的油品在管中的位置，尽量将其停在高温段，以提高再启动的安全性。

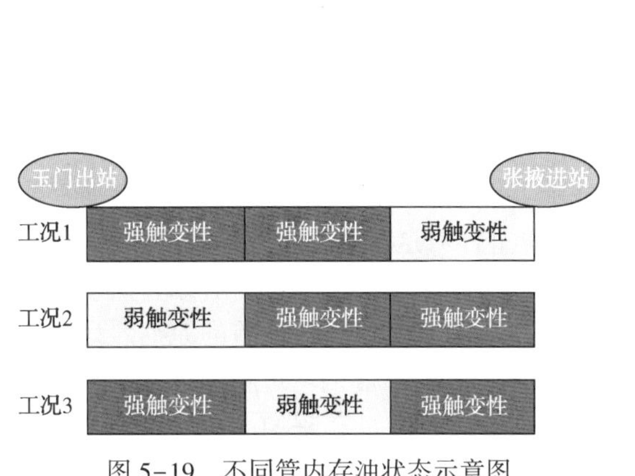


图5-19 不同管内存油状态示意图

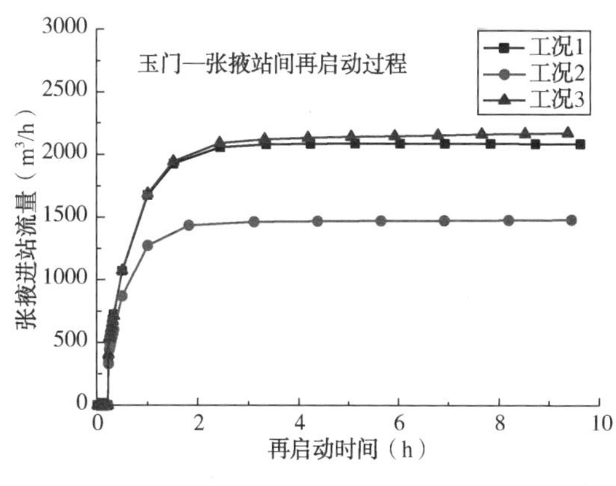


图5-20 玉门—张掖站间不同存油状态再启动流量恢复情况

(2) 不同月份再启动过程数值模拟。

随着地温降低和点炉方式变化，顺序输送管道内原油温度也发生相应变化，因此各站间不同月份再启动情况也有所不同。仍以玉门—张掖站间为例，假设停输96h后(即在间歇输送基础上再停输48h)管内油品触变性情况及油温分布分别如图5-21和图5-22所示。

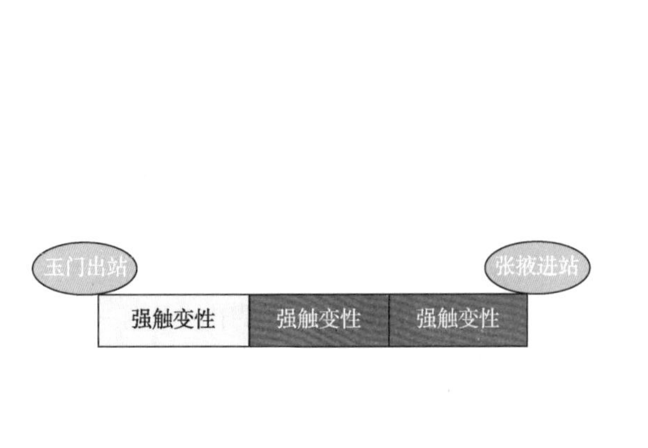


图 5-21　管内存油状态示意图

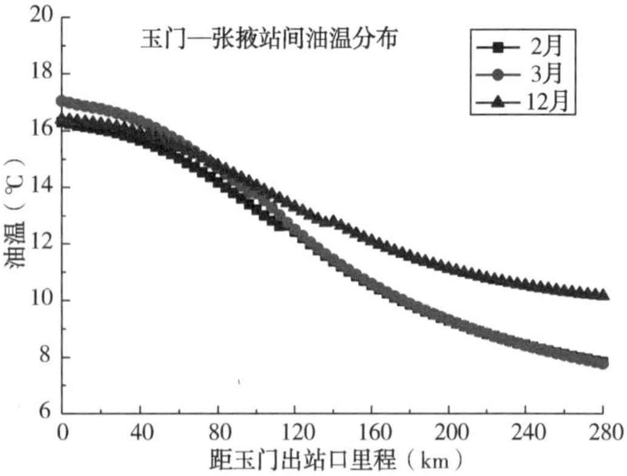

图 5-22　不同月份玉门—张掖站间油温分布

图 5-23 为玉门—张掖站间相同存油状态下，不同月份再启动数值模拟结果。从图中可以看出，由于 2、3 月管内油温相差甚小，再启动过程中张掖进站流量恢复情况很相似。而 12 月份由于油温较高，再启动流量恢复比 2 月、3 月快。

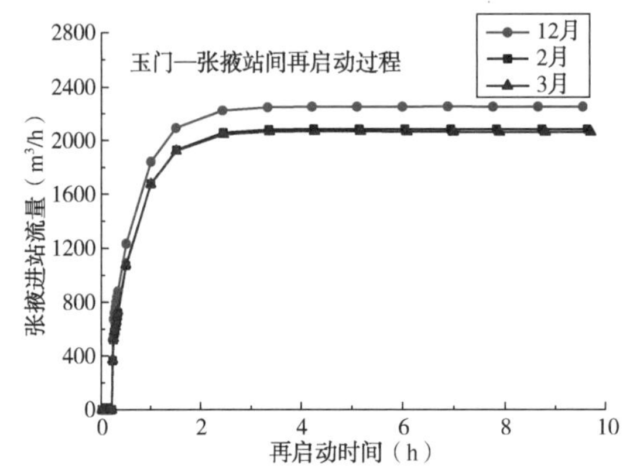


图 5-23　玉门—张掖站间不同月份再启动流量恢复情况

2）顺序输送管道间歇输送再启动安全性

对玉门—兰州管段各个站间在间歇输送停输基础上再停输 0h、24h 和 48h 后再启动工况进行数值模拟。由于 2 月、3 月进站油温最低，因此着重针对这两个月份进行停输再启动安全性分析。表 5-38、表 5-39 汇总了不同管内存油状况、不同停输时间条件下各站再启动数值模拟的结果，其中工况 1 与工况 2 分别对应管内完全充满物性最好和物性最差的原油。计算结果表明，玉门—张掖站间、张掖—山丹站间和山丹—西靖站间在 96h 内均可顺利启动。但由于 3 月进站油温较低，再启动过程中流量恢复较 2 月停输稍有滞后，如图 5-24 和图 5-25 所示。

**表 5-38　玉门—兰州站间 2 月再启动安全性分析**

| 站　　名 | 停输时间（h） | 工况 1 | | 工况 2 | |
|---|---|---|---|---|---|
| | | 再启动压力（MPa） | 1h 进站流量恢复值（$m^3/h$） | 再启动压力（MPa） | 1h 进站流量恢复值（$m^3/h$） |
| 玉门—张掖 | 48 | 3.5 | 1611 | 3.5 | 1275 |
| | 72 | 3.5 | 1600 | 3.5 | 1266 |
| | 96 | 3.5 | 1593 | 3.5 | 1260 |

续表

| 站　　名 | 停输时间（h） | 工况1 | | 工况2 | |
|---|---|---|---|---|---|
| | | 再启动压力（MPa） | 1h进站流量恢复值（$m^3/h$） | 再启动压力（MPa） | 1h进站流量恢复值（$m^3/h$） |
| 张掖—山丹 | 48 | 5.8 | 2243 | 5.8 | 2243 |
| | 72 | 5.8 | 2066 | 6.8 | 1309 |
| | 96 | 5.8 | 1826 | 8.8 | 1096 |
| 山丹—西靖 | 48 | 6.0 | 2384 | 6.0 | 1639 |
| | 72 | 6.0 | 2366 | 6.0 | 1627 |
| | 96 | 6.0 | 2353 | 6.0 | 1618 |

**表5-39　玉门—兰州站间3月再启动安全性分析**

| 站　　名 | 停输时间（h） | 工况1 | | 工况2 | |
|---|---|---|---|---|---|
| | | 再启动压力（MPa） | 1h进站流量恢复值（$m^3/h$） | 再启动压力（MPa） | 1h进站流量恢复值（$m^3/h$） |
| 玉门—张掖 | 48 | 3.5 | 1611 | 3.5 | 1275 |
| | 72 | 3.5 | 1600 | 3.5 | 1267 |
| | 96 | 3.5 | 1593 | 3.5 | 1261 |
| 张掖—山丹 | 48 | 5.8 | 2067 | 6.8 | 1303 |
| | 72 | 5.8 | 1886 | 8.8 | 1096 |
| | 96 | 5.8 | 1708 | 10.8 | 1157 |
| 山丹—西靖 | 48 | 6.0 | 2389 | 6.0 | 1642 |
| | 72 | 6.0 | 2371 | 6.0 | 1630 |
| | 96 | 6.0 | 2358 | 6.0 | 1622 |

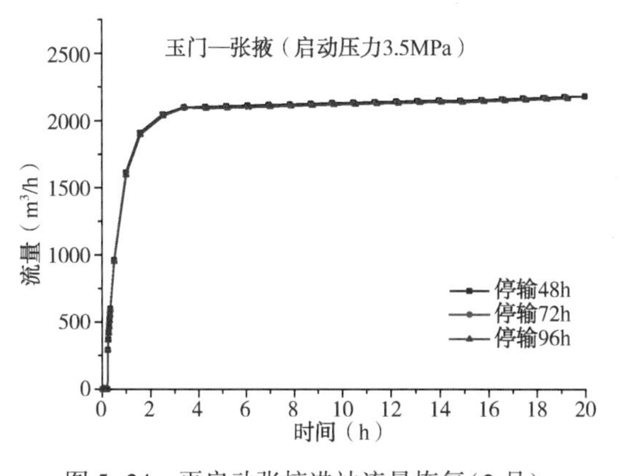


图5-24　再启动张掖进站流量恢复(2月)

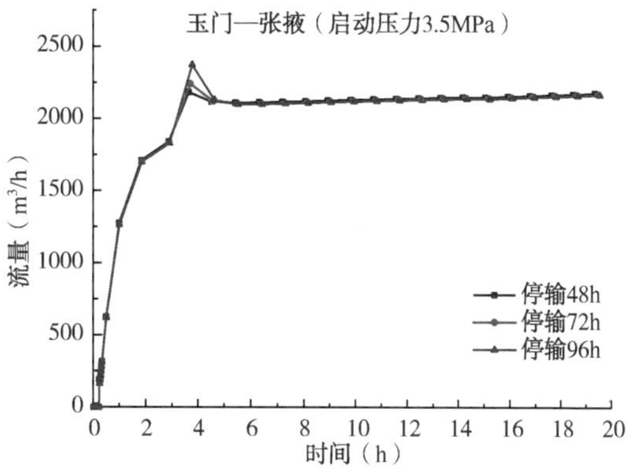

图5-25　再启动张掖进站流量恢复(3月)

西靖—新堡站间地温最低、站间高程变化大，数值计算结果表明，当管内原油触变性较弱时，停输72h可顺利再启动，2h内流量即稳定在1200$m^3/h$；停输96h后需10h流量才能恢复至1000$m^3/h$；但当管内原油物性较差时，停输48h尚可顺利再启动，停输72h和96h

流量均不能在10h内恢复至正常输送的流量，如图5-26和图5-27所示。这说明，间歇输送时应合理安排输油计划，尽可能选择合适的“停输时机”，让物性较差的油品停在温度较高的管段。若无法控制油品位置，则应注意控制停输时间，避免停输时间过长造成管道再启动失败。

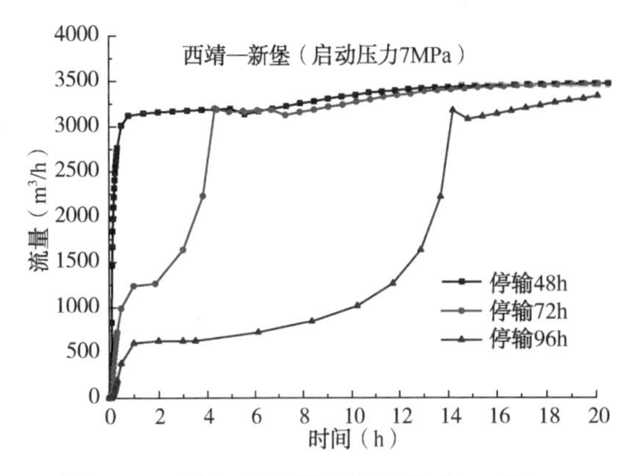


图5-26　再启动新堡进站流量恢复(工况1)

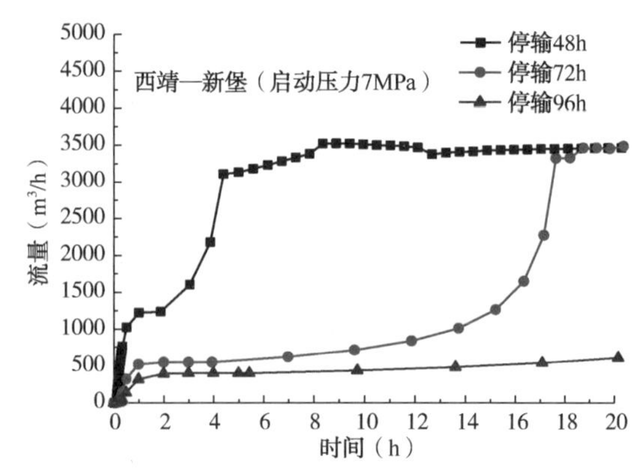


图5-27　再启动新堡进站流量恢复(工况2)

# 后　记

西部原油管道可行性研究确定的输送工艺为不同原油混合后常温输送，其中在地温最低的月份，混合原油在首站进行降凝剂改性处理后全线常温输送。在设计阶段，为满足兰州石化对不同品质原油分别加工的要求，避免炼厂重大技术改造，2005 年 3 月中国石油天然气集团有限公司决定，管道的输送工艺由混合原油常温输送改为不同原油顺序输送。其中，由于玉门炼厂装置只能加工低酸值原油，吐哈和部分塔里木原油供玉门炼厂；塔里木原油、哈国原油和北疆原油供兰州石化。改为顺序输送后，由于吐哈原油、北疆原油物性原因，造成管道热力条件不能满足要求，导致管道设计“卡壳”。针对此问题，西部管道分公司联合中国石油大学(北京)等，对吐哈原油、北疆原油等凝点较高的原油进行了加剂改性输送定量模拟、管道停输再启动安全性评价等研究，提出了顺序输送设计方案，即在冬季对物性较差的原油进行 55℃加降凝剂改性处理。该方案经中国石油天然气集团有限公司专家组审定，应用于管道设计，保证了管道建设按时投产。

为确保管道安全运行，2007 年 7 月管道投产后，立即实施了降凝剂改性输送现场工业试验，对降凝剂改性吐哈原油、北疆原油、哈国油、哈国—吐哈混合油以及塔里木油进行了物性跟踪测试，掌握了各种管输原油的物性及其变化规律。

2008 年 12 月—2009 年 4 月，由于国际金融危机影响导致油田减产，鄯兰原油管道干线面临超低输量运行的急迫而严峻的挑战。针对此问题，中国石油西部管道分公司与中国石油大学(北京)等紧密合作，通过试验和数值计算研究，提出了乌—鄯—兰原油管道间歇输送技术方案，即塔里木—北疆—哈国混合原油间歇输送，北疆油在乌鲁木齐加降凝剂 55℃加热处理、鄯善和玉门两站 55℃加热处理(2009 年 1—3 月)，2009 年 4 月仅鄯善一站点炉。其间，共输送原油 $190.55\times10^4$t，停输 13 次；平均停输时间 25.4h/次，最长停输时间 48h。这不仅保证了管道超低输量安全运行，还比上年同期节省燃油 21216t，折合人民币 4544 万元；节电 $511\times10^4$kW·h，折合人民币 358 万元。同时，减少 $CO_2$ 排放量 $7.3\times10^4$t。此外，由于玉门站全分输，玉门—兰州管段实行间歇输送常态化运行。据统计，2007 年 7 月至 2009 年 12 月，因玉门分输共计停输 148 次，平均运行 5.4d 停输 1 次，平均停输时间 25.4h，最长停输时间 48h。在长达 792km 的大口径含蜡原油干线管道上，以间歇输送作为常态化运行方式，属国内外首例。

针对西部管道输送的几种原油物性差异大的特点，为了进一步节约运行能耗，研究并成功实施了冷热原油交替顺序输送技术。2008 年 11 月，鄯兰管道实行了塔里木原油、塔里木—北疆混合油、哈国油与加剂吐哈油的冷热交替输送。2009 年，冷热油交替输送技术进一步推广到乌鄯支干线。此后至 2013 年，在入冬与春季地温回升阶段，冷热油交替输送与降凝剂改性输送的结合成为西部原油管道的常态化运行工艺。西部原油管道冷热油交替顺序输送是该技术在国内首次应用于数百公里的长距离管道。

2013 年为满足四川石化加工用哈国原油需求，在总结管道投产以来运行经验的基础上，根据不同炼厂对原油品质的实际要求，西部原油管网全面实现了哈国与塔里木，或者哈国、塔里木与吐哈，或者哈国与吐哈多品种原油混合、顺序、间歇常温常态化输送(包括玉门—兰州管段的间歇输送)，运行单耗降至 30kgce/($10^4$t · km)以下，达到国际先进水平。

西部原油管道从混合原油常温输送，到不同油田原油加剂改性顺序输送、冷热油交替输送、间歇输送，进一步发展到满足各炼厂对原油品质要求的混合原油常温、顺序输送，输油技术不断提升，能耗不断降低，保障了国家西部能源大动脉的安全畅通，提高了管道运行的灵活性，也为其他原油管道建设和运行提供了极有价值的借鉴。